Wolfgang H. Arnold · Entwicklung

Entwicklung

Interdisziplinäre Aspekte zur Evolutionsfrage

Herausgegeben von
Wolfgang H. Arnold

Urachhaus

CIP-Titelaufnahme der Deutschen Bibliothek

Entwicklung : interdisziplinäre Aspekte zur Evolutionsfrage /
hrsg. von Wolfgang Arnold. – Stuttgart : Urachhaus, 1989
ISBN 3-87838-548-X
NE: Arnold, Wolfgang H. [Hrsg.]

ISBN 3 87838 548 X

Inhalt

Wolfgang Schad

Die Zeitgestalt in der Evolution der *Ceratites*-Ammoniten aus dem
Oberen Muschelkalk Mitteleuropas. 99

Wolfgang H. Arnold

Adaptation und Emanzipation. Eine Betrachtung der Evolution am
Beispiel der Entwicklung der Sprachorgane. 143

Andreas Knapp

Leben ist mehr als überleben. Von den Grenzen des Versuchs, alle
Phänomene des Lebendigen als »Anpassungen« zu erklären 175

Peter Koslowski

Soziobiologie als Ontologie und als Theorie der Gesellschaft . . . .

Robert Hettlage

Evolutionstheorien in der Soziologie zwischen Moderne und
Postmoderne.

7

Vorwort

Es ist eine Zeiterscheinung, daß man heute alle Probleme der Wissenschaften auf kausal-mechanistische Zusammenhänge zurückzuführen versucht. Unser Denken ist in diesem Schema so gefangen, daß es schwerfällt, sich davon zu lösen. Dies gilt insbesondere auch für die Evolutionstheorie, die reduziert wird auf das Mutations- und Selektionsprinzip. Beide Prinzipien können aber die komplexen Zusammenhänge der Evolution nicht erklären. Zufällige Mutationen wirken auf den genetischen Apparat eher chaotisierend denn richtungsgebend, während das Selektionsprinzip als ordnendes Element anzusehen ist. Mit der Entstehung von Ordnung aus dem Chaos setzt man sich heute insbesondere in der modernen Systemtheorie auseinander. In der Chaosforschung versucht man, unter Zuhilfenahme von Rechenmodellen, die Entstehung von Ordnung berechenbar und damit kalkulierbar zu machen, um die zufälligen Mutationen als grundlegendes Element der Evolution beweisen zu können. Allerdings erklären auch diese Modelle nicht die Entstehung von Leben, geschweige denn von Bewußtsein. Auch zielgerichtete Entwicklungen, wie sie in der Biologie vorkommen, sind damit nicht erklärbar. Es zeigt sich immer mehr, daß wir mit komplexeren systemtheoretischen oder naturwissenschaftlichen Modellen die Kernfragen nicht lösen, sondern nur die Ebenen wechseln. Ein wirklicher Fortschritt ist nur dann zu erreichen, wenn man sich aus den festgefahrenen Denkstrukturen löst und neue Wege beschreitet.

Im Januar 1987 fand daher an der Universität Witten/Herdecke unter der Schirmherrschaft des Rudolf-Steiner-Fonds für wissenschaftliche Forschung eine Tagung über Fragen zur Evolution statt, die auf großen Zuspruch traf. Das Ziel der Tagung war es, das Evolutionsproblem unter verschiedenen Gesichtspunkten zu betrachten und die heute allgemein gültige, aber einseitige darwinistische bzw. neodarwinistische Evolutionstheorie kritisch zu hinterfragen. Die Beiträge wurden bewußt sehr heterogen ausgesucht, so daß Philosophen, Naturwissenschaftler und Soziologen unterschiedlicher Schulen zu Wort kamen. Während der Vorbereitungen zur

Publikation der Beiträge kamen noch ergänzende Aufsätze zu dem Thema hinzu (Knapp, Koslowski, Arnold), so daß sich noch weitere Aspekte ergaben.

Die vorliegende Sammlung von Aufsätzen soll gewissermaßen schlaglichtartig Aspekte aufzeigen, wie das Evolutionsproblem sowohl philosophisch als auch naturwissenschaftlich neu gefaßt werden kann. Es kann sich hierbei nur um einzelne Beispiele handeln, eine vollständige Systematik war nicht angestrebt.

Mein ganz besonderer Dank gilt an dieser Stelle dem Rudolf-Steiner-Fonds für wissenschaftliche Forschung, der es ermöglicht hat, daß wir uns in Herdecke treffen und uns gemeinsam mit diesem wichtigen Thema auseinandersetzen konnten. Mit seiner Unterstützung der Arbeit hat der Rudolf-Steiner-Fonds einen wichtigen Beitrag zum Geistesleben der Universität Witten/Herdecke im Sinne einer akademischen Auseinandersetzung von Dozenten und Studenten geleistet. Bedanken möchte ich mich auch bei meiner Sekretärin, Frau Margit Kraney, die die Vorträge in mühevoller Arbeit vom Band übertragen und die Manuskripte für den Druck bearbeitet hat.

Herdecke, im Mai 1988   *Wolfgang H. Arnold*

10

Frank Teichmann

Die Entstehung des Entwicklungsgedankens in der Goethezeit

Selbstverständlich weiß heute jedermann, daß sich die Erde im Laufe langer Zeiträume bis zu ihrem jetzigen Zustand entwickelt hat; weiß auch, daß das ebenso für die Pflanzen- und Tierwelt gilt, und weiß, daß der Mensch schon eine lange Entwicklung hinter sich hat. Er weiß weiter, daß dieser Gedanke nicht nur für die Reiche der Natur gilt; auch Kulturen entwickeln sich, Sprachen, Bewußtseinsformen. Ja, das Denken in Entwicklungslinien ist so eingeübt und allgegenwärtig, daß fast ein jedes ordentliche Lehrbuch erst einmal mit einem Kapitel über die Entwicklung der betreffenden Wissenschaft selbst beginnt. Wenn man dies bedenkt, ist es zunächst äußerst überraschend zu entdecken, daß dieser Begriff gerade erst 200 Jahre alt ist. Vorher hat es ihn in unserem Sinne nicht gegeben. Heute versteht man unter *Evolution* eine gesetzmäßige Veränderung vornehmlich sinnlich erscheinender Phänomene. Für die Biologen ist zum Beispiel »Evolution eine Transformation der Organismen in Gestalt und Lebensweise, wodurch die Nachfahren andersartig als die Vorfahren werden«.[1] Dem gegenwärtigen Denkmuster gemäßer, wird auch davon gesprochen, daß die »Phylogenese, – die Evolution in der eigentlichen Bedeutung des Wortes – die Schaffung immer neuer (genetischer) Informationsprogramme« ist.[2] Aber nur selten wird beachtet, daß es jeweils ein »Wesen« ist, das sich entwickelt und dabei verschiedene Erscheinungsformen offenbart. Den Entdeckern des Entwicklungsbegriffes jedoch war gerade dieses bedeutsam. Ein Blick auf die Entstehung dieses Begriffes möge dies zeigen.

Das Wort »Evolution« existiert seit dem römischen Altertum. Dort meint es das Ausrollen einer Buchrolle beim Lesen. Alles, was schon im Buche aufgeschrieben ist, wird somit ›entrollt‹. In gleichem Sinne wird das Wort benützt, wenn die ›Entfaltung‹ eines Gedankens gemeint wird, der das, nach dem gefragt wird, wie ein im Bewußtsein Eingerolltes entwickelt.[3] Ohne wesentliche Veränderung wird der Begriff sogar noch von Kant in diesem Sinne gebraucht, wenn er in der ›Allgemeinen Naturgeschichte‹, in der er die Entstehung des Universums aus einem gasförmigen Urnebel ableitet, davon spricht, daß es der Weisheit Gottes am meisten entspräche, wenn sich die Himmelskörper aus der Materie, die von mechanischen Gesetzen geprägt sei, »herauswickeln« würden, d. h. »daß die Welt eine mechanische Entwicklung aus den allgemeinen Naturgesetzen zum Ursprung ihrer Verfassung erkenne«.[4]

›Evolution‹ in diesem Sinne setzt eine ›Präformation‹ des Wesens im Keim voraus, aus dem er sich dann ›herauswickelt‹. Ob in der Botanik, wo die Präformationslehre einstmals bestimmend war (v. Haller), oder in der Literaturgeschichte dieser Zeit, diese Auffassung von ›Evolution‹ war gang und gäbe. Wenn man etwa Romane des 17. Jahrhunderts daraufhin anschaut, so treten dort überall ›präformierte‹ Helden auf. Ein Fürstensohn z. B. ist von Geburt an klug, rechtschaffen, mannhaft, tapfer, manchmal auch sprachenkundig. Und sein ganzer Lebensweg besteht größtenteils darin, diese von Anfang an vorhandenen Eigenschaften in allen möglichen Abenteuern, bei denen gefangene Jungfrauen befreit, Räuber vernichtet, Abtrünnige und Stolze gezüchtigt werden, herauszustellen und zu bewähren. Schließlich wird, nach allerlei Verwicklungen, das Königtum erlangt, ein Ziel, das schon von Anfang an in ihm lag. Ein schönes Beispiel dieser Art ist der Roman ›Hercules und Valisca‹ von Andreas Heinrich Bucholtz (erschienen 1659).

Seit dem Beginn des 18. Jahrhunderts kommt allenthalben Bewegung in dieses statische Denken. Einer der ersten, der es verändert, ist *Leibniz*. In den späten Briefen an Lady Masham (1704) unterscheidet er begrifflich zwei verschiedene Elemente, die aller Entwicklung zugrunde lägen: *Einheitlichkeit* (uniformite), die von der Natur im Innern der Dinge durchgehalten werde, und *Wandel*, der sich in ihren Erscheinungen nach außen zeige (3. Brief): » Ich nehme nicht allein an, daß die Seelen oder Entelechien. . . . alle eine Art organischen Körper an sich haben, der ihren Wahrnehmungen angemessen ist, sondern sogar daß sie einen solchen immer haben werden und immer gehabt haben, solange sie existieren; so daß nicht allein die Seele, sondern auch das Lebewesen selbst bestehen bleibt und daß somit die Zeugung und der Tod nichts anderes sein können, als Entwicklungen und Einwicklungen (developpements et enveloppements), wovon uns die Natur an ihrem Kleide einige Probestücke anschaulich zeigt, um uns zu helfen, *das* zu erraten, was sie verbirgt.«

Dieser, der allgemeinen Kulturwelt noch in einem privaten Briefwechsel verborgene Gedanke, taucht in erweiterter Form dann bei *Herder* wieder auf, wird von ihm mit Vehemenz ergriffen (»mein großes Thema!«) und, seinem Charakter entsprechend, sofort veröffentlicht (1774). In dieser ersten geschichtsphilosophischen Schrift Herders, die er ›Auch eine Philosophie der Geschichte zur Bildung der Menschheit‹ nennt, geht es ihm zunächst nur um den Wandel und das Werden des Menschen im Laufe seiner Geschichte:[5] »Wer's bisher unternommen, den Fortgang der Jahrhunderte zu entwickeln, hat meistens die Lieblingsidee auf der Fahrt: Fortgang zu mehrerer Tugend und Glückseligkeit einzelner Menschen.... Sollte es nicht offenbaren Fortgang *und Entwicklung* aber in einem höheren Sinne geben, als man's gewähnet hat? ... Siehest du jenen wachsenden Baum! jenen emporstrebenden Menschen! er muß durch verschiedene Lebensalter hindurch! alle offenbar im Fortgange! ein Streben aufeinander in Kontinuität! Zwischen jedem sind scheinbare Ruheplätze, Revolutionen! Veränderungen! und dennoch hat jedes den Mittelpunkt seiner Glückseligkeit in sich selbst! ... Niemand ist in seinem Alter allein, er bauet auf das Vorige, dies wird nichts als Grundlage der Zukunft, will nichts als solche sein – so spricht die *Analogie der Natur*, das redende Vorbild Gottes in allen Werken! offenbar so im Menschengeschlechte! Der Ägypter konnte nicht ohne den Orientaler sein, der Grieche bauete auf jene, der Römer hob sich auf den Rücken der ganzen Welt – wahrhaftig Fortgang, *fortgehende Entwicklung*, wenn auch keine Einzelnes dabei gewänne! Es geht ins Große! es wird, womit die Hülsengeschichte so sehr prahlt, und wovon sie so wenig zeigt – *Schauplatz einer leitenden Absicht auf Erden!*«

Dieser erste Entwurf, in dem die Natur nur in Analogie zur Entwicklung des Menschengeschlechtes gesehen wird, wird durch das teilnehmende Interesse Goethes schon bald nochmals überdacht und neu geschrieben: »Herder schreibt eine Philosophie der Geschichte wie Du Dir denken kannst, von Grund aus neu. Die ersten Kapitel haben wir vorgestern zusammen gelesen, sie sind köstlich ... Welt- und Naturgeschichte rast jetzt recht bei uns.«[6]

Gemäß eines zunächst noch einfachen Planes, der zielvoll zu immer größerer Vollkommenheit führt, arbeitet Herder die Entwicklung des Menschen weiter aus. Aber dieser vorangehend, sieht er jetzt auch die Natur in Entwicklung: »In periodischen Zeiträumen *entwickelte* sich aus geistigen und körperlichen staminibus die Luft, das Feuer, das Wasser, die Erde. Mancherlei Verbindungen des Wassers, der Luft, des Lichts mußten vorhergegangen sein, ehe der Same der ersten Pflanzenorganisation, etwa das Moos, hervorgehen konnte. Viele Pflanzen mußten hervorgegangen und gestorben sein, ehe eine Tierorganisation ward; auch bei dieser gingen Insekten, Vögel, Wasser- und Nachttiere den gebildeten Tieren der Erde und des Tages vor; bis endlich nach allen die Krone der Organisation unserer Erde, der Mensch auftrat, Mikrokosmos. Er, der Sohn aller Elemente und Wesen, ihr erlesenster Inbegriff und gleichsam die Blüte der Erdschöpfung, konnte nicht anders als das letzte Schoßkind der Natur sein, zu dessen Bildung und Empfang viele *Entwicklungen und* Revolutionen vorhergegangen sein mußten.«[7] Bis der Mensch allerdings durch stufenweise Höherentwicklung die »Effloreszenz« seiner »Knospe der Humanität« erreicht, müssen noch manche Umwandlungen geschehen. Aber die Natur wird diese Stufe erlangen, denn »nichts in ihr steht still; alles strebt und rückt weiter. Könnten wir die erste Periode der Schöpfung durchsehn, wie ein Reich der Natur auf das andre gebauet ward: welche *Progression fortstrebender Kräfte* würde sich in jeder *Entwicklung* zeigen.«[8] Nur kann sich der Mensch zu seiner eigenen Fortentwicklung nicht nur auf das Wirken der Natur verlassen. Er muß »selbst den Grund zu seiner künftigen Erscheinung legen«, muß selbst durch »geistige Übungen« »das Gewebe anspinnen« das ihm in Zukunft zur Bekleidung dienen wird.[9]

Wie sehr *Goethe* mit diesen Ideen verbunden war, wird aus seinen morphologischen Schriften deutlich, in denen er, über 30 Jahre später, dieser Zeit gedenkt: »Meine mühselige, qualvolle Naturforschung« (auf der Suche nach der Urpflanze und später nach dem Urtier) »ward erleichtert, ja versüßt, indem Herder die Ideen zur Geschichte der Menschheit aufzuzeichnen unternahm. Unser tägliches Gespräch beschäftigte sich mit den Uranfängen der Wassererde und der darauf von alters her sich entwickelden organischen Geschöpfe. Der Uranfang und dessen unablässiges Fortbilden ward immer besprochen und unser wissenschaftlicher Besitz durch wechselseitiges Mitteilen und Bekämpfen täglich geläutert und bereichert. Mit andern Freunden unterhielt ich mich gleichfalls auf das lebhafteste über diese Gegenstände, die mich leidenschaftlich beschäftigten, und nicht ohne Einwirkung und wechselseitigen Nutzen blieben.«[10] Allerdings fügt Goethe an dieser Stelle noch hinzu: »Gegenwärtig ist bei mehr und mehr sich verbreitender Erfahrung, durch mehr sich vertiefende Philosophie manches zum Gebrauch gekommen, was zur Zeit, als die nachstehenden Aufsätze geschrieben wurden, mir und andern unzugänglich war.« Goethe hat sich also in der Zwischenzeit, durch eine »sich vertiefende Philosophie« ein Verständnis der Natur erworben, das ihm in der Mitte der Achtziger Jahre des 18. Jahrhunderts noch nicht zugänglich war. Was kann er damit gemeint haben?

14

Eine zweite Quelle, aus der sich der Entwicklungsgedanke speist, kann darüber Aufschluß geben. Goethe hatte schon in seiner Jugend in Leipzig und besonders nach der Rückkehr von dort durch Susanne von Klettenberg pietistische Autobiographien kennengelernt. Es ist dies eine Art von Literatur, die, ebenso wie die Gewohnheit des Tagebuchschreibens, davon lebt, daß man sich über seine Lebensführung Rechenschaft ablegt. In pietistischen Kreisen war darüber hinaus der Gesichtspunkt wichtig, sich der Führung Gottes im eigenen Leben würdig zu erweisen und die diesbezüglichen Anstrengungen immer wieder zu kontrollieren.

Aktuell wird dieser Pietismus für Goethe, als er während seiner Straßburger Studienzeit Johann Heinrich *Jung* kennenlernt, der ihm dort immer wieder etwas von seinen abenteuerlichen Erlebnissen seiner Jugendzeit erzählt, in denen er die Führung Gottes wirklich sieht. Jung stammte aus einfachen halbbäuerlichen Verhältnissen und hatte schon als Kind den Drang, sich mit geistigen Inhalten zu beschäftigen. Neben seiner handwerklichen Ausbildung bereitet er sich zum Lehrberuf vor und unterrichtet auch in sieben Jahren an sieben verschiedenen Stellen. Am Ende dieser Zeit hat er ein Erweckungserlebnis. Eine lichte Wolke durchdringt ihn mit unbekannter Kraft. In diesem Augenblick faßt er den Entschluß »für die Ehre Gottes und das Wohl seiner Mitmenschen zu leben und zu sterben«. Dazuhin macht er in eben diesem Augenblick »auf der Stelle einen festen und unwiderruflichen Bund mit Gott, sich hinführo lediglich seiner Führung zu überlassen und keine eitlen Wünsche mehr zu hegen, sondern wenn es Gott gefallen würde, daß er lebenslang ein Handwerksmann bleiben sollte, willig und mit Freuden damit zufrieden sein«.[12] Natürlich ist er dann damit doch nicht zufrieden, er wird zunächst Hauslehrer, bildet sich dann zum Kaufmann aus, wechselt dann nochmals den Beruf und wird Arzt. Goethe lernt ihn während seines Arztstudiums in Straßburg kennen und rät ihm, seine Jugendgeschichte doch einmal aufzuschreiben. Jung-Stilling unterzieht sich dieser Aufgabe und schickt das Manuskript an Goethe. Goethe kürzt es an einigen Stellen und gibt es zum Druck, ohne diesen ganzen Vorgang auch nur mit einem Wort seinem Freunde mitzuteilen. Dieser hatte inzwischen als Arzt gewirkt, aber seine anfänglichen Erfolge nahmen nach und nach ab. Immer seltener kamen die Patienten zu ihm, so daß er mit seiner Familie in arge finanzielle Bedrängnis geriet. Schließlich hatte er 70 Reichstaler Mietschulden, die er nach einer zugestandenen Frist von vierzehn Tagen zu bezahlen hatte. »Das Ende der vierzehn Tage rückte heran, und es zeigte sich nicht der geringste Anschein, woher die siebzig

Taler genommen werden sollten. Jetzt ging dem armen Stilling wieder das Wasser an die Seele; oft lief er auf seine Schlafkammer, fiel auf sein Angesicht, weinte und flehte zu Gott um Hilfe, und wenn ihn sein Beruf fort rief, so nahm Christine (seine Frau) seine Stelle ein ... Endlich brach der furchtbare Freitag an, beide beteten den ganzen Morgen während ihren Geschäften unaufhörlich... Um zehn Uhr trat der Briefträger zur Tür herein; in einer Hand hielt er das Quittungs-Büchelchen, und in der andern einen schwer beladenen Brief. Voller Ahndung nahm ihn Stilling an, es war Goethes Hand und seitwärts stand: beschwert mit hundert und fünfzehn Reichstaler in Golde. Mit Erstaunen brach er den Brief auf, las – und fand, daß Freund Goethe, ohne sein Wissen, den Anfang seiner Geschichte unter dem Titel: ›Stillings Jugend‹ hatte drucken lassen, und hier war das Honorarium. ...Was diese sichtbare Darzwischenkunft der hohen Vorsehung für gewaltige Wirkung auf Stillings und seine Gattin Herzen machte, das ist nicht zu sagen; sie faßten den unerschütterlich festen Entschluß, nie mehr zu wanken und zu zweifeln; sondern alle Leiden mit Geduld zu ertragen, auch sahen sie im Licht der Wahrheit ein, daß sie der Vater der Menschen an der Hand leite, daß also ihr Weg und Gang vor Gott recht sei, und daß er sie zu höhern Zwecken durch solche Prüfungen vorbereiten wolle.«[13]

Nach diesem offensichtlichen Eingreifen Gottes in Jung-Stillings Lebensweg schreibt er seinem Verleger: »Nun liebster Decker! ich muß Ihnen doch auch ins Ohr sagen: Daß ich selbsten der Heinrich Stilling bin. Ja ich selbsten bins, ich habe diesen schweren Weg durchwandeln müssen, eh ich bis in diese Zeit gekommen bin, alles was Sie in meiner Geschichte lesen ist *Wahrheit ohne Erdichtung*... Ist doch ein sonderlichs Ding um die Rollen, die unser Herr Gott in diesem Blumen- oder Raupen-Leben seinen Menschen austeilt, mir solls all gut sein, was noch aus mir werden wird, denn fertig bin ich noch nicht, denn ich bin noch immer in der Schmolze.«[14]

Obwohl Jung-Stilling sich noch in Entwicklung befindlich erlebt, ist er doch noch in einer ähnlichen Lage wie einer, der wartet, was sich wohl noch alles auswickeln wird. Er selber ist noch nicht der Aktive in seiner eigenen Entwicklung. Dieser Schritt wird wenige Jahre später von *Karl Philipp Moritz* vollzogen und in seinem Roman ›Anton Reiser‹ dargestellt (1785). Auch hier ist es wieder die eigene Jugendgeschichte, die im Mittelpunkt dieses Romans steht, so daß man, wie bei Jung-Stilling, eigentlich schon von einer Autobiographie sprechen könnte. Aber wie anders wird sie erlebt: Mit 17 Jahren hat der Held der Geschichte auch eine Art Erweckungserlebnis. Er entdeckt nämlich, daß er seine Denkkraft selbständig führen

16

kann, wohin er will, wenn er sich nur ordentlich anstrengt: »Und dasjenige, was ihm erst bloß leere *Namen* gewesen waren, wurden nun allmählich vollgefüllte deutliche Begriffe, und wenn er nun eben den Namen wieder las, oder wieder dachte, und ihm auf einmal alles so licht und helle wurde, was ihm vorher dunkel und verworren gewesen war, so übermächtigte sich seiner ein so angenehmes Gefühl dabei, als er noch nie empfunden hatte - er schmeckte zuerst die Wonne des Denkens. – . . . In seiner Denkkraft ging eine neue Schöpfung vor. – Es war ihm, als ob es erst in seinem Verstande dämmerte, und nun allmählich der Tag anbräche, und er sich an dem erquickenden Lichte nicht satt sehen könnt . . . – Auch war er überhaupt von nun an minder unglücklich, weil seine Denkkraft angefangen hatte, sich zu entwickeln. –«[15] Hier ist es nicht mehr der Finger Gottes, der deutlich erlebbar in das Leben eingreift. Seine Rolle wird abgelöst vom eigenen, sich selbst führenden Denken. Dieses Erlebnis ist so stark, daß er alle pietistischen Traditionen, in denen auch K. Ph. Moritz aufgewachsen ist, abstreift und über sie hinausschreitet.

Diese autobiographischen Romane erscheinen zur selben Zeit, in der Goethe mit Herder an den ›Ideen zur Philosophie der Geschichte der Menschheit‹ arbeitet, und zur selben Zeit, in der er sich intensiv mit dem Studium der Pflanzen befaßt. So vorbereitet, tritt er die Reise nach Italien an. Auf dieser kommt bald die ganze Masse seiner Vorstellungen in flüssige Bewegung. Am 27. September 1786 notiert er in Padua: »Hier in dieser mir neu entgegentretenden Mannigfaltigkeit wird jener Gedanke immer lebendiger, daß man sich *alle Pflanzengestalten vielleicht aus einer entwickeln könnte* . . . Auf diesem Punkte bin ich in meiner botanischen Philosophie stecken geblieben, und ich sehe noch nicht, wie ich mich entwirren will.« Wenige Monate später in Rom (19. Februar 1787) klingt es dann schon hoffnungsvoller: »Ich bin auf dem Wege, neue, schöne Verhältnisse zu entdecken, wie die Natur, solch ein Ungeheures, das wie nichts aussieht, *aus dem Einfachen das Mannigfaltigste entwickelt.«* Nochmals wenige Monate später, im botanischen Garten von Palermo, kann Goethe schließlich den Gedanken der *Urpflanze* fassen. Diese Idee, die sein ganzes weiteres Schaffen durchzieht, ist ihm nicht nur eine Entdeckung, mit der er ein Teilgebiet der äußeren Welt ordnen kann. Mindestens ebenso wichtig war ihm der Ruck, der im eigenen Bewußtsein vorgehen mußte, damit dieses den sich ständig wandelnden Formen folgen, das heißt, sich selber beweglich und flüssig machen kann. So schreibt er in der Einleitung zur ›Metamorphose der Pflanzen‹ (1807): »Wenn der zur lebhaften Beobachtung aufgeforderte

Mensch mit der Natur einen Kampf zu bestehen anfängt, so fühlt er zuerst einen ungeheuren Trieb, die Gegenstände sich zu unterwerfen. Es dauert aber nicht lange, so dringen sie dergestalt gewaltig auf ihn ein, daß er wohl fühlt, wie sehr er Ursache hat, auch ihre Macht anzuerkennen und ihre Einwirkung zu verehren. Kaum überzeugt er sich von diesem wechselseitigen Einfluß, so wird er ein doppelt Unendliches gewahr: *an den Gegenständen* die Mannigfaltigkeit des Seins und Werdens und der sich lebendig durchkreuzenden Verhältnisse, *an sich selber* aber die Möglichkeit einer unendlichen Ausbildung, indem er seine Empfänglichkeit sowohl als sein Urteil immer zu neuen Formen des Aufnehmens und Gegenwirkens geschickt macht.«

Was Goethe hier beobachtet, ist für die Entstehung des Entwicklungsgedankens bedeutsam. Denn dieser Gedanke kann nicht in der Welt entdeckt werden, wenn die *Tatsache der Entwicklung* nicht zuerst *am Menschen selbst erlebt wird.* Oder umgekehrt: ein sich nicht selbst entwickelnder Mensch kann die Idee der Entwicklung zunächst nicht fassen. Goethe erlebte das mit allen Konsequenzen. Es ist *das* Grundproblem aller Evolutionsforschung. Zunächst hatte er die ›Metamorphose der Pflanzen‹ erscheinen lassen. Wohl wissend, wie schwer das allgemeine Verständnis dem folgen kann, stellt er der Abhandlung ein Vorwort voran, in dem er ›die Absicht einleitet‹ und auf das Grundproblem, auf den *Zusammenhang von Denken und Forschungsgegenstand* hinweist: »Wenn wir Naturgegenstände, besonders aber die lebendigen, dergestalt gewahr werden, daß wir uns eine Einsicht in den Zusammenhang ihres Wesens und Wirkens zu verschaffen wünschen, so glauben wir zu einer solchen Kenntnis am besten durch Trennung der Teile gelangen zu können, wie denn auch wirklich dieser Weg uns sehr weit zu führen geeignet ist.... Aber diese trennenden Bemühungen, immer und immer fortgesetzt, bringen auch manchen Nachteil hervor. Das Lebendige ist zwar im Element zerlegt, aber man kann es aus diesen nicht wieder zusammenstellen und beleben. Dies gilt schon von vielen anorganischen, geschweige von organischen Körpern. Es hat sich daher auch in dem wissenschaftlichen Menschen zu allen Zeiten ein Trieb hervorgetan, die lebendigen Bildungen als solche zu erkennen, ihre äußeren, sichtbaren greiflichen Teile in Zusammenhang zu erfassen, sie als Andeutungen des Innern aufzunehmen und so das Ganze in der Anschauung gewissermaßen zu beherrschen.... Betrachten wir aber alle Gestalten, besonders die organischen, so finden wir, daß nirgend ein Bestehendes, nirgend ein Ruhendes, ein Abgeschlossenes vorkommt, sondern daß vielmehr alles in einer steten Bewegung schwanke... Das Gebildete wird sogleich wieder umgebildet, und *wir haben uns,* wenn wir einigermaßen zum lebendigen Anschauen der Natur gelangen wollen, *selbst so beweglich und bildsam zu erhalten,* nach dem Beispiele, mit dem sie uns vorgeht... Jedes Lebendige ist kein Einzelnes, sondern eine Mehrheit; selbst insofern es uns als Individuum erscheint, bleibt es doch eine Versammlung von lebendigen, selbständigen Wesen, die der *Idee* der Anlage nach gleich sind, in der *Erscheinung* aber gleich oder ähnlich, ungleich oder unähnlich werden können.«

Selbst eine solche Schilderung Goethes ist nur dann verständlich, wenn der Leser den Zusammenhang in seinem eigenen Bewußtsein beweglich nachvollzieht. Tut er das nicht, dann ist ein Verständnis nicht zu erzwingen. Goethe war sich dieser Schwierigkeit sehr bewußt. Er charakterisiert sie 1820 in den Morphologischen Heften, wo er seinen Aufsatz über den Zwischenkieferknochen des Menschen hatte erscheinen lassen und wo er die schwierige ergänzende Frage aufwirft, ob denn wirklich die Schädelknochen aus Wirbelknochen abgeleitet werden dürften. Und da bekennt er von sich, »daß ich seit dreißig Jahren von dieser geheimen Verwandtschaft überzeugt bin, auch Betrachtungen darüber immer fortgesetzt habe. Jedoch ein dergleichen Aperçu, ein solches Gewahrwerden, Auffassen, Vorstellen, Begriff, Idee, wie man es nennen mag, behält immerfort, man gebärde sich, wie man will, eine esoterische Eigenschaft; im ganzen läßt sich's aussprechen, aber nicht beweisen, im einzelnen läßt sich's wohl vorzeigen, doch bringt man es nicht rund und fertig.«

Diese Schwierigkeit ist eine Bewußtseinsfrage aller an dem Problem interessierten Menschen. Sie ist gleichbedeutend mit der Frage, ob bei demjenigen, der den Inhalt wirklich verstehen will, genügend Denkkraft vorhanden ist, und ob die Fähigkeit zur Zusammenschau ausreicht. Personen, die sich nicht geschult und also ihre Begriffe nicht flüssig bekommen haben, bleibt der Inhalt notwendig verschlossen. Dies war die leidvolle Erfahrung, die Goethe nach der Rückkehr von Italien bei seinen Gesprächspartnern allenthalben machen mußte: »Aus Italien, dem formreichen, war ich in das gestaltlose Deutschand zurückgewiesen, heitern Himmel mit einem düstern zu vertauschen; die Freunde, statt mich zu trösten und wieder an sich zu ziehen, brachten mich zur Verzweiflung. Mein Entzücken über entfernteste, kaum bekannte Gegenstände, mein Leiden, meine Klagen über das Verlorne schien sie zu beleidigen, ich vermißte jede Teilnahme, niemand verstand meine Sprache. In diesen peinlichen Zustand wußt' ich mich nicht zu finden, die Entbehrung war zu groß, an welche sich der äußere Sinn gewöhnen sollte; der Geist erwachte sonach und suchte sich schadlos zu halten. Im Laufe von zwei vergangenen Jahren hatte ich ununterbrochen beobachtet, gesammelt, gedacht, jede meiner Anlagen auszubilden gesucht. Wie die begünstigte griechische Nation verfahren, um die *höchste Kunst* im eigenen Nationalkreis *zu entwickeln* hatte ich bis auf eine gewissen Grad einzusehen gelernt, so daß ich hoffen konnte, *nach und nach das Ganze zu überschauen* und nur einen reinen, vorurteilsfreien Kunstgenuß zu bereiten. Ferner glaubte ich der Natur angemerkt zu haben, wie sie gesetzlich zu Werke gehe, um lebendiges Gebild, als Muster alles künstlichen, hervorzubringen.«[16]

Was Goethe hier beschreibt, ist *seine eigene Entwicklung,* er entwickelt die »Kunst«, »nach und nach das Ganze zu überschauen«. Lehrmeisterin ist ihm dabei die Natur, die ebenso vorgeht. Mit dieser Fähigkeit bleibt er allerdings zunächst allein, denn noch niemand aus seiner Umgebung hat sich auf diesen Weg begeben: »Es ist die größte Qual, nicht verstanden zu werden, wenn man *nach großer Bemühung und Anstrengung sich endlich selbst und die Sache* zu verstehen glaubt«.[17]

Durch diese seine eigene Entwicklung wird Goethe erst auf die Entwicklungsgesetzmäßigkeit der Natur aufmerksam. Er bemerkt in sich denjenigen Kern, der die Kontinuität in allen nach außen erscheinenden Eigenschaften aufrechterhält. Erst aus diesem Erleben heraus sucht er auch in der Natur nach dem dort wirkenden »selbständigen Wesen«, das der Idee nach gleich bleibt. In seinem Nachlaß fand sich ein Satz, der diesen Sachverhalt treffend charakterisiert: »Es ist ein angenehmes Geschäft, die Natur zugleich und sich selbst zu erforschen, weder ihr noch seinem Geiste Gewalt anzutun, sondern beide durch gelinden Wechseleinfluß miteinander ins Gleichgewicht zu setzen.«[18]

Solchermaßen auf die Entwicklung aufmerksam geworden, versucht Goethe, diese Gesetzmäßigkeit künstlerisch zu gestalten, – der ›Wilhelm Meister‹ entsteht. Über Jahre hinweg, von 1795 an, wo die ›Lehrjahre‹ erscheinen, bis zu seinem Tode, arbeitet er an diesem ersten ›Entwicklungsroman‹ der deutschen Literatur. Natürlich beschäftigt sich Goethe immer wieder auch mit seinem eigenen Leben und seiner eigenen Entwicklung. Nach einigen Vorübungen dazu schreibt er seit 1810 an seiner Autobiographie ›Dichtung und Wahrheit‹. Die Leitlinie dieses Werkes charakterisiert er folgendermaßen: »Dieses scheint die Hauptaufgabe der Biographie zu sein, den Menschen in seinen Zeitverhältnissen darzustellen, und

20

zu zeigen, inwiefern ihm das Ganze widerstrebt, inwiefern es ihn begünstigt, wie er sich eine Welt- und Menschenansicht daraus gebildet, und wie er sie, wenn er Künstler, Dichter, Schriftsteller ist, wieder nach außen abspiegelt«[19] Dieses Ganze, kann wie die Ganzheit eines »selbständigen Wesens«, als einer lebendigen Idee, nicht ohne künstlerische Gestaltung ausgesprochen werden. Und so muß Goethe seine Biographie ›Dichtung und Wahrheit‹ nennen und nicht ›Wahrheit ohne Erdichtung‹ wie Jung-Stilling. Denn nur durch ein Bewußtsein für das Ganze kann eine Ganzheit auch gestaltet werden.

Im Zweiten Teil dieser Dichtung (9.Buch, 1812) lenkt Goethe den Blick genau auf diesen Zusammenhang. Er führt da das »hoffnungsreiche altdeutsche Wort« an: »Was einer in der Jugend wünscht, hat er im Alter genug!«, legt aber das Wünschen gleich als ein Streben aus. »Liegt nun eine solche Richtung entschieden in unserer Natur, so wird mit *jedem* Schritt unserer Entwicklung ein Teil des ersten Wunsches erfüllt, bei günstigen Umständen auf dem geraden Wege, bei ungünstigen auf einem Umwege...... ...Sehen wir nun während unseres Lebensganges dasjenige von andern geleistet, wozu wir selbst früher einen Beruf fühlten, ihn aber, mit manchen andern, aufgeben mußten; dann tritt das schöne Gefühl ein, daß die Menschheit zusammen erst der wahre Mensch ist, und daß der Einzelne nur froh und glücklich sein kann, wenn er den Mut hat, sich im Ganzen zu fühlen.« Hiermit ist Goethe wieder an seinem Ausgangspunkt angelangt, denn gerade dieser Zusammenhang zwischen der Entwicklung des Menschen und der Menschheit hatte ihn und Herder auf die Entwicklungsidee gebracht. Was er also in der Jugend geistig erstrebt hatte, das hatte er im Alter erreicht!

Aus dem Beobachten des eigenen Lebens hat sich also für Goethe der Gedanke der Entwicklung ergeben. Und was er da, ahnend zunächst, erfaßt, sieht er dann auch im Schaffen der Naturgestalten wirkend. Und umgekehrt, was er in der Natur als wirkend erlebt, das erlebt er auch in seinem eigenen seelisch-geistigen Leben verborgen schaffend. Darauf zurückblickend kann er schließlich in hohem Alter niederschreiben: »Das Wechselhafte der Pflanzengestalten, dem ich längst auf seinem eigentümlichen Gange gefolgt, erweckten nun bei mir immer mehr die Vorstellung: Die uns umgebenden Pflanzenformen seien nicht ursprünglich determiniert und festgestellt, ihnen sei vielmehr bei einer eigensinnigen, gegnerischen und spezifischen Hartnäckigkeit eine glückliche Mobilität und Biegsamkeit verliehen, um in so viele Bedingungen, die über dem Erdkreis auf sie einwirken, sich zu fügen und danach bilden und umbilden zu können.... Wie sie sich nun unter *einen* Begriff sammeln lassen, so wurde mir nach und nach klarer und klarer, daß die Anschauung noch auf eine höhere Weise belebt werden könnte: eine Forderung, die mir damals unter der sinnlichen Form einer übersinnlichen Urpflanze vorschwebte.

.... Wer an sich erfuhr, was ein reichhaltiger Gedanke... zu sagen hat, muß gestehen, welch' eine leidenschaftliche Bewegung in unserem Geiste hervorgebracht werde, wie wir uns begeistert fühlen, indem wir alles dasjenige in *Gesamtheit vorausahnen* was *in der Folge sich mehr und mehr entwickeln,* wozu das Entwickelte weiter führen solle.«[20]

Erste Definition des Entwicklungsbegriffes

Diese Beschreibungen Goethes sind zwar an der Entwicklung des eigenen Wesens gewonnen worden, geben aber noch nicht den Begriff derselben. Das wird erst von den deutschen Idealisten geleistet, die allesamt ihre diesbezüglichen Ideen im Zusammenhang mit Goethe ausgearbeitet haben. In der Einleitung zur ›Geschichte der Philosophie‹ charakterisiert *Hegel* zunächst einmal die Situation, in der er sich vorfindet: »Entwicklung ist eine bekannte Vorstellung. Es ist aber das Eigentümliche der Philosophie, das zu untersuchen, was man sonst für bekannt hält. Was man unbesehen handhabt und gebraucht, womit man sich im Leben herumhilft, ist gerade das Unbekannte, wenn man nicht philosophisch gebildet ist.« Hegel versucht dann, umständlich aber grundlegend, den Begriff der Entwicklung zu greifen. Zunächst unterscheidet er, wie schon Leibniz, zweierlei: die *Idee,* die sich entwickelt (die er Anlage, Vermögen, Ansichsein nennt) und das Sichauseinanderlegen in der bewegten *Erscheinung* (das er mit Wirklichkeit, Heraussetzen, Fürsichsein, bezeichnet). Dazu kommt noch der Inhalt der Idee, der immer konkret ist. Im Zusammenwirken dieser drei Elemente besteht die Entwicklung: »Das Wahre, so in sich selbst bestimmt, hat den Trieb, sich zu entwickeln. Nur das Lebendige, das Geistige rührt sich in sich, entwickelt sich. Die Idee ist so – konkret an sich, und sich entwickelnd – ein organisches System, eine Totalität, welche einen Reichtum von Stufen und Momenten in sich enthält.« Hegel sieht also überall da, wo sich etwas entwickelt, einen lebendigen Geist, eine Idee wirken. Von dieser Grundlage aus versucht er die Geschichte der Philosophie anzuschauen, sie als eine stufenweise Entfaltung des Menschengeistes begreifend: »Die Philo-

22

sophie ist nun für sich das Erkennen dieser Entwickelung, und ist als begreifendes Denken selbst diese denkende Entwickelung. Je weiter diese Entwickelung gediehen, desto vollkommener ist die Philosophie.«

Neben Hegel ist es vor allem *Schelling* der zur gleichen Zeit um die philosophische Charakterisierung des Begriffes ringt. In dem Fragment ›Die Weltalter‹ (1811) geht auch er von der Einheit, der »Einerleiheit« aus: »Inwiefern bei jeder Entwickelung die Einerleiheit des sich entwickelnden Subjekts vorausgesetzt wird, insofern hat unstreitig ein jedes System nur Ein Subjekt, Ein Lebendiges, das sich in ihm entwickelt. Allein von dem Prinzip in diesem Sinn läßt sich eben darum nicht gleichsam ein für allemal der feste Begriff geben; denn da es in einer ständigen Bewegung, Fortschreitung, Steigerung begriffen ist, kann jeder Begriff nur für einen Moment gelten; es ist als Lebendiges in der Tat nicht Eines, sondern unendlich Vieles. Hieraus ist denn wohl zu ersehen, daß in keinem lebendigen Ganzen wissenschaftlicher Kunst irgendwo ein Punkt sei, da man gleichsam anhalten, oder den man fest machen könnte, sondern daß schlechterdings die Entwickelung des Ganzen abgewartet werden muß, ehe der vollständige Begriff des sich entwickelnden Subjekts gegeben werden kann. Denn dieses Subjekt ist in der Mitte und am Ende so gut wie am Anfang, und es ist nicht das, was es in diesem oder jenem Punkt der Entwickelung ist; es ist überhaupt nichts Einzelnes, sondern das Eins und Alles in dem Ganzen. Wer daher dem Subjekt einer solchen Entwickelung eine proteische Natur vorwirft, der hat es im Groben besser getroffen, als er wohl selber verstand.« Diese Charakterisierung der Entwicklung läßt deutlich vernehmen, wie nahe Schelling damit Goethe steht. Es ist nicht nur die letzte Bemerkung, die auf diese Beziehung anspielt, auch die Begriffe: »beständige Bewegung«, »Fortschreitung«, »Steigerung« usw. zeigen die enge Verwandtschaft, die diesbezüglich zwischen den beiden großen Geistern bestand.

Der dritte im Bunde ist *Fichte,* der den Begriff der Entwicklung vor allem in seinen geschichtsphilosophischen Werken anwendet. In den ›Grundzügen des gegenwärtigen Zeitalters‹ und in den ›Reden an die deutsche Nation‹ (1806) setzt er fort und führt aus, was zwanzig Jahre früher Herder begonnen hatte.

Wie sehr Goethe sich durch die Klarheit der idealistischen Denker gefördert fühlte, hat er selbst in dem zweiten seiner ›Morphologischen Hefte‹ (1820) unter dem Titel ›Einwirkung der neuern Philosophie‹ ausgesprochen. Zunächst berichtet er davon, wie er sich eine Methode erbildet hat, das Vorbild der Natur auch künstlerisch adäquat darzustellen.

Dann heißt es: »Weiter Fortschritte verdanke ich besonders Niethammern, der mit freundlichster Beharrlichkeit mir die Haupträtsel zu entsiegeln, die einzelnen Begriffe und Ausdrücke zu entwickeln und zu erklären trachtete. Was ich gleichzeitig und späterhin Fichten, Schellingen, Hegeln, den Gebrüdern von Humboldt und Schlegel schuldig geworden, möchte künftig dankbar zu entwickeln sein, wenn mir gegönnt wäre, jene für mich so bedeutende Epoche, das letzte Zehent des vergangenen Jahrhunderts, von meinem Standpunkte aus, wo nicht darzustellen, doch anzudeuten, zu entwerfen.«

Goethe bestätigt auch sonst öfter, was er den einzelnen Denkern verdankt, und auch umgekehrt. Keiner der großen Philosophen hätte den Begriff der Entwicklung anschauen können, ohne die ungeheure Leistung Goethes. Alle sind sich einig in der Bildung des Begriffes: Sie sehen Entwicklung sich vollziehen zwischen dem Wirken eines geistigen Wesens – das mit sich selber immer identisch bleibt – und seiner Erscheinung im Zeitengang. Wenn wir also den Begriff Entwicklung benutzen, sollten wir immer daran denken, daß wir von einem Wesen sprechen! Wenn wir den Blick zunächst auch nur auf seine sinnlichen Erscheinungen wenden, besagt das für die Entwicklung nicht, daß das Wesen nicht existiert, sondern nur, daß es der Beobachter in diesem Moment vergessen hat.

Ausblick auf eine vergeistigte Entwicklungslehre

Durch die Entdeckung des Entwicklungsbegriffs ist das jahrhunderte-, ja jahrtausendealte statische Weltbild plötzlich in Fluß gekommen. Es erwachte der Sinn für die Frage, wie sich etwas entwickelte, welche Stufen es, im Laufe eines bestimmten Zeitraumes, durchlaufen hatte. Diese Verflüssigung der Inhalte war nicht an die Natur gebunden. Die Erde, die Pflanzen, die Tiere, der Mensch, die Völker, die Kulturen, ihre Sprachen, – alles hatte eine lange Entwicklung hinter sich. Und die großen Forscher des 19. Jahrhunderts offenbar wendeten nun ihr ganzes Denken darauf, immer neue Phänomene in einen solchen Entwicklungszusammenhang einzubetten.

Weniger deutlich heben sich heutzutage die Ergebnisse derjenigen Forscher heraus, die den Begriff der *Entwicklung* nun auch auf *geistige Phänomene* angewandt haben. Eine dieser Großtaten auf diesem Felde war z. B. die ausführliche Ausarbeitung der Entwicklung des menschlichen Bewußtseins selbst, durch Immanuel Hermann *Fichte,* dem bedeutenden Sohn des großen Idealisten. Ein Jahr nach Goethes Tod erschien der erste Band seiner ›Grundzüge zum System der Philosophie‹ (1833), in dem er sich Rechenschaft gibt über die Entwicklung des Bewußtseins, das ja überhaupt erst in die Lage versetzt werden muß, philosophieren zu wollen. Dazu muß es sich entschließen. Dann »aber erzieht es sich selbst zur Philosophie, welche nicht nur der eigene Anfang, sondern darin die Selbstbegründung ist. Und so enthält der erste Teil des Systems.... die wissenschaftliche Entwicklungsgeschichte des Bewußtseins zum und im Denken, und damit die Abhandlung der möglichen Verhältnisse desselben zur Wahrheit.«[21] Auch hier wird wieder beobachtet, daß sich das Denken selbst erst zu einer bestimmten Stufe *entwickelt* haben muß, um seine eigene Entwicklung fassen zu können. Dazu muß es sich selbst gegenüberstellen und selbst anschauen. Diesen höchsten Denkakt, wo der Denkende nicht nur denkt, sondern gleichzeitig auch noch die eigene Denktätigkeit ins Bewußtsein hebt, nennt I. H. Fichte das »spekulativ anschauende Erkennen«. Es ist die höchste Stufe menschlicher geistiger Tätigkeit. Sie entwickelt sich allerdings nicht von selbst, sondern bedarf der unermüdlichen freien geistigen Übung. Das Bewußtsein muß sich gewissermaßen erziehen wollen.

Was hier für das Denken ausgeführt wird, hat nun Rudolf Steiner am Ende des Jahrhunderts für den ganzen Menschen gefordert. Dieser befindet sich ja gegenwärtig in einer Lage, wo er von Natur aus nicht weiterentwickelt wird. Die natürliche Entwicklung führt ihn nur bis zum Auftreten des Denkens. Aber er hat mit diesem Denken nun die Möglichkeit, seine Weiterentwicklung in die Hand zu nehmen und zwar gemäß derjenigen Richtung, die er selbst bestimmt. Die Idee des Menschen ist also nicht eine solche, die von vornherein alle ihre Erscheinungen schon enthielte. Sie führt den Menschen bis zu einer gewissen Stufe, und entläßt ihn dort in die Freiheit. Es ist ihm freigestellt, das Ziel seiner Entwicklung dann selbst zu bestimmen. »Es ist dem Wahrnehmungsobjekt Mensch die Möglichkeit gegeben, sich umzubilden, wie im Pflanzenkeim die Möglichkeit liegt, zur ganzen Pflanze zu werden. Die Pflanze wird sich umbilden, wegen der objektiven, in ihr liegenden Gesetzmäßigkeit; der Mensch bleibt in seinem unvollendeten Zustande, wenn er nicht den Umbildungsstoff in sich selbst aufgreift und sich durch eigene Kraft umbildet.

Die Natur macht aus dem Menschen bloß ein Naturwesen; die Gesellschaft ein gesetzmäßig handelndes; ein freies Wesen kann er nur selbst aus sich machen. Die Natur läßt den Menschen in einem gewissen Stadium seiner Entwicklung aus ihren Fesseln los; die Gesellschaft führt diese Entwicklung bis zu einem weiteren Punkte, den letzten Schliff kann nur der Mensch sich selbst geben.«[22]

Wenn Goethe sagt: »Was einer in der Jugend wünscht, hat er im Alter genug«, dann müßte das auf der Grundlage einer modernen Entwicklungslehre der Geister (Schulungsweg) dahingehend modifiziert werden: ›Was einer als sein künftiges Ziel übend erstrebt, das wird er einst auch erreichen.‹ Goethe selbst hatte sich ein solches geistiges Ziel gesetzt, hatte es lebenslang trotz mancher Fährnisse durchgehalten und sich dabei entwickelt und schließlich als eine Frucht dieses Strebens den Begriff der Entwicklung zum Vorschein gebracht. Durch diese individuelle Leistung erst ist es möglich, auch uns selbst in einem Strom individueller Entwicklung zu erkennen, mit dem Zielpunkt des sich frei entscheidenden, sein Ziel bestimmenden Menschen. In dieser Evolution stehen wir erst am Anfang.

Literatur:

1 W. Zimmermann, »Evolution«, Freiburg/München 1952: S. 4

2 Franz Wuketits, »Grundriß der Evolutionstheorie«, Darmstadt 1980: S.1

3 Cicero, Top 9

4 J. H. Kant, Akad.-A.1, S. 334 ff

5 Hanser-Ausgabe B I, S. 619 f

6 Goethe an Knebel (1783)

7 Ideen zur Philosophie der Geschichte der Menschheit, 1784, 1. Buch, III.

8 op.cit. 5. Buch, III.

9 op.cit. 5. Buch, V.

10 Zur Morphologie, Heft 1/1817, der Inhalt bevorwortet

11 Die Anregung zum Folgenden verdanke ich Prof. R. Habel, Marburg, der insbesondere auf H. Jung-Stilling und K. Ph. Moritz hinwies.

12 H. Jung-Stilling, »Lebensgeschichte«, 2. Buch, Wanderschaft Ausgabe Darmstadt 1976, S. 198

13 op.cit. 3. Buch, »Häusliches Leben«, 1789, Ausgabe Darmstadt 1976, S. 343 f

14 op.cit. S. 701

15 Karl Philipp Moritz, »Anton Reiser«, Reclam-Universalbibliotheks-Ausgabe, S. 253 f

16 1. Heft der Morphologie (1817), Verfolg, Schicksal der Handschrift

17 op.cit. Schicksal der Druckschrift

18 »Maximen und Reflexionen«, Nr. 1140

19 »Dichtung und Wahrheit«, 1. Teil

20 »Geschichte meines botanischen Studiums«, 1831

21 I. H. Fichte, »Erkennen als Selbsterkennen«, 1833, S.IX.

22 »Die Philosophie der Freiheit«, 1894, 9. Kap.

Reinhard Löw

Evolution und Theorie –
Philosophische Probleme des Evolutionismus

Wenn hier im folgenden von »Evolutionismus« die Rede ist, so ist damit nicht die Evolutionstheorie im engeren Sinne gemeint, die sich versteht als Theorie über die Veränderung natürlicher Arten und die zugehörigen materiellen Bedingungen. Gemeint ist vielmehr mit Evolutionismus die Weltanschauung, die hinter den weitverbreiteten populär-wissenschaftlichen Darstellungen der Evolutionstheorie steht: die Überzeugung, daß alle Phänomene der menschlichen wie der nichtmenschlichen Wirklichkeit auf natürliche Weise erklärt werden können, ohne jeden Rückgriff auf Metaphysik oder gar Religion. Als Erklärungsprinzipien reichen, gemäß des Evolutionismus, im physikalischen Bereich Materie und Naturgesetze aus, im biologischen einschließlich des menschlichen Bereichs die Evolutionsprinzipien Mutation, Selektion, Isolation usf. Der Evolutionismus wird hier »Weltanschauung« genannt, weil es dieses Bild der Wirklichkeit ist, das unsere Ausbildung von der Volks- bis zur Hochschule, in allen Medien unserer besten Sendezeit als fraglos Richtiges dargestellt wird. Es sei der Evolutionismus, etwa in der Soziobiologie oder der evolutionären Erkenntnistheorie, die 3. Kopernikanische Wende, nach Kopernikus und Kant, und zwar die *wahre* Kopernikanische Wende – so liest man es jedenfalls in philosophischen Fachzeitschriften wie dem »Spiegel«, der »Zeit« und dem »Stern«. Wer überhaupt noch, und sei es an Details, Zweifel äußert, wird in die Ecke der ewig Gestrigen, ja der Verrückten gestellt und von Hoimar v. Ditfurth, dem genialen Augenzeugen der Evolution seit dem Urknall, mit einem Kübel von Fernsehbildern überschüttet.

Nun, ich bin also einer dieser Verrückten, ich äußere Zweifel. Allerdings nicht aus dem Bereich der Makromolekularchemie, wie das etwa Bruno Vollmert sehr überzeugend tut, auch nicht aus der Physik oder Wahrscheinlichkeitstheorie, auch nicht der Paläontologie, Embryologie oder generell der Biologie, wie Illies und Blechschmidt. Sondern ich beschäftige mich, wie es sich für den Philosophierenden gehört, ganz naiv mit der fraglosen Verwendung einiger Begriffe und Schlußfolgerungen durch den Evolutionismus. Allerdings: sollten diese Zweifel zutreffen, müßte das logisch das Ende des Evolutionismus als Weltanschauung bedeuten. Freilich nur logisch. Und gegen Logik war es ja schon immer das sicherste Heilmittel, sie nicht zur Kenntnis zu nehmen. Ich betone aber nochmals, die Argumente zielen gegen Evolutionismus als Weltanschauung, nicht gegen das Phänomen Evolution und auch nicht gegen vernünftige Theorien über dieses Phänomen.

Ich gliedere meine Gedanken in vier Teile, nämlich

1. einer Erörterung des Problems der Entstehung des Neuen,
2. einer Erörterung der Ausgangslage evolutionistischer Erklärungen,
3. einer Anwendung des Evolutionismus auf sich selbst, gewissermaßen das Titelverhältnis von Evolution und Theorie und
4. einer angemessenen Einschätzung der Evolution und ihrer Befunde.

1. Das Problem der Entstehung des Neuen

Für das Problem der Entstehung des Neuen im Lauf der Evolution wähle ich das Beispiel der Entstehung des Lebens, das ja seit der Antike von besonderem philosophischem Interesse ist. Ich könnte genauso gut das Problem der Entstehung der Warmblütigkeit, des Bewußtseins oder der Moral wählen. Die Argumentationsfigur pro wie contra ist in allen Fällen nämlich die gleiche (ausführl. Diskussion in Löw 1983). Für die Entstehung des Lebens aus dem Anorganischen existieren gegenwärtig vier Erklärungsmodelle, die kurz zu diskutieren sind.

Das erste ist allerdings fast undiskutabel, so wie es in den großen, populären Evolutionismusbüchern zu finden ist. Da heißt es allzu häufig, irgendwann und irgendwie hätte es sich als Vorteil herausgestellt, daß Warmblütigkeit besser ist als Kaltblütigkeit, oder Sexualität besser als Nichtsexualität, und dann hätte sich das eben erhalten. Es klingt dies vielleicht allzu polemisch, aber es lohnt sich, Bücher von Ditfurth oder Bresch einmal auf dieses »irgendwann« und »irgendwie« durchzusehen.

Das zweite Erklärungsmodell ist wissenschaftlich von einer ganz anderen Qualität – das reduktionistische Modell. Es argumentiert nämlich konsequent von der evolutionistischen Grundidee aus, der natürlichen Erklärbarkeit allen Geschehens. Es stellt fest, daß alle chemischen Gesetze, die vor dem ersten Auftreten eines »Hyperzyklus« (M. Eigen) in der Ursuppe

28

galten, auch nach dessen Auftreten gültig sind und zur Erklärung aller Phänomene ausreichen. Hier von »Leben« zu sprechen ist eigentlich nur abkürzende Redeweise zur Kennzeichnung natürlich-chemischer Vorgänge wie Selbstreproduktion, Vererbung, Mutationsfähigkeit. Eine ontologisch eigentümliche Dimension des Lebens anzunehmen ist überflüssig.

Das dritte Modell zur Erklärung der Entstehung des Lebens ist das *präformationistische*. Gemeint ist mit diesem Attribut folgendes: Wie der Reduktionismus, der sagt, das Neue ist eigentlich gar nicht neu, weil es nur das Alte in einer neuen Konstellation ist, sagt der Präformationismus zwar auch, daß das Neue nicht wirklich neu ist, aber mit der entgegengesetzten Begründung: weil es nämlich in allem Vorhergehenden bereits »präformiert«, vorgebildet ist. So hatte Schelling argumentiert, so argumentiert auch Hans Jonas in seiner vorzüglichen Naturphilosophie von 1973: weil es beim Menschen authentisch Freiheit gibt, weil aber der Mensch auch im Verlauf der Evolution entstanden ist, müssen wir selbst den materiellen Urformen, den Atomen und Elementarteilchen Freiheitsgrade zuschreiben, wenn wir auf göttliche Interventionen als Erklärungsprinzip verzichten wollen.

Das vierte Modell der Entstehung des Lebens nenne ich den Fulgurationismus. Es handelt sich um die von Konrad Lorenz zuerst entwickelte Theorie, daß im Verlauf der Evolution durch den Zusammenschluß von Subsystemen zu höheren Einheiten »blitzartig« (fulguratio, lat.: Blitzstrahl) neue Systemeigenschaften entstanden sind, Qualitäten, die auch nicht in Andeutungen in den Subsystemen präformiert waren. »Leben« ist eine solche Eigenschaft, und für sie gilt, daß ihr Auftreten rein natürlich erklärbar ist, *und* daß sie zugleich neu ist.

Die letzten drei Modelle sollen nun philosophisch der Kritik unterzogen werden, und zwar in der selben Reihenfolge.

Der *Reduktionismus* ist, wie gesagt, ganz konsequent. Er hat nur eine Schwäche (und zwar bei *jeder* Entstehung von etwas Neuem, nicht nur der des Lebens!): um das Leben erklären zu können und seine Entstehung, muß man eine Definition des Lebens voraussetzen. Im 19. Jahrhundert hat Friedrich Engels definiert: »Leben ist die Daseinsweise der Eiweißkörper.« Dann ist unser aller Frühstücksquark bereits lebendig, und wir brauchen gar nicht Eigens Hyperzyklus zur Erklärung des Lebens, sondern es genügt schon das berühmte Miller-Experiment – Uratmosphäre und Blitzentladungen. Das 20. Jahrhundert ist natürlich mit seinen Lebensdefinitionen nicht mehr so roh wie Engels. Da heißt es, daß Leben gekennzeichnet ist von Metabolismus, Reproduktion, Mutabilität. Und wenn das die *wesentlichen* Kennzeichen sind, dann ist Eigens Hyperzyklus die gesuchte Antwort auf die Frage nach der Lebensentstehung. Sollte man, noch weitergehend, Leben definieren als das »Haben eines genetischen Programmes« (E. Mayr), dann muß man noch als Erklärungsgrund die gegenwärtige Form des Darwinismus, die »Neue Synthese« hinzunehmen.

Was man aus dieser Verknüpfung von Lebensdefinition und Rätsellösung allerdings lernen sollte, ist, daß letztere offenkundig von ersterer abhängt. Aber soll die Erklärung der Entstehung des Lebens wirklich davon abhängen, auf welche Definition des Lebens sich gerade einige Biologieprofessoren geeinigt haben? Es gibt ja schließlich noch andere, z. B. die des größten Biologen aller Zeiten, Aristoteles: Leben heißt, Seele haben; und Seele haben heißt, Ursache von Bewegung sein können – damit ist Spontaneität ein Wesensmerkmal des Lebendigen. Oder die Definition von Leibniz: Leben heißt Wahrnehmung plus hartnäckige Zielverfolgung. Oder die von Kant: Bewegung im transzendentalen Verstand ist Leben. Das kann jetzt hier nicht im einzelnen untersucht werden (vgl. die Literatur), aber so viel ist festzuhalten: es ist allen *diesen* Lebensdefinitionen gemeinsam, daß sie das Selbstsein, die Subjektivität in den Mittelpunkt stellen. Das Lebendige unterscheidet sich von irgendwelchen noch so komplexen chemischen Verbindungen dadurch, daß es ihm *um sich selber* geht, daß es sich von anderem unterscheidet, daß seine Grenze *ihm* gehört. Ein »Selbst« kommt aber in der Naturwissenschaft nicht vor (wer von der »Selbstorganisation der Materie« spricht oder schreibt, hat da sprachlich etwas nicht ganz begriffen). Die neuzeitliche Naturwissenschaft seit Galilei oder Descartes handelt von dem, was ist, vom Positiv-Faktischen und seinen Gesetzmäßigkeiten. Da kann Negativität, *Sich*-Unterscheiden gar nicht vorkommen, bleibt also von vornehrein ausgespart an dem Erkennbaren. Und wenn das konsequent durchgeführt wird wie bei den ehrlichen Evolutionisten, dann gilt das letztlich auch für den Menschen: daß seine Subjektivität Illusion ist. Allerdings muß man dann auch bereit sein, die Authentizität des eigenen Lebensvollzugs zu opfern – davon gleich noch mehr. Der vernünftige Weg des Begreifens von Leben scheint allerdings der entgegengesetzte zu sein: als Ausgangspunkt für die Definition unseren eigenen Lebensvollzug zu nehmen, von welchem aus wir, erweiternd oder reduktiv die Kategorien der anderen Lebewesen ermitteln, also daß Tiere Schmerzempfindung und Lust, Wahrnehmung und Gefühle kennen, daß ihnen aber die geistig-selbstbewußte und die ethische Sphäre mangelt; daß Pflanzen vermutlich auch die sensitive Sphäre (im engeren Sinne) nicht besitzen usf. Andererseits übersteigen die vegetativen Leistungen der Pflanzen die des Menschen ebenso häufig wie die sensitiven Fähigkeiten mancher Tiere. – Fazit: Diesen Ausgangspunkt des analogen Begreifens des Lebens in seinen mannigfaltigen Manifestationen *nicht* anzunehmen – also die Position des Reduktionismus – bedeutet, daß der Mensch selbst zum Anthropomorphismus wird (R. Spaemann).

Der *Präformationismus* zur Erklärung der Entstehung des Lebens, hat diese Schwierigkeiten des »Verlusts der Phänomene« nicht. Er hat sich ja gerade dadurch ausgezeichnet, daß er sie alle – z. B. Freiheit, Bewußtsein, Sittlichkeit – anerkennt, und zwar nicht nur beim Menschen, sondern *wegen* seines Entstehungszusammenhangs auch bei allen übrigen Naturvorkommnissen bis hinunter zu Atomen und Elementarteilchen. Auch diese Theorie ist haltbar, aber auch das fordert seinen Preis. Beim Reduktionismus bestand der Preis in der Aufgabe des menschlichen Selbstverständnisses, beim Präformationismus besteht er in der Sinnentleerung der genannten, anerkannten Phänomene. Denn was für einen Sinn soll es haben, von Freiheit eines Pflastersteins, der Moralität einer Kartoffel oder dem Transzendenzbezug eines Maikäfers zu sprechen? Gewiß, Leibniz' Monadologie wird auch mit solchen Problemen fertig, aber doch – wie ich meine – nur unter Preisgabe jener Nüchternheit, die Aristoteles als ersten bei der hierarchischen Ordnung unserer Gesamtwirklichkeit auszeichnet. Eine gewisse Konjunktur hat dieser Ansatz heutzutage übrigens in der Ökologiedebatte: K.M. Meyer-Abich fordert auch die Rechte von Steinen und Landschaften auf sich selber ein. Bedeutet das letzten Endes aber nicht, daß ein Marmorblock in Carrara das Recht darauf haben soll, von einem Michelangelo *nicht* bearbeitet zu werden?

Auch der *Fulgurationismus* als dritte Erklärungsvariante verliert die Phänomene nicht, und zugleich behält er die hierarchische Schichtung der Wirklichkeit bei (N. Hartmann ist *der* Philosoph der Lorenzschule, neben K. Popper). Das ist beides wunderbar. Nur mit dem außerdem in Gültigkeit verbleibende sollenden obersten Grundgesetz des Evolutionismus – der natürlichen Erklärbarkeit alles Seienden – sind die beiden so sympathischen Ziele nicht zu vereinbaren. Hier soll das Stück Torte sowohl gegessen als auch übrig behalten werden. Konrad Lorenz spricht beim Auftreten von wirklich Neuem deswegen auch ehrlicherweise von einem »irrationalen Rest«, der verbleibe. Er besteht für die Theorie vor allem in einem Scheideweg. Denn entweder es gilt die Wahrheit des Evolutionismus, und in der gibt es keine »irrationalen Reste«, sondern nur reduktionistische Erklärungen. Schließlich ist der »Zusammenschluß von Subsystemen« kein irrationaler, sondern ein kausaler Vorgang. Oder das Neue *ist* wirklich neu, und nicht nur ein zeitlich späteres Altes, und dann ist der Evolutionismus gesprengt. Es geht ja nicht nur um das Auftreten des Lebens oder des Bewußtseins oder Moralität, sondern um jedes Auftreten von irgend etwas Neuem!

Die Ontogenese ist hierfür übrigens nicht weniger illustrativ. Ein Max-Planck-Instituts-Direktor für Molekulargenetik sagte, eine befruchtete menschliche Eizelle sei nichts anderes als eine sehr komplexe organisch-chemische Verbindung. Aber daß aus dieser Angelegenheit der Chemie innerhalb von 20 Jahren ein Wesen der Freiheit und Verantwortlichkeit hervorgeht, rein naturgesetzlich, das wird wohl selbst den Erklärungshorizont eines MPI-Direktors überfordern. Andersherum gesehen: Man kann nicht nur die Keimzelle als Problem der organischen Chemie ansehen, sondern auch den MPI-Kollegen: 90 Kilo Mann, davon ca. 90 % H_2O, der Rest Stickstoff, Phosphor, Schwefel, und ein bißchen Kalk sicher auch, besonders in den Knochen. Aber sind die Keimzelle oder der Professor in ihrem Wesen damit getroffen?

Fazit des ersten Abschnittes. Alle evolutionistischen Erklärungen des Entstehens von Neuem sind philosophisch untauglich, egal welcher Argumentationsweg beschritten wird. Der Reduktionismus verliert die Phänomene, der Präformationismus vernebelt die Begriffe, und beim logischen Eiertanz des Fulgurationimus bleibt kein Ei ganz.

2. Die Ausgangslage von Erklärungen

Die evolutionistische Erklärung der Religion, aber auch anderer Sinnphänomene der Wirklichkeit wie Schönheit, Moralität, Wahrheit geht davon aus, daß alles, was ist, entstanden ist letzten Endes aus Urknall, Materie und Naturgesetzen, schließlich durch Evolution. Was nicht aus diesen Prinzipien rekonstruierbar ist, das gilt als Illusion. – Nur ist *diese* Meinung darüber, was die Ausgangslage der Erklärung ist, falsch. Denn Ausgangslage für jede Erklärung der jetzigen Wirklichkeit ist diese Wirklichkeit selbst. Das ist ganz entscheidend. Bevor mit dem nur *sogenannten* wissenschaftlichen Erklären angefangen werden kann, muß man sich darüber verständigen, was alles authentisch zu dieser Wirklichkeit gehört und was nicht. Die

Diagnose der Wirklichkeit, das Feststellen, »das ist jetzt vorhanden, das gibt es und das nicht« steht logisch *vor* dem evolutionistischen Erklären. Im Evolutionismus gibt es das Schöne, das Gute, das Heilige usf. nicht als es selbst, sondern nur als Überlebensvorteile mit Illusionscharakter – es gibt das also nicht wirklich, weil es nicht als es selbst rekonstruiert werden kann. Letzteres ist richtig, ersteres aber falsch. Weil nämlich die Wirklichkeit von Sittlichkeit, Schönheit, Liebe, Religion realer ist als die von sekundären, abstrakten Erklärungen, so sind die Erklärungen gescheitert und nicht die in-Frage stehenden Phänomene wegerklärt. Es ist sonst so in etwa der Versuch eines Blinden, einem Maler die Nichtexistenz von Farben zu beweisen.

Ausgangspunkt für ein jedes Verständnis der Wirklichkeit, wie sie der Mensch vorfindet, ist er selbst in *seiner* Erfahrung der Wirklichkeit. Dieser Erfahrungsbegriff ist ebenso unhintergehbar wie prinzipiell uneingeschränkt. Ihm gegenüber erscheint der in den Naturwissenschaften herrschende Erfahrungsbegriff als eingeschränkt. Seine spezifischen Kennzeichen sind: Quantifizierbarkeit, Reproduzierbarkeit, Gesetzmäßigkeit, Prognosefähigkeit. Das sind in der Tat Bedingungen für effektive Eingriffe in die Natur mit technischer Zielsetzung. Aber dieser Erfahrungsbegriff ist ein spezieller unter vielen anderen, und keineswegs ein dominierender. Zwischenmenschliche, ästhetische, religiöse Erfahrungen entziehen sich diesem Erfahrungsbegriff gänzlich, weil sie es mit Einmaligem, mit Sinnstiftendem zu tun haben und nicht mit dem, was »in der Regel«, was »gemäß den Gesetzen« geschieht. Es ist gar nicht einzusehen, warum der experimentellen Reproduzierbarkeit von Ergebnissen ein höherer Stellenwert zukommen soll als der Einmaligkeit eines Ereignisses; eher leuchtet das Gegenteil ein. Ein Ton, der von allen Menschen unter allen möglichen Bedingungen immer wieder hervorgebracht werden kann, erscheint gegenüber einer Bruckner-Symphonie in einer Kathedrale als das niedrigere, oder, krasser, gilt das auch beim regelmäßigen Bordellbesuch im Vergleich zur einen, großen Liebe im Leben.

Zurück auf den evolutionistischen Erfahrungsbegriff gewendet möchte ich betonen, daß sich auch in seinem Bereich Phantasie und Genie entwickeln können und häufig entwickeln. Das ist deswegen möglich, weil es sich dabei um menschliche Handlungsweisen handelt. Und die Rechtfertigung naturwissenschaftlichen oder technischen Fortschritts geschieht entsprechend niemals dadurch, daß irgend etwas nun komplexer oder machbar geworden ist, sondern immer mit Hinweis auf die Vernunft und das Gute, das in ihm steckt. Und als Fazit: Religion, Schönheit, Sittlichkeit sind nicht insofern real als sie durch das Raster des naturwissenschaftlichen Erfahrungsbegriffs zu erfassen sind, sondern umgekehrt erhält der naturwissenschaftliche Erfahrungsbegriff die Berechtigung seines Abstrahierens nach Maßgabe seines Zusammenwirkens mit Vernunft und Güte.

3. Das Selbstverständnis im Evolutionismus

Die Argumentation ist hier ebenso kurz wie einfach. Gesetzt nämlich, es wären alle Phänomene unserer Wirklichkeit natürlich kausal erklärbar, einschließlich der Erkenntnisleistungen, wie die evolutionäre Erkenntnistheorie behauptet, einschließlich der Kulturleistungen, einschließlich des Glaubens, wie die Sozio-Biologie behauptet, so sind natürlich evolutionäre Erkenntnistheorie und Sozio-Biologie auch nur solche kausal erklärbaren Vorkommnisse in der Wirklichkeit. Wer das Evolutionsweltbild vertritt, ist eben so determiniert, und wer nicht, der anders. Und das bekannte, evolutionistische Buch von Dawkins »Das egoistische Gen« hat man natürlich erst dann richtig begriffen, wenn man es liest als Selektionsstrategie einer englischen Überlebensmaschine vom Typ R. Dawkins, Baujahr 1941. Es hat mit Wahrheit nichts zu tun. Die Gene haben diese ihre Maschine dazu gebracht, Bücher zu schreiben, um möglichst viel Geld und Ansehen und damit Fortpflanzungsmöglichkeiten zu schaffen. Dafür gäbe es vielleicht auch einfachere Wege, aber die Gene sind ja nicht frei, sich auszusuchen, was sie produzieren wollen. Dabei Wahrheitsansprüche zu stellen ist nur ein zusätzlicher Trick: wären sie *wirklich* gestellt, dann gäben sie sich von selber auf. – Eine besonders hübsche Variante dieses Arguments findet sich schon im letzten Jahrhundert. Der Materialist Carl Vogt hatte als These vertreten:

»So wie die Niere den Urin produziert, so produziert das Gehirn die Gedanken.«

Ihm antwortet ein Philosoph: »Lieber Herr Kollege Vogt, wenn man sie so reden hört, glaubt man fest, es sei wirklich so.«

34

4. Evolutionstheorie und Philosophie

Wenn man sich nun die Kritikpunkte am Evolutionismus der Reihe nach durchsieht, dann wundert man sich, wie er eigentlich so überzeugend auftreten kann allerorten. Man könnte sagen, daß das Simple natürlich sehr oft als das Überzeugendere auftritt und Schlagworte auch viel leichter eingesehen werden als Anspruchvolleres, aber so einfach möchte ich es mir nicht machen. Es müssen vielmehr die Stärken des Evolutionismus auch gesehen werden, und zwar nicht, um sie zu »widerlegen«, sondern um sie als Stärken in das eigene Wirklichkeitsverständnis einzubauen. Diese Stärken sind die naturwissenschaftlichen Befunde und Beweise für den Evolutionismus. Vor allem werden geltend gemacht die Versteinerungen und die Knochenfunde, inzwischen auch die Genetik, Ähnlichkeiten bestimmter Erbsequenzen bei Tier und Mensch, oder in der Verhaltensforschung die Ähnlichkeit bestimmter Verhaltensmuster. Beweisen sie nicht die Wahrheit des Evolutionismus? Ich meine nein. Sie beweisen eine gewisse Verwandtschaft alles Lebendigen zu verschiedenen Zeiten hinsichtlich der materiellen Bedingungen des Lebendigen. Über die materielle Verwandtschaft hinaus darf aber nicht vergessen werden, daß das, was durch das Materielle bedingt ist, sich gleichwohl drastisch unterscheidet: quantitativ in seiner jeweiligen Welteingebundenheit und Offenheit, und qualitativ etwa der Mensch vom Tier durch seine Freiheit, seine Sittlichkeit, seine Religion. Wenn das für die jetzige Wirklichkeit offensichtlich ist, dann kann man logisch diesen Bruch nicht überbrücken damit, daß man auf einige Millionen von Jahren hinweist.

Die großen Übergänge der Evolution, die zwischen Nichtleben und Leben, Nichtmoralischem und Moralischem und ähnliches mehr, sind prinzipiell nicht naturwissenschaftlich einzuholen, weil Unvergleichbares, Inkommensurables, miteinander verglichen wird. Man kann die prinzipielle Unbegreiflichkeit dieses tatsächlich aufgetretenen Neuen aus der Sicht der Naturwissenschaft als Äußerstes einsehen; dann aber kann man aus der Sicht der Gesamtwirklichkeit und unserer authentischen Erfahrung die Argumentationsrichtung direkt umdrehen. Es wird im übrigen immer so getan, als würde die Christliche Kirche das Dogma der Unveränderbarkeit der Arten der Schöpfung heute wie vor zweitausend Jahren aufrechterhalten. Das ist unzutreffend. Augustinus und Thomas von Aquin haben bereits den Weg für die richtige Argumentation gewiesen: Daß die Schöpfung doppelt in horizontaler und vertikaler Weise begriffen werden muß, daß die

göttlichen Schöpfungsgedanken in Gott zwar alle zugleich sind und insofern das Nebeneinander der Arten ein unveränderliches ist. Aber deswegen können sie dennoch auf der Erde in einem zeitlichen Nacheinander
auftreten, und zwar auch aus dem Anorganischen. Adam wird schließlich
aus Lehm gebildet: nur ist damit nicht alles über Adam gesagt. Schelling
hat das in seiner Weise aufgegriffen, auch wenn er nicht von Gott spricht,
sondern von der Natur als Produktivität. Das kann ich nicht mehr vertie-
fen, aber festzuhalten ist, daß ein Theoriebestandteil des Evolutionismus
definitiv fallengelassen werden muß, wenn man über solche Vermittlungs-
möglichkeiten nachdenkt, nämlich, daß es sich um ein *Aus*einander der
Arten gehandelt habe. Was nämlich auseinander heißen soll, das konnte
schon Darwin nicht erklären, obwohl er dauernd davon spricht, denn zugleich heißt es bei ihm, Arten gibt es gar nicht, daß seien nur menschliche
Klassifikationshilfsmittel. Wenn wir solche logischen Ungereimtheiten
vermeiden wollen – also das »Auseinander« der Arten, obwohl es keine
Arten gibt –, empfiehlt es sich, über folgende Auffassung der naturwissenschaftlichen Evolutionsbefunde nachzudenken. Wie schon gesagt, ist die
heutige Evolutionstheorie eine Theorie über die Entwicklung der materiellen Bedingungen auf der Erde, in deren Verlauf tatsächlich neue Arten, immer aber in Form konkreter Individien aufgetreten sind. Bedingungen, das ist ein zentraler philosophischer Satz, bringen niemals das Bedingte hervor, der Marmorblock nicht die Statue, sondern Materielles
rückt ein in Ideen, so Platon, bei Christen in Artlogoi, die den Schöpfungsgedanken Gottes entsprechen. Von einem Auseinander der Arten
kann nicht die Rede sein, denn »auseinander«, auch das in Anführungszeichen, hervor gehen immer nur die Individuen einer Art im Eltern-
Kind-Verhältnis. Es wäre ja ganz unsinnig zu sagen, mein Vater hätte sich
zu mir entwickelt oder ich mich in meinen Sohn. Deswegen ist auch schon
der Begriff »sich fortpflanzen« falsch. Ich pflanze ja nicht *mich* fort, sondern, bei dem was wir fortpflanzen nennen, entsteht ein eigenes, ein
neues Ich. Das bin gar nicht ich, der reflexiv also etwas Neues hervorbringt. Die Frage ist: Wie entsteht etwas, was zu sich selbst in reflexivem
Verhältnis steht?

Kommt es zu einer Änderung der Art, sei es durch eine plötzliche, auch
künstliche Mutation, sei es durch eine allmähliche populationsgenetische
Isolation, so rücken gemäß dieser Überlegung die ihr zugehörigen Individuen ein in eine neue Art-Idee, einen Artlogos, ohne daß wir von einem
Auseinander im kausal erklärten Sinne sprechen könnten. Es entstehen

also Tiere nicht *aus* dem Pflanzenreich, sondern *im* Pflanzenreich, und der Mensch nicht *aus* dem Tierreich, sondern *im* Tierreich.

Zum Schluß sei nochmals das Titel-Verhältnis Evolution und Theorie thematisiert. Wie ich zu zeigen versuchte, nimmt sich der Evolutionismus in seinem eigenen Licht als Evolutionsprodukt aus, als übrigens sehr erfolgreiches, nur mit dem Nachteil, keinen Wahrheitsanspruch stellen zu können, sondern genauso sinnlos zu sein wie alle übrigen Phänomene der Wirklichkeit. Aus der von mir vorgeschlagenen naturphilosophischen Sicht – und theorein heißt ja auch schauen – nimmt sich die Evolutionstheorie als vernünftige Theorie über Bedingungen der Entstehung von irreduzibel Neuem in der Natur aus. Als Theorie ist sie eine hohe Äußerung der menschlichen Kultur und Wissenschaft, und das heißt auch, als Theorie ist sie eine hohe Äußerung der menschlichen Freiheit. Der Übergang von dieser Theorie, die zu Recht Hypothese hieße, zum weltanschaulichen Evolutionismus ist dann zwar auch ein Akt der Freiheit, aber zugleich derjenige, mit dem sich die Freiheit frei für unfrei erklärt, und das scheint für einen denkenden Menschen doch keine Alternative zu sein.

Hinweis auf weiterführende Literatur vom selben Autor:

R. Spaemann, R. Löw: Die Frage Wozu. Geschichte und Wiederentdeckung des teleologischen Denkens. München 1981, als Taschenbuch (Serie Piper) 1985

R. Löw: Darwinismus und die Entstehung des Neuen In: SCHEIDEWEGE 13 (1983/84) 60–84

R. Löw: Natur und Zweck In: SCHEIDEWEGE 14 (1984/85) 342–358

R. Löw: Kosmologie und Anthropologie In: SCHEIDEWEGE 15 (1985/86) 306

R. Löw: Leben aus dem Labor. Gentechnologie und Verantwortung, Biologie und Moral. München 1985, als Taschenbuch unter dem Titel Genmanipulation (Moewig aktuell) 1986

R. Löw: Zum Verhältnis von Naturwissenschaft und Ethik In: SCHEIDEWEGE 16 (1986/87) 30–45

Literaturangaben zum Text:

E. Blechschmidt: Sein und Werden. Die menschliche Frühentwicklung. Stuttgart (Urachhaus) 1982

C. Bresch: Zwischenstufe Leben. München (Piper) 1977

R. Dawkins: Das egoistische Gen. Berlin (Springer) 1978

H. v. Ditfurth: Wir sind nicht nur von dieser Welt. Hamburg (Hofmann und Campe) 1981

M. Eigen / R. Winkler: Das Spiel. München (Piper) 1975

J. Illies: Evolution oder Schöpfung. Zürich (edition interfrom) 1979

H. Jonas: Organismus und Freiheit. Göttingen (Vandenkoek) 1973

K. Lorenz: Die Rückseite des Spiegels. München (Piper) 1974
E. Mayr: Evolution und die Vielfalt des Lebens. Berlin (Springer) 1979
K.M. Meyer-Abich: Frieden mit der Natur. Freiburg (Herder)1980
B. Vollmert: Polykondensation in Natur und Technik. Karlsruhe (Vollmert) 1983

Herbert Witzenmann †

Evolution und Struktur

1. Die nachfolgenden Ausführungen[1] wollen erweisen, daß die Begriffe *Evolution* und *Struktur* die Eignung besitzen, sich gegenseitig zu erhellen und zu erläutern, – daß also ihre hier unternommene Interpretation das unserem Verständnisbedarf Angemessene zu leisten vermag. Dies bedeutet genauer, daß die von der goetheanistischen Erkenntniswissenschaft Rudolf *Steiners* ausgehende strukturphänomenologische Forschung, welche die Grundlage dieser Abhandlung bildet[2], nicht nur über die zur Deutung der Evolutionsphänomene erforderlichen begrifflichen Mittel verfügt, sondern auch das Selbstverständnis besitzt, weshalb ihr diese Mittel zur Verfügung stehen. Sie entwickelt deshalb mehr als nur ein Wissen *über* jene Phänomene, vielmehr will sie sich als ein ideell *in* sie eindringendes Mitvollziehen darstellen, als ein nicht nur repräsentierendes, sondern sachimmanentes Bewußtsein.

Dies scheint ein überheblicher Anspruch zu sein, während er in Wahrheit bescheiden ist, da er auf alle Voraussetzungen (wie sie in der heutigen Wissenschaft vor allem hinsichtlich der menschlichen Erkenntnisart und damit der ihr korrelativen Wirklichkeit üblich sind) und auf alle übernommenen dogmatischen Ausgangsvorstellungen zwecks Anknüpfung von Folgerungen und Kompilationen verzichtet. Vielmehr räumt diese Darstellung den Begriffen, die von dem in unverfälschter Reinheit Beobachteten angezogen werden, allein insofern die Zuständigkeit ein, als diese vom Beobachtbaren selbst durch die von ihm ausgehende Individualisierung ihrer Allgemeinheit akzeptiert werden. Sie gesteht dem intellektuellen Verfahren nicht die umgekehrte Berechtigung zu, vorgreifende Entscheidungen

---

1 Dieser Beitrag wurde noch von Herbert Witzenmann nach einem in der Universität Witten-Herdecke gehaltenen Vortrag vor seinem Tod am 24. September 1988 fertiggestellt.
© Herbert-Witzenmann-Stiftung, Pforzheim.

2 Man vergleiche hierzu H. *Witzenmann,* »Strukturphänomenologie«, Dornach 1983, »Die Voraussetzungslosigkeit der Anthroposophie«, Stuttgart 1986, sowie »Sinn und Sein. Der gemeinsame Ursprung von Gestalt und Bewegung. Zur Phänomenologie der Sinnesfunktion.« Stuttgart, 1989.

(wenn auch mit noch so hochgreifender theoretischer oder dogmatischer Berufung) über das Beobachtbare zu fällen.

2. Mit dieser *Bescheidenheit* verbindet sich die *Einfachheit* des Planes dieser Darstellung. Will sie sich doch grundlegend und eingehend mit dem Wesen des *Zusammenhangs* beschäftigen und, von ihm ausgehend, ihr Anliegen auffächern.

Den Zusammenhang setzt man sowohl im Erkennen als auch im Handeln gewohntermaßen als das nicht Befragenswerte voraus. Freilich gibt es nachträgliche Erklärungsversuche für die Tatsache des Zusammenhangs, wie z. B. die auf *Kant* zurückgehende sogenannte Erkenntniskritik, welche den Zusammenhang als einen solchen zwischen den unbekannten »Dingen an sich« und den in der Beschaffenheit unserer seelischen Organisation festgelegten Reaktions- und Konstitutionsweisen konstruiert. Doch ist diese Konstruktion nur deshalb möglich, weil sie sich der ständig vorausgesetzten und angewandten Zusammenhanggewohnheit und ihrer Vorgaben bedient. Diese Gewohnheit ist eine dreifache, nämlich des Zusammenhangs der Begriffe untereinander sowie der Gegebenheiten, auf die sich diese beziehen, der Welterscheinungen untereinander (deren Zusammenhang sich aus dem begrifflichen Zusammenhang ergibt), sowie unserer selbst mit der uns umgebenden Welt (ein Zusammenhang, der wiederum aus dem begrifflichen Zusammenhang folgt). Wiewohl diese dreifache Gewohnheit einen einheitlichen Ursprung hat, zeichnet sie sich doch für unser eigenes Innewerden durch deutliche Unterschiede in dieser dreifachen Weise ab. Erklärungen, die nicht selbst Erscheinungsformen dieser Gewohnheit sind, sondern diese erklären sollen, können umgekehrt nur unter ihrem ungeprüften Einfluß gewonnen werden.

Das seelisch beobachtende, theoretisch unvoreingenommene Verweilen beim Zusammenhangphänomen und -problem scheint auf den ersten Blick kaum lohnend zu sein, da es unserer Neigung des Nichtbeachtens und Nichtbeobachtens widerspricht. Im nachfolgenden soll gezeigt werden, daß sich aus dem sonst nicht Beachteten weittragende Aufschlüsse gewinnen lassen.

3. Vorausgeschickt sei noch eine Bemerkung zum Wortgebrauch. Im nachfolgenden werden Gestalten und Bewegungen gemeinsam Gebilde genannt. Damit wird beiden Formen des internalisierten und externalisierten Zusammenhangs von Gegebenheiten die gleiche Bedeutung ihrer ihnen spezifisch angehörigen unterscheidenden Eigenart zuerkannt und nicht nur *eine* Gebildeart angenommen. Dies entspricht unserem deutlichen Empfinden, das von Gestalten anders als von Bewegungen angesprochen wird. Die

herrschende naturwissenschaftliche Vorstellungsart scheint jedoch diesen Unterschied ins Gebiet der Täuschung zu verweisen. Macht sie doch glauben, daß Gestalten lediglich sehr langsame und von unserem mangelhaften Unterscheidungsvermögen nicht erfaßbare Veränderungen in einem ununterbrochenen Veränderungsgeschehen seien. Daß indessen in beiden Fällen nicht graduell, sondern strukturell Verschiedenes erscheint, soll im nachfolgenden erläutert werden, – wobei freilich die bisher zu wenig beachtete Eigenart des uns alltäglich Vertrauten, abweichend von unserer trivialen Auffassung, und damit auch die Art unseres Wirklichkeitverständnisses neu beleuchtet werden muß. Dies ist bei einer Erörterung, welche dem Evolutionsproblem, also dem größten Zusammenhang gewidmet wird, unerläßlich.

4. Die ebenso im Erkennen wie im Handeln vergessene oder verdrängte Liaison unserer behaglichen Erkenntnisscheu mit dem Zusammenhang bildet die Grundlage unserer Zivilisation. Sie entspricht ihrem instinktiven Darwinismus, demgemäß wir uns mit der Anpaßbarkeit der uns zur Verfügung stehenden Überlebenschancen in die Umweltverhältnisse zu schicken haben, in die wir geschickt sind. Doch sollten wir den Gültigkeitanspruch unserer Bewußtseinsverfassung am einzelnen Falle prüfen, ehe wir sie verallgemeinern.

Eine der uns stets nahen und notwendigen Situationen ist unser Arbeitsmilieu. An diesem können wir ebenso ablesen, wie wir uns in ihm einpassen, wie auch, in welcher Art es uns umschließt. Um dies zu verdeutlichen, genügen einige stellvertretende Einzelzüge, – wobei wir uns bemühen wollen, das rein Beobachtete vom Hineingedeuteten zu unterscheiden. Wir sind bei solcher Beispielauswahl vermutlich geneigt, zu formulieren: »Die Stehlampe steht auf dem Schreibtisch«, vielleicht gar: »Wir sehen die Stehlampe auf dem Schreibtisch stehen«.

Eine Situation dieser Art bzw. eine solche auswählende Situationscharakteristik kann als »Aperçu« im Sinne *Goethes* gelten, weil sie einen Punkt darstellt, von dem ausgehend sich »vieles entwickeln« läßt.

Bei einigem Besinnen dürfte uns auffallen, daß es nicht falsch wäre, zu erklären: »Der Tisch steht unter der Lampe«, daß wir uns jedoch dagegen sträuben, so zu sprechen und eine solche Redewendung für unnatürlich, ja vielleicht für lächerlich halten würden, falls sie nicht durch Ausnahmebedingungen begründet würde. Und jenes Widerstreben empfinden wir nicht nur deshalb, weil durch die abgewiesene Ausdrucksweise dem räumlich und sachlich weniger Bedeutenden der Vorrang erteilt würde, – sondern noch mehr deshalb, weil es unserem Ordnungsbedürfnis, ja unserem Existenzbewußtsein zuwiderliefe.

Unser Ordnungs- und Existenzbewußtsein ist in einer entscheidenden Bedeutung (die im folgenden noch durch eine andere ergänzt werden muß) ein solches des Beruhens-auf, des Getragenseins und Tragens. Dies ist die eine der beiden Grundordnungen unserer Welt, der wir den Vorrang vor der anderen, nicht weniger Bedeutenden (über die noch zu sprechen ist) zu erteilen geneigt sind, da sie geeignet erscheint, alle anderen Formen des Gegebenen zu tragen. Bei einer Hängelampe scheinen allerdings »über« und »unter« gleichwertige Ausdrucks- und Einschätzungsformen zu sein. Doch konkurrieren hier das Getragensein des Tisches von unten und der Lampe von oben untereinander, so daß unser Urteil und unsere von ihm bestimmte Ausdrucksweise durch unser eigenes, je nach Fall mehr punktuell erfaßtes Getragensein oder unsere Orientierung innerhalb eines Umfassenden bestimmt wird.

Wenn wir auf diese Konkurrenz unser Augenmerk richten, dann macht sich dabei allerdings bereits die andere der beiden Grundordnungen oder Gebildearten geltend, die wir jetzt in unsere Betrachtung einbeziehen müssen. Wir erkennen (ohne darin schon vorschnell eine grundlegende Charakteristik erfassen zu wollen) in dem Getragensein, das dadurch ja auch seinerseits ein Tragen ist, ein wichtiges Merkmal jener Gebildeart, die wir als »Gestalt« bezeichnen. Die andere als »Bewegung« bezeichnete Gebildeart nimmt dagegen die Gestalten, die sie betrifft, aus einem Getragensein hinweg, um sie einem anderen zu überliefern, und dies immer von neuem, solange die Bewegung andauert. Die Dauer einer Bewegung ist demgemäß das Hinwegnehmen des Tragens im Bereich seiner Zuführung zu stets neuem Hinwegnehmen. Der Physiker wird hierzu bemerken, daß sich an der Gravitation durch die Bewegung nichts ändere und lediglich die kinetische Energie zu jener hinzutrete. Die voraussetzungslose strukturelle Betrachtungsweise stellt aber (unabhängig von physikalischen Erwägungen) fest, daß bei Gestalten und Bewegungen zwei verschiedene Arten des Zusammenhangs vorliegen. Bei den Gestalten wird uns die Hinordnung der in seiner engeren oder weiteren Umgebung befindlichen Gebilde auf ein Gebilde deutlich. Bei Bewegungen verfolgen wir dagegen die sich fortwährend verändernde Einordnung eines Gebildes in seine Umgebung. Wenn wir formulieren »die Hängelampe befindet sich über dem Tisch«, dann interessiert uns der Gestaltcharakter des Tisches und die Hinordnung seiner Umgebung auf sein tragendes Getragensein. Formulieren wir dagegen »der Tisch befindet sich

42

unter der Hängelampe«, dann vollziehen wir bereits eine von ihm fort in ein größeres Umfassendes führende ideelle Bewegung.

Wir können daher, auf Grund des Bisherigen, den Gebildecharakter von Gestalt und Bewegung durch die Merkmale des Getragenseins und Umfaßtwerdens kennzeichnen. Doch muß das hiermit nur vorläufig Gekennzeichnete im folgenden weiter verdeutlicht werden.

5. Wir stehen nunmehr im Sinne unserer Untersuchungsabsicht vor der Aufgabe, der Zusammenhangstruktur der beiden Gebildearten weiter vordringende Beachtung zu widmen. Unser Wahrnehmungsvermögen verfügt nicht über die Unterscheidungs- und Bestimmungskriterien für ein »Auf« oder »Unter« oder gar für deren Verhältnis zueinander. Keiner unserer Sinne ist für diese Merkmale zuständig, noch weit weniger für die hiermit zusammenhängenden allgemeineren Erscheinungsformen des Getragen- und Aufgenommenwerdens. Auch der Tastsinn sagt als solcher nichts über unser Getragensein aus, wiewohl seine Wahrnehmungen in dieses mit unterscheidender Bedeutung einbezogen werden. Die voraussetzungslos empfangenen Tastwahrnehmungen sind jedoch, ebenso wie alle anderen Wahrnehmungen, begrifflich unbestimmt. Sind sie doch als solche nicht »hart« oder »weich«, da dies Begriffe sind, die nicht wahrgenommen, sondern zu den Wahrnehmungen hinzugefügt werden, wobei dann freilich der allgemeinen begrifflichen Härte oder Weichheit die durch den speziellen Wahrnehmungsfall bedingte individuelle Einmaligkeit aufgeprägt wird, welche diesem im Gegensatz zu den Allgemeinheiten eigen ist. Die allgemeinen begrifflichen Bestimmungen des Faßbar-Wahrnehmlichen werden von jenem von den Wahrnehmungen ausgehenden individualisierenden Zwang in bestimmter Form festgehalten, aber so nicht als wahrnehmliche unmittelbar aufgefunden. Schon daraus, daß Härte und Weichheit innerhalb der Bereiche, denen sie angehören, eine Ausdehnung besitzen, innerhalb deren sie also als die Vergleiche sich selbst nicht vergleichender Singularitäten erscheinen, geht ihre nicht unmittelbar wahrnehmung-, sondern zusammenhangförmige Beschaffenheit hervor, – die also nicht von dem (passiv empfangenen) Nicht-Zusammenhangförmigen abgeleitet werden kann, sondern zu ihm (aktiv) hinzugefügt wird.

»Unter«, »Auf« und »Über« werden einerseits von einem Tragenden, anderseits von einem das Tragende Aufnehmenden übernommen, ohne daß diese Gebildeformen von sich her schon tragend oder aufnehmend wären, da sie vielmehr diese Eigenschaften erst im Tragen und Aufnehmen empfangen, einsaugen und festhalten. Im Hinblick hierauf wird man zweier

Merkmale von allgemeiner Bedeutung gewahr: 1. der wesensnotwendigen *Unvollständigkeit* alles Wahrnehmlichen, da dieses (wiewohl im Prozeß der Beeigenschaftung eigenschaftbestimmend) ohne die begriffliche Ergänzung eigenschaftlos (in diesem Sinne also auch unvollständig) ist; 2. der *Inkompatibilität* der beiden sich vereinigenden Elemente *vor* ihrer Vereinigung, da das rein Wahrnehmliche jeden begrifflichen Zusammenhang, das rein (allgemein) Begriffliche jede wahrnehmliche Vereinzelung von sich abstößt. Dennoch sind die als solche inkompatiblen Elemente auf Grund der Einflüsse, durch die sie sich gegenseitig verändern, mittelbar kompatibel.

6. Im Hinblick auf das Ausgeführte sei eines gelegentlich auftretenden Mißverständnisses gedacht, welches das Erfassen der allgemeinen Begriffe (Universalien) stört. Man glaubt mitunter durch die Unterscheidung von Identität und Gleichheit für das Verhältnis von Wahrnehmung und Begriff zuständige Einsicht zu gewinnen, während man sich dadurch in Wahrheit wirklichkeitfremde Schwierigkeiten bereitet. Wären doch zwei Dreiecke mit gleichen Abmessungen, selbst wenn eine solche (in Wirklichkeit unerreichbare) exakte Verdoppelung stattfinden könnte, nicht etwa trotz ihrer Nichtidentität wahrnehmlich gleich. Gleich wären nämlich die ihrem Begriff angehörenden Abmessungen, gleich also wäre ihr Begriff, verschieden dagegen sind deren ihn differenzierenden Wahrnehmungen, bei deren Gleichheit nur *eine* Individualisierung (in deren verschiedenen Erstreckungen), also nur *ein* Dreieck entstünde. Die verschiedenen Individualisierungen sind durch ihre Zugehörigkeit zu einer gemeinsamen Variationsbreite einander zwischen *schon* und *noch* ähnlich. Es sollte nicht schwer sein, einzusehen, daß zwei (nichtidentische) Punkte einander nicht wahrnehmlich gleich sind, da ihre Wahrnehmlichkeit ja nichts anderes als ihre verschiedenartige Einordnung in die Fläche und damit in den Kosmos ist. Gleich ist an zwei Dreiecken (oder Punkten) lediglich ihr Begriff (mit allen seinen begrifflichen Komponenten). Dieser ist sowohl in seiner (nicht vermehrbaren) Identität mit sich selbst als auch in der Nichtidentität seiner zahllosen Individualisierungen der gleiche, dies also auch in einander noch so unähnlichen Wahrnehmungsfällen.

Die Vermutung, daß Nichtidentisches wahrnehmliche Gleichheiten aufweisen könne, führt zur Abstraktionstheorie, die vermeint, das Begrifflich-Gleiche aus den doch nichts Gleiches aufweisenden Wahrnehmungen ableiten oder in ihnen aufgreifen zu können. In Wahrheit wird dagegen die begriffliche Ergänzung des Wahrnehmlich-Verschiedenen aus dem Begrifflich-Gleichen abgeleitet, und erhält jenes gerade dadurch erst seine

44

Singularität, daß das Allgemeine nicht etwa von ihm abgeleitet, sondern in ihm in individualisierter Form erfaßt wird.

7. Die ursprüngliche Inkompatibilität der wahrnehmlichen und begrifflichen Elemente aller Gebilde bedingt deren verschiedenartige Einordnung in die Wirklichkeit. Denn auf Grund ihres Wahrnehmungsgehalts schließen diese einander aus, auf Grund ihres Begriffsgehalts gehören sie aber auch alle einem Kontinuum an. Sind doch Begriffe, im Gegensatz zu den Wahrnehmungen, gerade dadurch in ihrer Beschaffenheit charakterisiert, daß sie durch sich selbst (untereinander und mit den Wahrnehmungen) in Zusammenhang stehen. Hierbei ist das jeweilige Wahrnehmliche einer beliebigen Ordnung deren stets Unvollständiges, da seine Unvollständigkeit gleichbedeutend mit unserem Begreifen seiner Wahrnehmlichkeit als einer Ergänzungsbedürftigkeit ist.

Diese, dennoch in eine einheitliche Ordnung eingehende Inkompatibilität der Elemente aller Gebilde setzt sich in diesen selbst fort. Hierbei ist das Unvollständige stets das Tragende und zugleich auch Aufgenommene, so daß sich beide im Verhältnis von Ganzem und Teil zueinander befinden. Ein Tischbein ist das Tragende der Ganzheit des Tisches, von der es aufgenommen wird. Denn nur als Träger dieser Ganzheit besitzt es seine Merkmale und übt es seine Funktion aus. Als ein Tragendes ist es aber auch ein Getragenes: denn nur auf Grund seines eigenen Getragenseins kann es Träger eines Zusammenhangs sein. Hiergegen könnte man einwenden, zwei verschiedene Bedeutungen des Tragens (das ponderable und das begriffliche Tragen) würden miteinander konfundiert. Dies ist jedoch nicht der Fall, da beide Erscheinungsformen des Tragens begrifflicher (und nicht wahrnehmlicher) Art sind. Unabhängig davon, ob beim ponderablen Tragen Wahrnehmungen auftreten, die unmittelbar vom Tastsinn oder durch ihn vertretende Maßnahmen mittelbar erfaßt werden, die jedoch beim ideellen Tragen des Ganzheitzusammenhangs nicht auftreten, ist die Tatsache des Eingeordnetseins in einen Zusammenhang, also des Getragenseins von ihm und zugleich das allein daraus resultierende Tragen anderer Zusammenhänge, mithin das Tragen des Getragenseins, die ganz allgemeine Tragensverfassung, in beiden Fällen die gleiche, – obwohl also das Getragensein und das Tragen, das Teilsein und das Ganzheitumfaßtsein nicht voneinander getrennt werden können, liegt beiden dennoch zunächst Inkompatibles zu Grunde. Denn wenn wir das Tischbein in seiner individuellen Sonderheit erfassen, wenden wir unsere Aufmerksamkeit von der Ganzheit ab, der es angehört, da diese ja seine einzelne Bestimmtheit durch ihre Allgemeinheit auslöscht, – wie wir umgekehrt unsere Aufmerksamkeit von der Individualisierung des Tischganzen im Tischbein und durch das Tischbein abwenden, wenn wir sie dem nicht in Einzelheiten individualisierten Ganzen zuwenden. Diese Unverträglichkeit hört nirgends auf. Sie stellt sich ebenso beim Verhältnis der vorderen Fläche eines Tischbeins zum ganzen Tischbein wie auch eines Teils dieser Fläche zur ganzen Fläche und so fort dar.

Man könnte einwenden, diese Beispiele ermangelten der prinzipiellen Bedeutung, es seien zufällige Behinderungen unseres Wahrnehmens, die uns nicht mit dem Teil zugleich auch das Ganze erfassen lassen. Hierzu ist Ähnliches wie bereits schon zu den Tastwahrnehmungen anzuführen. Bei einer einheitlich rot gefärbten Fläche ist das einheitlich-ganzheitliche Rot und eine rote Singularität nicht gleichzeitig erfaßbar, vielmehr schließen sie sich gegenseitig aus. Daher ist von den durchaus verschiedenen Einzelheiten die einheitliche Röte nicht abstrahierbar, wird diese vielmehr in jenen individualisiert erfaßt. Hierbei ist die Verschiedenheit eine prinzipiellere als die nur quantitative und qualitative, die selbst durch die prinzipielle Verschiedenheit, die Verschiedenheit durch Unvollständigkeit bedingt sind. Vielmehr verdeutlicht sich die Inkompatibilität von Allgemeinem und Individuellem darin, daß das jeweilige Allgemeine von einem jeweiligen Tragenden individualisiert und dadurch in eine kompatible Form übergeführt wird, wobei das Tragende erst durch das Aufruhen eines Allgemeinen diese Beschaffenheit erhält und dadurch in ein allgemeines Tragen aufgenommen wird. Hierbei sind das Universelle und Individuelle sowie Individualisierende miteinander ebenso inkompatibel wie füreinander unentbehrlich. Denn ebenso wie das Wahrnehmliche nur durch den Begriff Anteil an einem Ganzen erhalten kann, so kann der Begriff nur durch das Wahrnehmliche individualisiert werden. Hiergegen darf nicht eingewendet werden, so verhalte es sich nur für unser Erkennen, nicht aber in Wirklichkeit. Dieser Einwand übersieht, daß uns außer Wahrnehmlichem und Begrifflichem nichts gegeben ist, wir also in diesen Elementen und ihren Beziehungen die Wirklichkeit erfassen. Die Konstruktion einer unerfaßbaren Wirklichkeit, mit deren Hilfe die erfaßbare gedeutet werden soll, während jene doch in Wahrheit unterbewußt durch diese gedeutet wird, ist dagegen eine Münchhausiade. Es ist ein wahrhaft kurioser Versuch, das Überschaubare durch ein Unüberschaubares unter Benutzung des Überschaubaren deuten zu wollen.

Die hierbei zunächst unverträglichen, dann den Vertrag der Gebildeerzeugung schließenden Elemente sind auch unter dynamischem Gesichts-

46

punkt durchaus gegensätzlich. Sie ziehen bei der Gebildeentstehung gleichsam in verschiedene Richtungen. Die wahrnehmlichen Träger ziehen die Universalien an sich heran und in die von ihnen ausgehende Individualisierung hinein. Die Universalien ziehen dagegen, unbeschadet ihrer Individualisierung, gleichzeitig in die entgegengesetzte Richtung, in die ihnen eigene der Universalisierung. Dies rührt von der Art der Zusammenhangentwickelung her, die sich in ihren beiden Formen dadurch darstellt und herstellt, daß der Zusammenhang durch sich selbst und nicht durch ein anderes Bindemittel Halt findet. (Begriffspaare wie Ganzes – Teil, Ursache – Wirkung hängen durch sich selbst und nicht durch andere Adhäsionsvermittelung zusammen.) Denn die in einem Tisch (oder Teilen eines Tisches) individualisierten und konzentrierten Universalien bilden auf Grund ihrer Selbstbindung mit anderen Universalien (und durch diese mit anderen Gebilden) ein Gefüge, wodurch sich ein nie endender Fortgang des Zusammentretens der Gebilde und ihrer Fügemittel ergibt. Unter der scheinbar ruhigen Oberfläche der Gebilde vollzieht sich daher ein fortwährendes Tauziehen der in entgegengesetzten Richtungen wirksamen formativen Kräfte. Die individuellen Gebilde sind am Himmel der Universalien aufgehängt und werden dadurch in immer entferntere Horizonte fortgezogen. Diese sich ins Unendliche erstreckende Kosmizität hat ihr Fundament in zahllosen individuellen Trägerschaften, die in sich zu stets gesteigerter Verdichtung hintendieren. Fundamentierung und Kosmiziierung widerstreiten und einigen sich zugleich.

8. Aus dem Vorausgehenden erhellt der Unterschied und die gegenseitige Beziehung der beiden Hauptformen des Zusammenhangs und damit der beiden Hauptgebildearten. Die Berechtigung unserer ganz ursprünglichen Empfindung, daß Gestalten und Bewegungen nicht nur graduell (und allein durch unsere eigene Inkompetenz gebildeförmig differenzierte), sondern prinzipiell andersartige Seinsweisen sind, wird klar. Es wird auch deutlich, daß dieser Zusammenhangunterschied und der ihm entsprechende Gebildeunterschied der Grundordnung der Wirklichkeit angehören. Denn es ist angesichts des Entwickelten unverkennbar, daß *Gestalten* durch ein Erstarren des Universellen in der Individualisierung und im Individualisierenden entstehen, – *Bewegungen* dagegen Auflösungen des Erstarrten in den ineinander übergehenden Gebildungen sind, die ihrem Verlaufe angehören. Denn die Gestaltbildungen sind Phänomene des Hineinziehens der bildenden Kräfte in die Bildungsprozesse, Bewegungen dagegen Phänomene des Herausziehens der bildenden Kräfte aus ihrer Festlegung in Gestalten und ihres Hinwegziehens von dieser.

Man wird das damit Angesprochene nur dann verstehen, wenn man berücksichtigt, daß Gestalten und Bewegungen sich zwar strukturell grundlegend unterscheiden, daß dieser Unterschied aber kein ausschließender ist, vielmehr unter ihnen Übergreifungen stattfinden. Nur im Hinblick hierauf kann die Gebildeart von Gestalt und Bewegung zutreffend strukturell charakterisiert werden. Zu dieser Verdeutlichung bedarf es einer Ergänzung des Vorausgehenden. Es wurde bereits darauf hingewiesen, daß der Universalisierungsprozeß, welcher der Individualisierung entgegengerichtet ist, stets zugleich mit dieser verbunden ist. Er hat eine die Gestaltbildung auflösende Dynamik, da er sich von dieser fortbewegt, und ist daher hierdurch spezifisch bewegungsartig. Gerade aber durch diesen gestaltwidersetzlichen Effekt ist der Universalisierungseffekt ein für unser Gestalterfassen gestaltbildender. Müssen wir doch in unserem fortschreitenden Erfassen einer Gestalt (das ja, solange unsere Aufmerksamkeit beteiligt bleibt, ein nie endend bewegtes, fortwährend entdeckendes ist) immer wieder die Festlegung der Universalien auf eine bestimmte Art und einen bestimmten Grad der Individualisierung auflösen, um aus der Unerschöpflichkeit des Universellen neue noch nicht individualisierte, doch individualisierbare Elemente an das betreffende Individuationszentrum beistandleistend heranzuführen. Derart pendelt das Gestalterfassen zwischen Individualisierung und Universalisierung und bezieht daher die Auflösungsbewegung in die Festlegungsbewegung ein. Doch erfolgt diese Auflösung bei den Gestalten unter der Dominante der Festlegung. Bei den von uns als solche in ihrer Gebildeeigenart erfaßten Bewegungen ist die Auflösung die formative Dominante. Werden doch hier die individualisierten Festlegungen im Bewegungsverlauf in fortwährend andere Metamorphosen der Gestaltbildung übergeführt, die von der Variationsbreite einer Bewegungsdauer umfaßt werden. Denn Bewegungen sind nichts anderes als Metamorphosenfolgen einer Universalie. Und wie die Gestaltbildung aus dem sie umgebenden Bewegungsumfeld schöpft, so setzt die Bewegungsbildung das in ihr veranlagte Infeld der Gestaltbildung abwechselnd mit ihrer immer neuen Auflösung immer neu in Kraft, indem sie sich selbst aus ihrem eigenen Modifikationsvorrat erhält.

Wenn man sich von dem Vorurteil freimacht, Gestalten und Bewegungen seien gleicherweise unserem Erkennen wahrnehmlich vorgegebene, von unserer Beteiligung unabhängige kompakte Tatbestände, sich vielmehr davon überzeugt, daß beide Prozesse sind, die unter unserer intimen Beteiligung ablaufen, und demgemäß auch die Gestalten als Prozesse erfaßt, dann

48

wird man sich auch nicht mehr darüber täuschen, daß Bewegungen Metamorphosen gestaltbildender Prozesse, Prozesse von Prozessen, also Metamorphosen von Universalien sind.

Nur wenn man sich diese Doppelprozessualität aller Gebilde zum Verständnis bringt, also ihr Entstehen aus der Durchdringung zweier antagonistischer Elemente, entgeht man den agnostischen Folgen eines dogmatischen Objektivismus. Man entgeht damit auch dem Hängenbleiben in der doppelgreifenden Bewußtseinsfalle, welche das Erkennen entweder als (unerreichbare) Korrespondenz oder als (ihre eigene Voraussetzung umdeutende) Affizierung diskreditiert. Die Selbstberühmung der Affizierungstheorie und ihrer Varianten zur »kritischen« Bewußtheit enthüllt sich dann als die selbstwidersprüchliche absolute Ignoranz, welche ihre Abkunft von dem naiven Realismus, den sie lediglich ins Transzendente projiziert, vergebens beschönigt. Beiden Formen der in der Falle gefangenen Denkträgheit (sowohl dem »Was ich wahrnehme, ist wirklich« als auch dem »Was ich wahrnehme, ist unwirklich«) liegt die gleiche Abneigung gegen den ideellen Wirklichkeitgrund des Zusammenhangs, gegen Wirklichkeitwert und -macht der Universalien zu Grunde.

9. Gestalt und Bewegung sind also in ihren strukturellen Dominanten der Individualisierung und Universalisierung einander entgegengesetzt. Sie schließen einander jedoch gleichzeitig strukturell ein.

Für die Erfassung dieser Gebilde ist es entscheidend, daß sie beide Prozesse sind. Als solche sind sie gleicherweise nicht wahrnehmbar, sondern allein vollziehbar. Diese Einsicht widerspricht freilich entscheidend unseren Vorstellungsgewohnheiten, denen gemäß wir geneigt sind, sie als ohne unseren Anteil fertig vor unserem Wahrnehmen auftretende und als solche erfaßbare Kompaktbestände aufzufassen. Sie sind aber als vollständige Gebilde weder wahrnehmbar, noch überhaupt ohne unseren denkenden Mitvollzug für uns vorhanden. Sie gehören für uns, und wir mit ihnen, nur insofern der Wirklichkeit an, als wir uns (denkend) betätigen, insofern also sie betätigen, sie in uns, uns in ihnen betätigen.

Unser Aktivverhältnis zu den Universalien ist nunmehr aber noch genauer zu charakterisieren, da die Frage, wie sich überhaupt jenes Tauziehen der Universalien ins Werk setzen könne, noch zu beantworten ist. Zwar scheinen wir uns damit immer noch nur im Vorfeld unserer Aufgabe zu bewegen, in welchem bereits allzulange zu verweilen, man dieser Abhandlung vorwerfen könnte. Doch wäre es falsche Scheu, wenn eine Darstellung, welche den Anspruch erhebt, über den größten Zusammenhang einer Aussage fähig zu sein, unter Ersparnis eines Durchmessens des Zusammenhangproblems als solchen, die Geduld ihrer Leser schonen wollte.

Widmen wir also der Tatsache, daß wir die begrifflichen Allgemeinheiten, die Universalien, nur durch individuelle Akte, durch Denkakte, also nur erzeugend erfassen können, unsere Aufmerksamkeit. Als solche Erzeugnisse erweisen sie sich als zum Aufruhen geeignete und bereite Elemente der Gebildentstehung in ihrer stets gleichen Universalität. Das allgemeine Rot, die Röte ist nicht allgemeiner als das ideelle Gelblichgrün. Denn das Individuelle entsteht in jedem individualisierbaren Fall durch Nicht-Ideelles, also Nicht-Universelles, im Übergang über das strukturell jeweils gleiche Inkompatibilitätsintervall[3].

Derart entstehen *in* den wahrnehmlichen Feldern individualisierte Begriffe (nicht zu verwechseln mit Individualbegriffen, die für ihren Bereich universell sind). Diese in den Wahrnehmungsfeldern individualisierten Universalien sind inhärente und inhärierte Vorstellungen. Von ihnen erst, die in einem Realisierungsprozeß auftreten und diesen konstituieren, können die repräsentierenden (Erinnerungs-) Vorstellungen abstrahiert werden (von der inhärenten Universalie »Tanne« die Vorstellung einer bestimmten Tanne). Die Abstraktion setzt daher die Realisation voraus. Die inhärent vorgestellte Tanne wird aber durch ihren Begriff wiederum in den Bereich der Bäume, der Pflanzen, der Lebewesen, der Gebilde überhaupt und deren Ordnung im Kosmos universalisiert. Auf diese Komplementarität der Prozesse wurde bereits hingewiesen.

Wir blicken hiermit von neuem auf den Antagonismus von Individualisierung und Universalisierung hin. Wir wollen diesen Ursprung jetzt aber genauer erkunden. Schicken wir uns dazu an, dann fällt uns sogleich auf, in welch eigentümlicher Beziehung unser Erzeugen zu seinen Erzeugnissen im Falle der Universalien steht. Wir können und müssen zwar die Universalien durch unser Erzeugen zu unseren Bewußtseinsinhalten bestimmen, doch können wir sie nicht, wiewohl sie unsere Erzeugnisse sind, verändern. Denn sie bestimmen ja, wie bereits erwähnt wurde, ihre Zusammenhänge (ihre Logizität) durch eigene Bindung und nicht durch eine andere Art von Hinzufügung. Infolge dieser Eigenbestimmung der Begriffe wird unsere erzeugende Bestimmung, durch die wir sie zu unseren Bewußtseinsinhalten machen, von ihnen zurückbestimmt. Im Falle dieses erzeugenden Bestim-

---

3 Zu dem schwierigen Problem des Übergangs kann hier nicht Stellung genommen werden. Er kann hier nur als unanzweifelbare und jederzeit seelisch beobachtbare Tatsache festgestellt werden.

mens unserer Bewußtseinsinhalte findet also ein zurückbestimmtes Bestimmen statt. In der Rückbestimmung durch die Universalien erfahren wir, daß es den Zusammenhang gibt und überhaupt geben kann. Denn würden wir nicht durch solche sich selbst bestimmenden Elemente rückbestimmt, müßten wir bis ins Unabsehbare, über alles sich nicht selbst Bestimmende hinweg, nach dem sich selbst Bestimmenden suchen.

In dieser Rückbestimmung, also im Wesenswissen, entsteht aber zugleich auch unser Selbstwissen. Denn dieses rückbestimmte Wissen ist als in sich reflektiertes Wissen ein sich selbst erfassendes Wissen, weil sich das Wissende ebenso im Gewußten wie das Gewußte im Wissenden weiß. Ohne ein solches sich selbst erfassendes Wissen wäre unser Wissen von unserem Wissen ein unlösbares Rätsel. Müßte doch ein durch anderes Wissen vermitteltes Wissen, sofern jenes kein Selbstwissen wäre, ins Unabsehbare weiter vermittelt werden.

Durch die Reflexion innerhalb der Rückbestimmung können wir aber nicht nur von unserem Wesenswissen, sondern auch über dieses hinaus wissen. Dadurch ergibt sich jene antagonistische Beziehung zum Individuellen, nach deren Ursprung wir suchen.

Durch unser Selbstwissen im Wesenswissen sind wir, von diesem Ausgangspunkt aus, auf beliebige Wissensinhalte intentionalisiert und können wir auch der (intentionalen, über sich selbst hinaus zielgerichteten) Beziehung des (aktualisierten) Universellen zu Nicht-Universellem folgen.

Damit begeben wir uns auf den Weg der Verfolgung des Antagonismus, dem die Gebildeentstehung entspringt. Wir folgen der Beweglichkeit (Metamorphosierbarkeit) der Universalien, die in den individuellen Inhärenzen erstarrt.

Derart werden wir der sowohl absteigend als auch aufsteigend interpretierbaren Gebildeentstehung im Hinblick auf den Übergang über ihr Inkompatibilitätsintervall gewahr. Aus dem Bereich unseres Wesenswissens (Universalienwissen), der ein solcher der reinen Aktualität ist, können wir, zum Selbstwissen intentionalisiert, zu den Intentionalitäten der Universalien (ihrer allgemeinen Intentionalisierung zu Nicht-Universellem und von dieser, mit der Verschiedenheit der Universalien wechselnden Intentionalisierung, zu bestimmten Bereichen des Stofflich-Wahrnehmlichen) übergehen. Von hieraus folgen wir einem weiteren Schritt des gebildegestaltenden Prozesses, wenn wir auf die Metamorphosierbarkeit der Universalien innerhalb des Bereiches, der ihrer Intentionalität entspricht, achten. Und nach einem weiteren Schritt in der Zielrichtung dieses Prozesses sind wir bei den gebildeförmigen Inhärenzen angelangt, die ebenso im gebildeförmigen Bewegungsverlauf wie im Fortschritt der Gestaltentstehung wieder aufgelöst werden.

Die Gebilde*entstehung* ist bei allen gestaltförmigen Gebilden eine solche des von der Aktualität über die Intentionalität und weiter über die Metamorphosierbarkeit *absteigenden* Prozesses. Die Gebilde*eigenart* ist dagegen, unbeschadet der gleichmäßig absteigenden Charakteristik ihrer Entstehung, als aufsteigende Schichtung erfaßbar. Denn die einzelnen Gebilde und die Schichten, denen diese angehören, entstehen zwar in dem stets gleichen Prozeß der Gesamtrealisation, nehmen aber diesen nicht alle vollständig, sondern in abgestufter Form in ihren Gebildeumfang auf. Die Mineralien nehmen in ihren Gebildeumfang nur die inhärente Form, die Pflanzen dazu noch die metamorphosierbare Form, die Tiere dazu noch die intentionale Komponente des Realisationsvorgangs auf. Bei jenen Seinsschichten und ihren Wesen bleibt also ein Teil des Realisationsvorgangs außerhalb ihres Gebildeumfangs. Nur der Mensch nimmt den ganzen Realisationsvorgang in seinen Wesensumfang auf. Gebildeentstehung und Gebildeumfang stimmen hier überein.

Der zwischen den Polen des Universellen und des Individuellen verlaufende Prozeß kann demgemäß absteigend als Realisation, aufsteigend als Gebildeschichtung charakterisiert werden. Für beide Sichtweisen verläuft er aber zwischen den Inkompatibilitäten des Universellen und Individuellen. Diese Inkompatibilitäten sind zugleich Durchdringungen von Umfassendem und Tragendem.

10. Die stufenförmige Aufgliederung des sowohl hinsichtlich der funktionalen Richtung seines strukturellen Aufbaus als auch hinsichtlich der dieser entgegengesetzten Richtung der Gebildeschichtung charakterisierbaren Realisationsprozesses, die gestalterzeugende Durchdringung des individualisierenden Tragens mit Universellem wie auch das universalisierende Umfassen metamorphosierter Gestalten in Bewegungen macht die Allgegenwart der Struktur und ihrer Prozesse deutlich. Denn in allem Bestehen und Bewegen kommt der gleiche gegenströmende Doppelprozeß zum Ausdruck, der sich logisch und wirklichkeitgemäß konsequent aus dem Grundvorgang der Vereinigung von Wahrnehmlichem und Begrifflichem ergibt und die Einheit und gleichzeitige Verschiedenheit aller Gebilde begründet.

Unter dieser Sicht ist allein das Verständnis für die Evolution, ja überhaupt ihr Begriff zu gewinnen. Daher mag es nunmehr klar werden, in welcher Weise die bisherigen Erörterungen auf das Evolutionsproblem zu-

52

laufen. Denn die Evolution erscheint nunmehr als allgemeiner Strukturierungsprozeß in Form des Getragenseins des Universellen (der Inhärierung der Universalien) und der Entrückung des Individualisierenden (der Auflösung von Inhärenzen im Umfassen gestalt- und bewegungsförmiger Bildungsvorgänge). Die Wirklichkeit ist der in sich ein- und aus sich auslaufende Zyklus, der sich in immer neuen Hyperzyklen differenziert. Im Menschen wird die Gebildeentstehung Selbstbildung. Denn im Miterzeugen der wirklichkeitbildenden Kräfte sowie ihrer Erzeugnisse erbildet der Mensch seine eigene Geistgestalt.

Das jederzeit durch Beobachtung an beliebigen Gebilden verifizierbare Verständnis für den Realisationsvorgang und seine strukturellen Eigentümlichkeiten eröffnet eine neue Sicht auf die Natur überhaupt wie auch ihre Gebilde und Gebildeschichten. Es vermittelt ein zunächst paradoxal anmutendes Bild, da zwei antagonistische Prozesse in allen Gebilden zusammen- und zugleich gegeneinander wirken. Es fordert eine Neubestimmung unseres gewohnten Realitätverständnisses und der ihm entsprechenden Gegenstandvermutung, es seien unserem Erkennen seinem Zutun entzogene, konstante Adäquationspostulate vorgegeben. Es vermittelt aber auch erst das Erfassen der spezifischen Eigenart gestaltlicher und beweglicher Gebilde und deren eigentümlichen Übergehens ineinander. Durch diese Überwindung des traditionellen Gegenstandbegriffs und das damit verbundene Eindringen in eine völlig neue Art der Seinserfassung legt die Realisationserfassung aber auch das Verständnis für die von der neuen Physik zwar rechnerisch erfaßten, doch in ihrem Sinne unbegriffenen paradoxalen Tatsachen frei. Hierfür wird der im folgenden noch zu entwickelnde strukturelle Evolutionsbegriff die erforderlichen Erkenntnisgrundlagen zur Verfügung stellen.

11. Nunmehr müssen die evolutionswissenschaftlichen Konsequenzen der im vorausgehenden umrissenen Grunderkenntnisse wenigstens in einigen wesentlichen Richtungen verfolgt werden:

a. *Anpassung.* Die herrschenden Anschauungen über das Evolutionsgeschehen werden von einem falschen Anpassungsbegriff bestimmt, der mit dem unvoreingenommenen Wirklichkeitverständnis unvereinbar ist. Die übliche Anpassungsvorstellung nimmt an, daß biologische Zufallsysteme durch Einpassung in ebenfalls zufällige ökologische Nischen ihre Überlebenschancen gewinnen. Dieser mechanistische Zufallbegriff der passiven Anpassung kann zwar durch beliebige Zusatzannahmen mit einer Scheinplausibilität ausgestattet werden, entbehrt aber der Legitimation durch die voraussetzungslose Natursicht. Deren Grundlage bildet vielmehr die im Grundvorgang der Realisation durch die Durchdringung wirklichkeit-logisch abgestufter Prozesse sich anreichernde Geschehensfolge. Da die Ausgangslage dieser gebildeschaffenden Durchdringung die Inkompatibi-lität ihrer Hauptkomponenten ist, kann sie nur durch die sich individuali-sierende aktive Anpassung und Einpassung ihrer universellen Kompo-nente an und in die wahrnehmliche Realisationsaufgabe zu ihrem Ziel ge-langen. Durch jene Inkompatibilität wird eine aktive geistwirksame An-passung möglich und notwendig. Dieser richtige Anpassungsbegriff der nicht passiven Anpassung eines Gebildes an seine Umweltbedingungen, sondern der *aktiven* An- und Einpassung beweglicher Universalien an und in ihnen komplementäre(n) Unordnungen macht ersichtlich, wie diese zu Trägern der in sie eindringenden formativen Impulse und damit selbst im Tragen getragen werden. Das Trägerphänomen geht aber zugleich auch in das andere der Aufnahme in einen Umbildungsablauf ein, da jede Gestalt-bildung sowohl aus einem metamorphosierbaren Anreicherungsvorrat schöpft, als auch in eine Reihe metamorphotisch abwechselnder Gestaltbil-dung und Gestaltauflösung einrückt.

Die Grundlage und Grundtriebkraft der An- und Einpassung der Lebewe-sen ist demgemäß die Überbrückung der *Inkompatibilität* ihrer Realitäts-komponenten. Diese erfolgt durch den Übergang einer realisationsfähigen Universalie aus ihrem aktiven Ursprung, über ihre bereichsspezifische In-tentionalität und ihre Anpassungsmetamorphose, zur Inhärenz in einem bestimmten Gebilde. Diesem Tragen einer Inhärenz und dem Getragensein von ihr entspricht die Aufnahme in eine Reihe sich ablösender Erstarrungen und Auflösungen. Das hier in allgemeinen Grundlinien Umrissene stellt für die Erklärung des einzelnen biologischen Falles ein genügend umfassendes und zugleich genügend elastisches begriffliches Instrumentarium zur Verfü-gung. Es ergibt sich aus dem als Ergebnis der strukturphänomenologischen Forschung gewandelt hervorgehenden Natur- und Weltbild.

b. *Mutation.* Wie sich aus dem Grundbegriff der strukturphänomenolo-gischen Inkompatibilität der richtige Anpassungsbegriff ergibt, so aus dem anderen strukturphänomenologischen Grundbegriff der *Unvollständigkeit* der richtige Mutationsbegriff. Die wahrnehmlichen Bestandteile der Ge-bilde sind, wie im vorausgehenden entwickelt wurde, notwendig unvoll-ständig. Denn die wahrnehmlichen Gebildeanteile sind als solche völlig un-geordnet, da sie jeder begrifflichen Bestimmtheit ermangeln. Sie bedürfen daher der begrifflichen Ergänzung. Diese wird zwar durch die Komplemen-

54

tarität von Wahrnehmung und Begriff derart bestimmt und begrenzt, daß einerseits die begrifflichen Intentionalitäten nicht beliebige Ziele wählen, sondern bestimmten, unverwechselbaren Zuordnungen folgen, anderseits auch die Akzeptanz der Wahrnehmungen keine beliebige, sondern eine begriffliche Funktionsübergänge selektiv anziehende oder abstoßende ist. Immer noch ist aber das damit bezeichnete Funktionsintervall weitgehend durch andere modifizierende Begriffe anreicherungsfähig, wobei auslösende Faktoren mitverantwortlich sein mögen. Dadurch ergibt sich ein vom heute herrschenden abweichender Begriff der Mutation. Während diese in der heutigen Biologie als eine Art Unfall gegenüber der gewohnten Anordnung der biologischen Elemente betrachtet wird, läßt der Unvollständigkeitsbegriff für sie eine andere Art der Erklärung zu. Kann doch in den Grenzen der begrifflichen Kohärenz und der wahrnehmlichen Akzeptanz die eingeleitete Vervollständigungsfunktion in einer ihre Richtung modifizierenden Weise ergänzt werden. Daher kann durch das ursprüngliche Tragen ergänzender (wenn auch der vorausgehenden Gestaltbildung nicht völlig unverwandter) Inhärenzen die Aufnahme in eine von der ursprünglichen abweichende Modifikationsreihe bedingt sein.

c. *Sinnproblem.* Im Hinblick darauf, daß die Gebildeentstehung im Menschen durch den miterzeugenden Anteil seines Erkennens in Selbstentstehung übergeht, eröffnet sich auch eine neue Sicht auf den Sinn der Evolution.

Damit dies verständlich werde, bedarf es aber des Hinweises auf die Art der Einordnung der menschlichen Organisation in den Erkenntnisvorgang und damit in die Wirklichkeit. Durch die eigentümliche Funktionsart der menschlichen Organisation ist es bedingt, daß die vollständige Wirklichkeit für das menschliche Erkennen nicht als eine von vornherein einheitliche, sondern als eine zunächst in ihre Bestandteile, Wahrnehmung und Begriff, dekomponierte auftritt. Da das unter Vermittelung unseres Sinnes-Nerven-Systems uns ohne unser Zutun aufgedrungene Wahrnehmliche infolge der Wirkensweise jenes Systems das Begrifflose, also wesenhaft Unvollständige und Ergänzungsbedürftige ist, sind wir zur Rekomposition des derart Dekomponierten genötigt. Diese Rekomposition vollziehen wir fortwährend unterbewußt. Sie ist der während unseres Wachbewußtseins nie abreißende unterbewußte Vollzug des Grundvorgangs. Die hieraus hervorgehenden fortwährenden Realitätserfolge, deren wir im Gegensatz zu ihrer Entstehung zumeist allein als Resultaten bewußt werden, verleiten uns zu der uns gewohnten Vermutung andauernder unbeteiligter Belieferung mit fertiger Wirklichkeit. Daß aber der Grundvorgang als unsere eigene unvertretbare Leistung (als die Grundforderung und Grundlage unserer Existenz) in der Tat prozessuell stattfindet, davon können wir uns jederzeit durch die seelische Beobachtung der Gebildeentstehung und der Eigenart der sich in dieser vereinigenden Bestandteile (wie dies im vorausgehenden entwickelt wurde) zweifelsfrei überzeugen.

Die Funktion unserer Organisation, vor allem insoweit diese als Sinnes-Nerven-System wirksam ist, ist demgemäß jener unseres Erkennens entgegengerichtet. Denn sie trennt die Bestandteile des Grundvorgangs und Voranggrundes, während das Erkennen diese vereinigt. Da dieses in der Tat seine Vereinigungsfunktion gegen deren dekomponierenden Widerstand durchsetzt, setzt es durch diesen Effekt die trennende Organisationsfunktion außer Kraft. Wir sind also mit einer dekomponierenden und durch unsere Erkenntnisfunktion in ihrer Entwirklichungsfunktion zurückdrängbaren Organisation ausgestattet.

An dieser zweifachen Art der Einordnung unserer Organisation in die Wirklichkeit werden wir des Sinnes der Evolution gewahr. Stünden wir als Erkennende einer uns ohne unseren eigenen Anteil vollständig vorgegebenen Wirklichkeit gegenüber, unterständen wir deren Zwang, könnten wir also nicht aus freier, selbsterzeugter Erkenntnis handeln. Nur dadurch, daß wir im Wechsel des Dekompositions- und Rekompositionsgeschehens uns durch die Akte unseres miterzeugenden Erkennens selbst erzeugen, sind wir Wesen, die selbstgeschaffene Anfänge setzen und aus diesen die Richtlinien ihres Handelns entwickeln.

Hierin wird der Sinngehalt und der Richtungssinn der Evolution erkennbar. Denn sie bewirkt durch das Hervorbringen eines im Verhältnis zur erkennenden Wirklichkeiterzeugung dekomponierenden Systems die Entstehungsbedingung freier Selbstbestimmung fähiger Wesen. Gewiß kann die Freiheit nicht das Ergebnis einer Naturkausalität sein −: wäre sie doch dann nicht frei, sondern fremdbestimmt. Die evolutive und darin physiologische Bedingung der Freiheit steht zu dieser jedoch nicht in einem Kausalverhältnis, da sie als Entwirklichung im Gegensinne dessen, nämlich der erkennend miterzeugenden Verwirklichung, wirkt, dessen Bedingung sie ist. Der in eine menschliche Organisation einmündende evolutionäre Richtungsverlauf ist daher die *antikausale Bedingung der menschlichen Freiheit.*

Die Evolution ist daher sinngerichtet und sinnrichtig, weil sie, diesem Ziel zutendierend, in der menschlichen Organisation ein System hervorbringt, dessen Bedeutung nicht in seiner kausalen Effizienz, sondern seiner

56

antikausalen Bedingungsfähigkeit liegt. In dem Dekompositionsergebnis bildet sie sich selbst zu den Anfangsbedingungen allen Entstehens zurück, einer ungeordnet stoffartigen Bildungsempfänglichkeit und einer in sich selbst geordneten, doch noch vor dem Eingriff in die ihr komplementäre Unordnung stehenden anpassungs- und ergänzungsfähigen Wirkungsbereitschaft. Durch die damit veranlagte Rückkehr zum Evolutionsursprung wird die Gelegenheit zur Entstehung freier, sich in der Mitschöpfung selbstschöpfender Wesen geschaffen. Hierin stellt sich der aus den Strukturphänomenen ablesbare Evolutionssinn dar. Er wird an den strukturphänomenologischen Grundtatsachen des Tragens und der Aufnahme ablesbar. Vollziehen wir uns doch in jenen durch die Teilnahme am Wirken des Geistes *im Stoffe* selbst in unserem geistigen Wesen, und erfassen wir uns in diesem *innerhalb des Geistes* durch die Vereinigung unserer eigenen geistigen Aktivität mit diesem. Dies aber sind die beiden Formen unserer Freiheit als Selbstgestaltung durch Mitgestaltung des gestaltbildenden Geistes und als Selbstgestaltung im gestaltauflösenden Geist. (Womit die auf S. 58 erwähnten weiteren Neubestimmungen unserer Grundbegriffe zusammenhängen).

12. Die Zusammenschau der Begriffe des miterzeugenden Erkennens und der physiologischen antikausalen Bedingung der Freiheit legt das Verständnis des Evolutionssinnes frei. Dies sollten die vorangehenden Ausführungen klarstellen. Sie sollten auch die Überzeugung vermitteln, daß die strukturphänomenologische Forschung das begriffliche Instrumentarium zur wissenschaftlichen Durchdringung des Evolutionsproblems in seiner Gesamtbedeutung und ebenso auch der von ihm umschlossenen Teilprobleme zur Verfügung stellt. Von hieraus ergeben sich auch die Leitlinien der Forschung, deren Aufgabe es ist, anhand der Fakten, in weitere Teilprobleme vorzudringen. Nur eine derart ebenso durch eine Gesamtschau wie auch durch Beobachtungsverantwortung geleitete und gesicherte wissenschaftliche Verfahrensweise wird sich vor dem Verirren im Detail und der Verführung, welche das Beobachtbare im Netz der Annahmen einfangen will, anstatt sich von ihm ihren Berechtigungsausweis ausstellen zu lassen, bewahren können.

Keine angeblich noch so ehr- und vertrauenswürdigen Wissensinhalte können dem Forscher seine Erkenntnismühe abnehmen. Insbesondere ungeeignet ist hierzu die dogmatisierende Ausdeutung und Ausbeutung der Geisteswissenschaft Rudolf *Steiners* zu einer Kochbuch-Wissenschaft, die auf allen Gebieten ihre Rezepte zur Zubereitung vorzüglicher Gerichte anbietet. Wird eine solche Rezeptologie noch mit den Arabesken schlußfolgernder Konstruktionen geschmückt, so mögen diese geeignet sein, Aufsehen für den persönlichen Löffelschwung ihres Zubereiters zu erregen. Der Sache der Wissenschaft tun sie indessen keinen Dienst.

Wer über den größten Zusammenhang, den wir Evolution nennen, Aufschluß gewinnen will, sollte sich darüber im klaren sein, daß er sich dabei einem vergeblichen Unternehmen hingibt, wenn er sich nicht zuvor die Einsicht in das Wesen des Zusammenhangs verschafft hat. Diese ist aber nicht auf dem Wege der Schlußfolgerung, vielmehr allein durch die beobachtungsgetreue Erkundung der sich im erschlossenen Erkenntnisbereich durchdringenden Welt- und Menschentstehungsprozesse zu gewinnen.

Ein solches Forschungsverfahren, das zugleich Grundlage und Ziel der Evolutionskunde darstellt, führt zu einer Neubestimmung des Gegenstand- oder Gebildebegriffs und mit diesem des Raumbegriffs (als der Erfassung der Prozeßsphäre der Inhärenzbildung, der Sphäre des Tragens) wie auch des Zeitbegriffs (als der Prozeßsphäre der Auflösung und Neubildung von Inhärenzen in Metamorphosenfolgen, der Sphäre des Umfassens). Beides sind Grundbegriffe der Evolutionsforschung. (Sie allein sind übrigens auch geeignet, den sonst immer neu auftretenden Skeptizismus hinsichtlich der Realität der Außenwelt zu widerlegen.) Nur wenn sich die Evolutionskunde diese Neubestimmung unserer Grundbegriffe zu eigen macht, kann sie ihrer Aufgabe gerecht werden, ist sie überhaupt in der Lage, deren Eigenart und Bedeutung richtig einzuschätzen.

Dies alles folgt aber aus der (und fordert eine) Neubestimmung des Wissenschaftsbegriffs, die gleichbedeutend mit der Neubestimmung des Realitätsbegriffs ist. Während für die herrschende ebenso wissenschaftstheoretische wie auch populäre Auffassung die wissenschaftliche Aufgabe die (nie erreichbare und daher stets nur induktive) Adäquation oder Korrespondenz mit einer vorgegebenen Wirklichkeit ist, ist die Realitätentstehung für die strukturphänomenologische Forschung ein nicht *gegenüber* dem Geschehen, sondern *innerhalb* des vom Erkennen umfaßten Geschehens verlaufender, Mensch und Welt vereinigender Vorgang. Allein durch das Aufgreifen dieser Neubestimmung des Entstehensbegriffs kann sich die Evolutionswissenschaft als Entstehenswissenschaft rechtfertigen.

Sie verstehend kann über Evolution nicht sprechen, wer sich nicht von dem Vorurteil freigemacht hat, das menschliche Erkennen sei allein der *Aussagen über die Wirklichkeit* fähig, und sich nicht die einzigartige, eine neue Wissenschaftsepoche eröffnende Möglichkeit zu eigen macht, Aussagen *innerhalb der Wirklichkeit* zu machen.

58

Andreas Suchantke

Die Mutations- und Selektionstheorie in der Konfrontation mit der Wirklichkeit

Vorbemerkung

Im Bereich der Evolutionsforschung ist die Zeit der großen Grundsatzdiskussionen und kritischen Auseinandersetzungen offenbar vorbei. Alle Fragen gelten als prinzipiell geklärt, was übrigbleibt, sind Detailprobleme. In der neodarwinistischen Mutations- und Selektionstheorie, so die herrschende Ansicht, ist das den Erscheinungen angemessene Erklärungsmodell formuliert, durch das sich alle auftretenden Phänomene deuten und in ihren Gesamtzusammenhang einordnen lassen.

Dieser Sachverhalt ist um so erstaunlicher, werden doch seit über hundert Jahren schwerwiegende wissenschaftstheoretische Einwände gegen den Darwinismus bzw. Neodarwinismus gemacht. Diese für den Fortgang der Wissenschaft und die selbstkritische Überprüfung ihrer Vertreter stets wichtigen Einsprachen werden jedoch im Bereich der biologischen Wissenschaft so gut wie nicht zur Kenntnis genommen und verhallen ohne jedes Echo – sie stammen eben von »Außenseitern«. Melden sich ähnliche Stimmen aus dem »Innenbereich«, so werden ihre Vertreter als nicht ernstzunehmend abqualifiziert; ein Urteil, dem selbst ein so vorsichtiger Formulierer wie Adolf Portmann nicht entging. Dennoch hat es natürlich größtes Gewicht, wenn ein Insider wie der Zellphysiologe Philippe Matile den Sachverhalt beim Namen nennt:

»Jedenfalls tritt in der gegenwärtigen Biologie eine Lebenstheorie auf, welche die Entscheidung bereits vorwegnimmt, denn der Wahrheitsgehalt dieser Theorie gilt für unanfechtbar. In der Philosophie wird ein derartiger Lehrsatz als Dogma bezeichnet. Nichts kann wohl die Bedeutung der großen Entdeckungen seit dem zweiten Weltkrieg besser zum Ausdruck bringen, als die Erhebung der Theorie von Watson und Crick zum ›zentralen Dogma‹. Diese Bezeichnung ist keineswegs vom wissenschaftlichen Journalismus, der die Forschungsergebnisse und Theorien der Molekularbiologie in den letzten Jahren beinah bis zum Überdruß, zudem oftmals mehr schlecht als recht, popularisiert hat, eingeführt worden; es ist einer der prominentesten Molekularbiologen gewesen, der zuerst vom Dogma gesprochen hat. Keineswegs in scherzhafter Weise, um die Tragweite der Theorie zu apostrophieren, vielmehr mit einem Anspruch auf Endgültigkeit der Lehre, die den qualifizierten Kritiker unmittelbar zum Ketzer stempelt und den Unqualifizierten zum Narren. Es ist charakteristisch, wie sich mit dem ›zentralen Dogma‹ der Molekularbiologie gewisse Bezeichnungen aus dem Bereich der Religion in der biologischen Literatur eingefunden haben.«

Es ist das eine Entwicklung, die letzten Endes zum Stillstand aller wissenschaftlichen Erkenntnis führen muß. Sicherlich werden weiterhin eine Fülle neuer Forschungsergebnisse produziert, aber da sie nicht befragt, sondern lediglich in das bestehende Weltbild eingeordnet werden, so können sie auch keinen Erkenntnisfortschritt bringen. Natürlich werden sie neue Möglichkeiten technischer Handhabungen eröffnen, also dem Bereich dienen, um den es in der biologischen Wissenschaft heute so gut wie ausschließlich geht; da sich ihnen aber kein Erkenntnisinteresse zuwendet, wird auch die Gefahr immer größer, daß man mit Dingen umgeht, die man im Grunde nicht durchschaut – wahrlich eine Binsenweisheit, sind wir doch längst dabei, an diesen »Errungenschaften« zu ersticken.

Im folgenden sollen nun einige Bedenken und Einwände vorgebracht werden, nicht auf wissenschaftstheoretischer, sondern von der empirischen Ebene aus, von Erscheinungen, von Phänomenen her, die der zum Dogma erhobenen neodarwinistischen Theorie widersprechen und deshalb auch in den gängigen Lehrbüchern, die das trügerische Bild einer widerspruchsfreien Theorie spiegeln, in der Regel nicht zu finden sind. Dabei soll es sich keineswegs darum handeln, die Tatsache der Mutationen oder das Wirken der Selektion anzuzweifeln. Es könnte hingegen sein, daß beiden Erscheinungen ein anderer und, horribile dictu, möglicherweise weniger zentraler Stellenwert zukommt, als ihnen von der herrschenden Lehrmeinung zugewiesen wird. Auch das soll nicht »bewiesen«, wohl aber in den Bereich des durchaus möglichen, vielleicht sogar wahrscheinlichen, auf jeden Fall aber der Prüfung würdigen gerückt werden.

Es erwies sich aus der Sache heraus als unumgänglich, einige dieser im folgenden zu schildernden Erscheinungen etwas breiter darzustellen, und zwar deshalb, weil ihre in der Literatur übliche Wiedergabe einseitig und verfälschend ist. Dem Leser wird dadurch an einigen Stellen ein etwas längerer Atem zugemutet. Er sei jedoch getröstet – das Thema wird nicht aus den Augen verloren, sondern lediglich mit Einzelheiten angereichert.

Zum Mutationsbegriff

Zuallererst muß doch wohl auf einen zentralen Tatbestand hingewiesen werden: Der Weg, der von den Erbanlagen, den Genen, zum ausgebildeten Organismus führt, liegt immer noch völlig im dunkeln: »Gar nichts wissen wir darüber, wie genabhängige chemische Prozesse zu morphologischen Differenzierungen führen« (Alfred Kühn 1969). Es ist das um so gravierender, da es sich ja bei den Abläufen evolutiver Umwandlungen nicht, wie bei den weiß- und rotblühenden Erbsen Mendels, um einzelne, isolierte Merkmale handelt, sondern um hochkomplizierte Systeme – um ein synergistisches Zusammenwirken vieler Bildeprozesse. Unter phylogenetischen Gesichtspunkten stellt sich doch die zentrale Frage nach der synchronen Umformung ganzer Anlagenkomplexe, etwa bei der Umbildung von Vorderbein- in Flügelanlagen (die darüberhinaus den Umbau des gesamten Körpers bedeuten!); dabei sind stets abertausende von Erbanlagen betroffen, die sich *aufeinander abgestimmt* ändern müssen.

Alles, was wir über den Charakter der Änderungen im Bereich der Erbanlagen – über die Mutationen also – wissen, steht dazu im eklatanten Widerspruch. Mutationen sind ihrem Wesen nach ungerichtet und streuen nach allen Seiten. Außerdem geht der Weg von den einfachen Proteinen durch eine in sich geschlossene Wirkungskette über eine große Zahl von Zwischenstufen, bis sie bei der morphologischen Struktur anlangt, und dieser Endzustand ist es, der jeder einzelnen Stufe »Sinn« und Richtung gibt.

Es lohnt sich, an dieser Stelle die Bedenken Remanes, einem der am umfassendsten geschulten und erfahrensten Zoologen unseres Jahrhunderts, zu zitieren:

»Viele Schwierigkeiten sind durch einen unklaren Mutationsbegriff entstanden. Definiert man Mutationen einfach als Erbänderungen, so müssen definitionsgemäß alle Änderungen, die zu erblichen Verschiedenheiten führten, durch Mutation entstanden sein. Da Artwandlungen Erbwandlungen sind, so ergibt sich aus dem Mutationsbegriff durch eine einfache Deduktion zwangsweise die Gültigkeit der Mutationstheorie. Dann ist auch der Lamarkismus Mutationstheorie, da ja auch er mit Erbänderungen rechnet. Eine solche allgemeine Mutationstheorie ist natürlich wissenschaftlich wertlos. Sinn hat nur die spezielle Mutationstheorie, die von den beobachteten und experimentell erzeugten Mutationen, also von vorliegenden Mutationsphänomenen ausgeht und prüft, inwieweit die von den Phänomenal-Phylogenetikern festgestellten Abläufe durch sie erklärbar sind. – Für diese

Aufgabe ist das gegenwärtige Material noch sehr unzureichend. Daß die Genom- und Chromosomen-Mutationen eine gewisse, aber beschränkte phylogenetische Bedeutung haben, ist anerkannt (die Bedeutung der Polyploidie ist für die Artspaltung bei Pflanzen groß, aber für die Organisationsumbildung gering). Als Hauptlieferant wird die Gen-Mutation in Anspruch genommen. Sie ist bisher aber nur negativ abgegrenzt. Was sich wirklich in diesem Chromosomenbereich, den wir als Gen bezeichnen, dabei abspielt, wissen wir nicht. Es ist aber gefährlich, ein solches Negativ als Basis für eine große Theorie zu verwerten. Prüfen können wir die Bedeutung der Genmutationen für die Phylogenie nur durch folgende Fragen:

Entsprechen die strukturellen Abänderungen der Gen-Mutanten den Anforderungen, die der Phylogenetiker an das Material stellt? Entsprechen die ontogenetischen Abänderungen den zu fordernden Umformungen der Ontogenese? *Bringen sie entwicklungsphysiologisch neue Wirkketten, oder sind sie nur Blockaden der im Wildtyp vollständig ablaufenden Wirkketten?* Die Antworten auf diese Fragen zeigen die geringe Bedeutung der bisherigen Gen-Mutanten für die Phylogenie. Versucht man die komplexen Umbildungen der Organapparaturen auf ein Mosaik derartiger Gen-Mutanten zurückzuführen, so entstehen neue Schwierigkeiten bei der – durch Hilfshypothesen gestützt – auf ganz schmaler Basis ein großes Gebäude ruht.«

Sehr viel radikaler äußert sich der theoretische Physiker Walter Heitler über die Versuche der Biologen, aus elementaren physiko-chemischen Abläufen im molekularen Bereich Ontogenese und Phylogenese ableiten zu wollen (1967):

»Aus den Gegebenheiten zu einer Zeit t_0 folgt zunächst nur das Geschehen im unmittelbar folgenden Moment (t_0+dt). Ebenso wirken die Gesetze nur in die unmittelbar räumliche Nachbarschaft. Daraus folgt, daß die Physik (und um sie handelt es sich auf dieser untersten Ebene der Lebensprozesse; Anm. Verf.) den Begriff Gesamtgestalt nicht kennt. Sie kennt auch kein Ziel; sie ist zielblind«, und »der Ablauf des Geschehens hat folglich eine zufällige Komponente«. Das ist ja nun tatsächlich auch eine Eigenschaft der Mutation. Es ist aber unlogisch, ja geradezu auf dem Niveau eines Taschenspielertricks, diesen Zufall auch dazu zu benutzen, um ihn im Lauf sehr großer Zeiträume »zufällig« eine hochdifferenzierte Gesamtgestalt aufbauen zu lassen, in der nichts zufällig, sondern alles in strengster Ordnung aufeinander abgestimmt ist. In einem Organismus ist so gut wie nichts zufällig, sondern notwendig – auch in den sogenannten

»zweckfreien«, »luxurierenden« Bildungen, wie wir noch sehen werden. Der Organismus ist das vollkommene Gegenbild aller Zufälligkeiten.

Es ist wohl auch eine Frage der Blickrichtung. Geht diese von unten nach oben, dann ist es schlicht unmöglich, aus der wechselnden, offensichtlich systemlosen Sequenz der Basen in der DNS eine »Gesamtgestalt« ableiten zu wollen; sie ist gar nicht darinnen, kann da – siehe Heitler – auch gar nicht darinnen sein, und ihr richtungsloses, keiner Ordnung gehorchendes Mutieren bestätigt das auch vollkommen. Will man aus dieser Basis allein die Endgestalt ableiten, dann muß sie notgedrungen ein zufälliges Konglomerat blinder Zufälle sein, sie ist, so die Auffassung, ein bloßer »Kausalfilz«. Um ein oft strapaziertes, aber dennoch zutreffendes Bild zu gebrauchen: der Bauplan des Hauses ist in den Backsteinen, aus denen es errichtet wird, nun einmal nicht enthalten. Niemand wird jedoch auf die Idee kommen, daß der Plan nur deshalb nicht oder höchstens in der subjektiven Vorstellungswelt des Betrachters existiert, weil er in den Bausteinen nicht zu finden ist.

Blickt man hingegen in umgekehrte Richtung und dringt von der differenzierten Gesamtgestalt zu den elementaren Prozessen im molekularen Bereich vor, dann werden sie plötzlich in ihrem Zusammenhang verständlich; z. B. daß ein bestimmtes Gen eine spezifische Substanzbildung veranlaßt, die nötig ist, um, zusammen mit den von anderen Genen angestoßenen Prozessen, einen bestimmten Stoff synthetisieren zu können.

Die Schwierigkeit liegt darin, daß hier – scheinbar – ein zielgerichtetes, finales Geschehen postuliert wird. Das ist jedoch nicht der Fall. In Wirklichkeit wirkt ein zeitlich erst später in die sinnenfällige Erscheinung Tretendes ideell voraus – der sich selbst verwirklichende »Plan«, der nicht (nach vitalistischem Verständnis) irgendwo außerhalb, sondern über den Teilen innerhalb des Ganzen von Anfang an tätig ist. Im Lauf der Ontogenese tritt er mehr und mehr in Erscheinung – er schafft sich im organischen Material gleichsam ein Abbild seiner selbst. Es ist, um den Vergleich noch einmal aufzugreifen, wie beim Hausbau: zum Schluß ist der Plan offenbar, jedem ersichtlich. Vorher, noch nicht zu sinnlicher Ausgestaltung gelangt, war er deshalb nicht weniger real, ja, in der ausführenden und bildenden Tätigkeit sogar realer.

Ein Organismus ist erst in seiner zeitlichen Totalität ein Ganzes. Jeder zeitliche Ausschnitt, auch die End- oder Reifephase, ist nur Fragment, Etappe. Und in jedem Augenblick ist das zeitlich spätere wie das frühere gleichermaßen anwesend – das eine als nicht mehr wandlungsfähiges, fertiges, das andere als in Bewegung begriffenes, dessen Gestalt sich schrittweise in das organische Rohmaterial hineinarbeitet. Die Pflanze zeigt das in besonders klarer Weise, zum einen in ihren ausgeformten Teilen, den bereits gebildeten, keiner Wandlung mehr fähigen Blättern, und zum anderen in dem noch ungeformten Bildungsgewebe des Meristems, das in kontinuierlicher Neubildung und Differenzierung begriffen ist.

Als Konsequenz ergibt sich daraus, daß man im Bereich organischer Bildungen zum Verständnis des zeitlich früheren das spätere benötigt – aus ihm erst erschließt sich der »Sinn« dieser oder jener Primordialbildung und -bewegung. Das Verständnis der Gene und ihrer Wirksamkeiten ist also nicht aus ihnen selber, sondern nur aus dem fertigen Organismus und seinen differenzierten Gestaltungen und Tätigkeiten heraus zu verstehen (letztlich natürlich aus diesen ebensowenig wie aus den Genen, wenn man das eine oder das andere als »Ursache« mißverstehen will; aber der Organismus ist, im Gegensatz zu den Genen, der sichtbare Ausdruck, das Ergebnis der gestaltbildenden Wirkungen – an ihm sind sie ablesbar).

Diese Blickrichtung ist es schließlich auch, die von der Forschung selber eingeschlagen wird. Sie ist die einzig mögliche! Die Genkarten von Drosophila etc. sind nicht aus den Chromosomen selber erschlossen worden, sondern weil sich ein bestimmtes, so und so verändertes Phän mit einem synchron veränderten Abschnitt des Chromosoms korrelieren läßt. Die Erforschung der Gene ging von der Kenntnis der Ordnung des gewordenen Organismus aus. Niemand, dem man ein beliebiges Chromosom unter das Mikroskop legt, wird sagen können, wie der Organismus gestaltet ist, dem es entstammt! Zur Erforschung, zum Verständnis der Gene – auch der mutierenden – braucht es als notwendige Voraussetzung den real existierenden Organismus. Er ist das sichtbare Produkt des ihm innewohnenden, in der Zeit sich ausgestaltenden, hochdifferenzierten Funktionsgefüges, des »Zeitenleibes« oder der Zeitgestalt. Diese in der Zeit sich verwirklichende Gestalt ist das Verbindende zwischen Gen und Phän, diesen beiden Eckpunkten ihrer Tätigkeit. Die sichtbare, im Raum verwirklichte physische Gestalt setzt diese zunächst reine Zeitgestalt, die sich erst allmählich im Raum verwirklicht, ebenso voraus wie die Gene, die ohne sie, ihren eigenen Gesetzmäßigkeiten überlassen, nur Chaos produzieren können – eben die Mutationen.

Das einzig legitime – und in der Praxis ja auch angewendete – Verfahren ist, beim Phän, bei der sichtbaren Ausgestaltung den Anfang zu nehmen und danach zu fragen, wie die Bildungen zustande gekommen sind. Kommt

64

man dann endlich, auf dem Wege hochgradiger Auflösungen des ursprünglichen Ganzen und der Isolation immer kleinerer Fragmente, bei bestimmten elementaren Strukturen und Prozessen an, in denen sich charakteristische Eigenarten des entwickelten Organismus *nicht* finden, dann darf man letztere deshalb nicht einfach als bedeutungslos oder gar als subjektive Täuschung abtun. Die Fragestellung müßte statt dessen lauten: Da man die Ordnungszusammenhänge des sich entwickelnden wie des entwickelten Organismus in den Genen nicht findet, *wo sind sie dann zu suchen?* Es geht doch nicht an, etwas sinnenfällig existierendes deshalb wegsuggerieren zu wollen, weil man es in den Genen und ihren Äußerungen nicht findet!

Welchen Stellenwert also haben nun die organischen Elementarprozesse im Bereich der Gene, und damit auch die Mutationen? Lassen wir die Frage noch offen. Es seien zuvor noch eine Anzahl von Erscheinungen vorgeführt, in denen sich anderes als Zufälliges, Ungerichtetes ausspricht.

Inhärente Gestaltbildungstendenzen

Die Haustierforscher W. Herre und M. Roehrs (1971) weisen darauf hin, »daß bei domestizierten Tieren die Häufigkeit von Parallelbildungen eine der überraschendsten Tatsachen für die allgemeine Zoologie darstellt. Die Befunde besagen, daß so verschiedene Arten wie Pferd, Rind, Guanako, Kamel, Schaf, Ziege, Rentier, Schwein, Hund, Fuchs, Nerz, Kaninchen, Meerschweinchen, Chinchilla, Taube, Ente, Gans und Huhn – in manchen Merkmalen auch der Mensch – in der Domestikation nicht nur Veränderungen zeigen, die entsprechend den Erbgefügen ihrer natürlichen Wildgruppen verschieden sind, sondern daß bei allen Haustieren die gleichen Erscheinungsbilder parallel auftreten und daß diese Strukturen nicht nur bis in Einzelheiten des Feinbaues übereinstimmen, sondern sich auch in übereinstimmenden Entwicklungsschritten herausbilden«.

Die angesprochenen Erscheinungen betreffen Neubildungen, die bei den Vorfahren unbekannt sind. Dazu gehören bestimmte Arten der Scheckung, die trotz der Untersuchung großen Materiales im Pelzhandel bei den Wildformen nie gefunden wurden, Kräuselungen bei Federn und Haaren, bei Haushühnern, Tauben, Meerschweinchen und Hunden (eine besonders erstaunliche Konvergenz, da Federn und Haare vollständig andere Bildungen sind und nicht auf hypothetische »homologe Gene« zurückgeführt werden können). Eine typische Domestikationserscheinung ist auch die Abnahme der Gehirngröße, die bei verwilderten Haustieren erhalten bleibt, die Tendenz zur Dackelbeinigkeit nicht nur bei Hunden, sondern auch bei Schweinen, Schafen, Pferden. All diese Erscheinungen »legen den Gedanken nahe, daß diese Merkmalsumbildungen und -neubildungen durch die Umwelt beim Zustandekommen beeinflußt werden und nach Ordnungsprinzipien vor sich gehen. Damit wird nicht nur eine Frage aufgeworfen, welche für das Verständnis von Haustieren von Bedeutung ist, sondern es handelt sich um ein viel weitreichenderes Problem von höchster Bedeutung für die allgemeine Evolutionsforschung.«

Zu erstaunlichen Parallelbildungen kommt es auch im Bereich der Großabläufe der Phylogenese. Damit sind weniger die vielen Konvergenzen der Leibesgestalt nicht näher verwandter Gruppen mit gleicher Lebensweise gemeint, wie die Fischgestalt bei Reptilien (Ichthyosaurier), Säugern (Delphinen) und Knochenfischen, sondern »tieferliegende« Phänomene, wie die parallele Evolution des Innenskelettes (Suchantke 1983). Der ursprüngliche, phylogenetisch ältere Skelettyp ist das Außenskelett – auch bei Wirbeltieren (bzw. deren Vorläufern). Diese sind aber nicht die einzigen, die allmählich das schalen- oder panzerartige Außen- durch ein achsiales Innenskelett ersetzen. Während der ersten Hochblüte der landbewohnenden Wirbeltiere, im Mesozoikum also, legen sich wasserbewohnende Tiergruppen völlig anderer systematischer Stellung ein Innenskelett zu: die evolutiv junge Gruppe der Hexacorallia zum Beispiel (Edel- und Fächerkorallen, Seefedern usw.), aber auch Hinterkiemerschnecken, während andere Molluskengruppen (Lungenschnecken, einige Hinterkiemer, Tintenfische) durch Verinnerlichung des Außenskelettes zu einem »Pseudo-Innenskelett« gelangten (z. B. der Schulp der Tintenfische). Das hier etwa eine gleichsinnige Selektion am Werke wäre, die gelegentlich auftretende zufällige Neubildungen übereinstimmend förderte, kann niemand behaupten – die betreffenden Gruppen bewohnen ganz unterschiedliche Lebensräume (Wasser und Festland) und sind in ihrer Lebensweise sowohl frei beweglich wie seßhaft.

Ganz anders gelagert sind die Bildungen, die sich an der Tiergestalt als *Ausdruck der seelischen Innerlichkeit* ihres Trägers ausdrücken. Auf diesen Zusammenhang hat wohl Poppelbaum (1937) erstmals hingewiesen (die Gestalt des Tieres als »Wesensausdruck«). Sie ist dann später vor allem von Portmann aufgegriffen worden (»die Gestalt als Zeuge der Innerlichkeit«, 1948), etwa, wenn er auf die Kopfbetonung als Ausdruck des »ranghohen« (zerebral hochdifferenzierten) Säugers hinweist, im Unterschied zum rang-

66

Abb. 1: »Rangniedriges« Muster beim Streifenhörnchen, »ranghohe« Kopfbetonung beim Pinselschwein. Nach Portmann.

niedrigen »primitiven« Vertreter, bei dem Körper und Kopf gleichartig behandelt sind (siehe Abb. 1).Diese Zusammenhänge lassen sich noch stärker konkretisieren, wenn man sich mit den verschiedenen Ausgestaltungen der Geweih- und Gehörnformen der Wiederkäuer beschäftigt. Sie treten ja in denkbar großer Formenvielfalt auf, was bereits ein deutlicher Hinweis auf einen beträchtlichen funktionellen Freiheitsgrad darstellt; hätten sie primär instrumentelle Funktionen, dann hätte sich ein einheitlicher Typ durchgesetzt, etwa der Spießcharakter, wie er bei der Oryx-Antilope tatsächlich zur Verteidigung dient – einer der wenigen Fälle, in der Hörner als echte Waffen benutzt werden. Werkzeuge pflegen eine bestimmte Gestalt zu haben, die immer beibehalten wird, gleichgültig, wie groß oder wie klein das Instrument ist, nämlich die der optimalen Funktionsgerechtigkeit. Es gibt keine Äxte oder Messer mit hin- und hergebogener oder sonstwie spielerisch abgewandelter Schneide usw. , ganz einfach, weil das ihrer Funktion im Wege wäre. Aber es gibt Geweihe, die nach hinten und solche, die nach vorne gewendet sind, schaufelartig verbreiterte, buschförmige neben stangenartigen usw. Überaus »praktisch« sind sie allesamt nicht, wenn die männlichen Tiere damit aufeinander losdreschen. Totfunde untrennbar ineinander verkeilter und anschließend elend verhungerter Tiere kennt man vom Rothirsch bis zum Elch. Oder welche unterschiedlichen Funktionen sollen die so verschieden geformten Gehörne verschiedener Steinbockrassen und -arten haben? Sie haben keine, denn im rituellen Zweikampf prallen die Böcke nur mit den Hornbasen und der Stirn aneinander.

Dennoch sind diese Gestaltungen mehr als zweckfreie Spielereien und Zufälligkeiten der Natur oder »luxurierende Bildungen«, als die sie gerne

67

Abb. 2: Grantgazelle und Schwarzbüffel.

abgetan werden. Zeigt man verschiedenen Personen die in Abb. 2 vorgeführten Gehörne und bittet sie, das dazugehörige Tier andeutungsweise in
seinen Lebensäußerungen und Verhaltensweisen zu charakterisieren, dann
erfolgen übereinstimmend immer wieder dieselben Beschreibungen: das
linke Tier wird als sinneswach, nervös, schnell und behende geschildert,
das rechte als schwer und schwerfällig, dumpf, mächtig, wehrhaft – beides
gute Charakterisierungen der Grantgazelle und des Kaffernbüffels. Sie zeigen, daß sich auch noch im Teil das Ganze des Tieres spiegelt und sich in
ihm wie in einem gefrorenen Mienenspiel Wesenseigenschaften seines Trägers ausdrücken: einmal umkreisoffene, nervöse Sinnesbetontheit, das andere Mal die Innenorientierung des dominierenden Stoffwechsels; was solcher Art nur sehr vage und unbestimmt umschrieben ist, wurde von W.
Schad (1971) in überzeugender Weise für die Säugetierorganisation als
Ausdruck spezifischer Vereinseitigung ihrer allgemeinen dreigliedrigen
Leibesorganisation bis ins Detail aufgezeigt.

Oder zitieren wir noch einmal Remane: »Der Botaniker Goebel sprach
einmal von einem ›immanenten Entfaltungstrieb‹. Die Worte ›Trieb‹ und

›immanent‹ werden viele sofort zu einer Ablehnung solcher Auffassungen veranlassen. In der Tat ist der Ausdruck unglücklich. Hinter ihm verbirgt sich aber eine interessante Tatsache. Eine reiche phylogenetische Entfaltung findet auch dort statt, wo die Umweltanforderungen weitgehend konstant sind. Die Bandwürmer z. B. leben mit ihrem Vorderende in der Darmschleimhaut von Wirbeltieren verankert. Trotz dieser Gleichheit des ›Haftmilieus‹ erreicht die Haftvorrichtung eine enorme Vielgestaltigkeit. Sauggruben, Saugnäpfe, Saugnapftrauben, Hakenkränze, Hakenschläuche, all das hat sich phylogenetisch reich entwickelt und ist von Gattung zu Gattung verschieden, auch im gleichen Wirt.«

Sieht man sich diese eigenartigen Bildungen an (Abbildung 3), dann wird man spontan an Blütenbildungen von Pflanzen erinnert. Ist das nun ein bloßes äußerliches Analogiespiel, oder drückt sich in der Formähnlichkeit auch eine Verwandtschaft der Kräfte aus, die diese Formen hervorbringen? Ein Aspekt – wohl der wesentlichste – der Blüte ist ihre Fortpflanzungsfunktion; in der Blüte finden sich die Sexualorgane, in denen die Bildung der Keimzellen, die Befruchtung und Samenreife stattfindet. Ermöglicht werden diese Bildungen durch die Gesamtheit der aufbauenden Stoffwechselprozesse, die im unteren, vegetativen Teil der Pflanze stattfinden und letztlich alle von den Prozessen im Blütenbereich beansprucht und geradezu aufgesogen werden. Von dieser Fülle fließt ein Teil in den generativen, innenzentrierten, das heißt im Fruchtknoten verborgenen Bereich, ein anderer in die nach außen strahlend ausgebreiteten Kronblätter, in denen das Gegenteil, nämlich Abbauprozesse stattfinden. Im gewissen Sinne zehrt der Bandwurm wie eine Blüte von dem enormen Reichtum an Stoffwechselprodukten, die ihm der Wirt unfreiwillig zur Verfügung stellt und an dessen Aufschließung er nicht beteiligt ist, von denen er nur profitiert. So besitzt er denn selber auch kein Verdauungssystem mehr – er braucht es ja nicht –, sondern ist ein reiner Sexualorganismus mit unerhört differenzierten weiblichen wie männlichen Fortpflanzungsorganen. Er selber leistet mithin als ganzer Organismus nur noch das, was an der Pflanze die Blüte vollbringt: eine Blüte am falschen Ort.

Damit wäre einer jener Bereiche angesprochen, die sich in der Gestaltbildung der Tiere ausdrücken. Die erwähnten Beispiele stehen für die *inneren* Gestaltungsmotive, für solche, die der Grundstruktur des Organismus einen spezifischen Wesenausdruck einprägen.

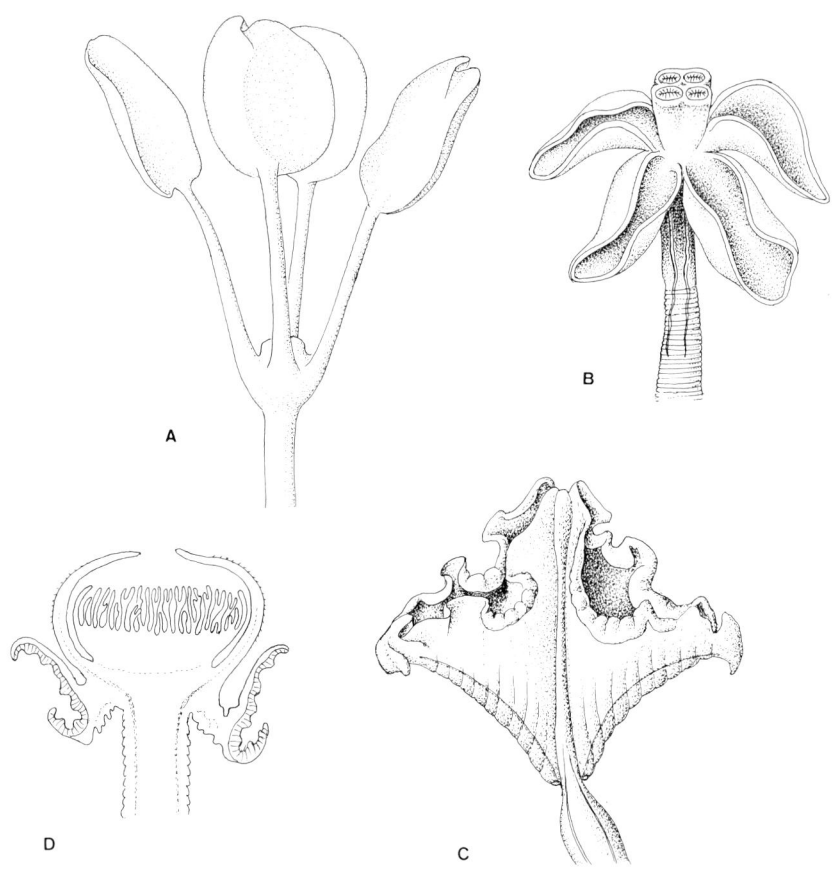

Abb. 3: Das Vorderende (Scolex) ist bei vielen Bandwürmern von extrem geformten Haftorganen umgeben, die an Blütenbildungen erinnern. A: *Anthobotrium cornuscopia* aus dem Darm des Hundshaies *Galeus*, B: *Myzophyllobotrium rubrum* aus dem Rochen *Aetobatis narinari*, C: *Duthiersia fimbriata* aus dem Darm von Varanen *Varanus* D: Schnitt durch den Scolex von *Echeneibotrium variabile* aus dem Rochen *Raja*. Nach Fuhrmann aus Kükenthal.

Koaptation und »Umgebungstracht«

Andererseits ist es geradezu ein Wesenszug der belebten Natur, daß sich überall Systemzusammenhänge finden. Eine *einzelne* Pflanze, ein *einzelnes* Tier sind letztlich genauso Kunstprodukte wie ein einzelnes Organ – das Exemplar, die Art wird erst voll verstehbar, wenn sie im Gesamtzusam-

70

menhang des Gefüges, in das sie eingebettet ist, betrachtet wird – im ökologischen Kontext. Das gilt tatsächlich in ganz übereinstimmender Weise für ein Organ wie für einen Organismus.

Dafür zwei Beispiele, die für beliebig viele andere stehen:

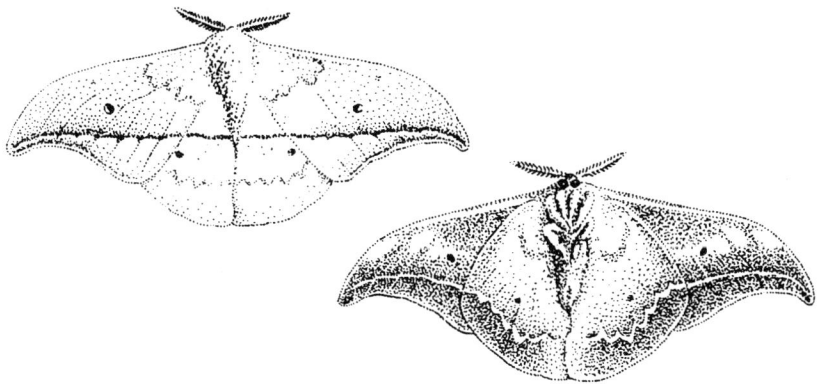

Abb. 4: Der Nachtfalter *Cricula andrei* mit morphogenetisch unterschiedlichen Binden auf Ober- und Unterseite.

Abb. 4 zeigt einen Nachtfalter aus der Familie der Saturniden, zu denen auch unser Nachtpfauenauge gehört: *Cricula andrei*, links von der Ober-, rechts von der Unterseite. Wenn das Tier zwischen altem Laub sitzt, ist es von seiner Umgebung nicht zu unterscheiden, es gleicht einem vertrockneten braunen Blatt einer dicken »Mittelrippe«. Diese, durch eine dunkelbraune Linie angedeutet, läuft über Hinter- und Vorderflügel gleichmäßig hinweg. Schaut man sich die Flügelzeichnung genauer an, dann zeigt sich, daß jeder Flügel zwei Binden besitzt, eine körpernahe und eine körperfernere. Diese sind jedoch auf Hinter- und Vorderflügel unterschiedlich gruppiert, und zwar so, daß die durchgehende dunkle Linie auf dem Vorderflügel von der körperferneren und auf dem Hinterflügel von der körpernäheren Binde gebildet wird. Eine ganz ähnliche Erscheinung der Umgruppierung zeigt der berühmte Blattschmetterling *Kallima* (Abb. 5).

Es hat also eine Umgruppierung, eine sekundäre Überformung des ursprünglichen, auf beiden Flügeln gleichartig angelegten Bindenmusters stattgefunden, welche die getrennten Organe auf der visuellen Ebene zu einer Einheit zusammenfaßt, die ihnen von ihrer ursprünglichen morphologischen Struktur her nicht zukommt. Jeder Flügel entwickelt sich räumlich getrennt vom anderen und in völlig anderer Lage: nicht neben-, sondern in

71

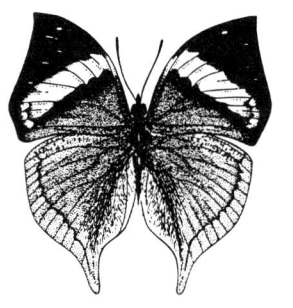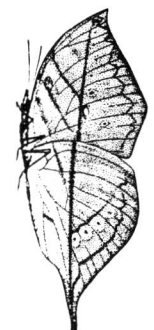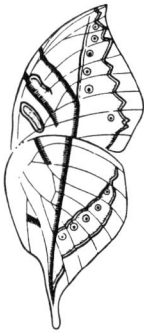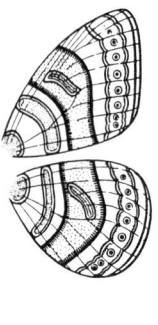

Abb. 5: Der Blattschmetterling *Kallima paralecta*, dessen Oberseite – die nur im Fluge sichtbar ist – leuchtend azurblau schillert und an den dunklen Flügelspitzen von einer orangefarbenen Binde durchzogen ist; die Unterseite, die der Falter im Sitzen zeigt, ist graubraun fleckig wie ein vertrocknetes Blatt. Die »Mittelrippe« des »Blattes« setzt sich auf dem Vorderflügel aus zwei verschiedenen Bindenelementen zusammen, wie aus dem Grundplan der Musterbildung (rechts) zu ersehen ist. Nach Süffert aus Portmann 1965.

Decklage übereinander und durch eine Chitinkutikula isoliert. Während der Bildung der Flügel also ist bereits ein Impuls am Werk, der die spätere Lage »im Auge« hat. Die beim lebenden Tier in der Ruhe nicht sichtbare Unterseite der Flügel (rechts) behält die ursprüngliche, auf Vorder- und Hinterflügel gleichartige Ausbildung der Binden bei.

Was hier als »Totalzeichnung«, als Koaptation auftritt, ist unter Insekten, speziell bei Schmetterlingen, weit verbreitet: Ein Hinter- und Vorderflügel zur Einheit zusammenfassendes Muster, entstanden aus Umgruppierung und ursprünglicher, auf den Einzelflügel beschränkter Binden, wobei in der Regel diejenigen Teile »unbehandelt« bleiben, die verdeckt sind (siehe Abbildung). Ähnliche Beispiele kennen wir von Vögeln (vergleiche Portmann 1976). Die Erscheinung tritt auch im Planzenbereich auf, bei komplizierten getrennt kronblättrigen Blüten, Orchideen etwa, deren Teile sich zwar getrennt bilden, aber dennoch übergreifenden Formbildeprinzipien untergeordnet sind (Vogel 1959).

Auf einer anderen Ebene – zwischen verschiedenen Organismen – finden wir entsprechendes wieder, etwa, wenn sich eine Spannerraupe an einen Zweig setzt und sich in demselben Winkel wie die »anderen« Ästchen abspreizt. Oder wenn der Blattschmetterling *Kallima* nicht nur aussieht wie ein Blatt mit Mittel- und Seitenrippe, sondern sich auch noch so an einen Zweig setzt, daß der Hinterflügelfortsatz als »Blattstiel« den Zweig be-

72

rührt. Wenn sich Schwärme kleiner gelber oder himmelblauer Zikaden anstelle der abgefallenen Blüten einer Infloreszenz so hinsetzen, daß sie die Stelle der Blüten einnehmen (Abbildung 6).

Die Koaptation muß natürlich auf dem Wege einer gemeinsamen, eben einer Co-Evolution entstanden sein, wie alle anderen »Anpassungen« auch, etwa die überaus vielfältigen Formangleichungen zwischen Blüten und ihren Besuchern. Wie sollte sich zum Beispiel die madagassische Orchidee *Angraecum sesquipedale* ohne ihren Bestäuber, den Schwärmer *Xanthopan morgani*, entwickelt haben können – er ist der einzige Besucher ihrer Blüte, da nur er einen Rüssel von solcher Länge hat, daß er damit den Nektar an der Spitze des Sporns zu erreichen vermag. Diese Beispiele, wiederum nur einige wenige unter zahllosen weiteren, zeigen, wie in das Verständnis evolutiver Prozesse allmählich eine neue Dimension hineinkommt: Wir lernen, daß die isolierte Betrachtung von Entwicklungsabläufen einzelner Organismen, für sich genommen, die Wirklichkeit verfälscht; diese kann nur dann erfaßt werden, wenn die Art in ihrem synökologischen Zusammenhang erfaßt wird, das heißt in ihrer Einbettung in das Lebensgefüge ihrer Umwelt.

Für das Zustandekommen dieser Erscheinungen macht man im allgemeinen die Selektion verantwortlich. Wir werden auf diese Frage noch ausführlich einzugehen haben; an dieser Stelle nur so viel: die Selektion kann nur etwas auslesen, was bereits da ist, Selektion ruft keine neuen Bildungen hervor. *Die entscheidende Frage gilt den hervorbringenden Faktoren.*

Anders die Koaptationen, die am Beispiel von Bildungen aus dem Insektenreich vorgeführt wurden – nirgendwo sonst gibt es solch extreme Beispiele von »Umgebungstracht«, von der Übernahme pflanzlicher Gestaltbildungs- und Zeichnungs-/Färbungselementen wie unter den Insekten. In ihren Verhaltensweisen überaus starr und genetisch fixiert, im Vergleich zu den höheren Wirbeltieren »eigenwesenarm«, dafür in intensivster Weise umgebungsverbunden – in erster Linie mit der Pflanzenwelt – sind diese Formbildungen *Ausdruck von Umgebungswirkungen.*

Daß ein Tier mit Umgebungstracht, auch wenn es nicht gleich die Vollkommenheit des Blattschmetterlings *Kallima* erreicht, Selektionsvorteile besitzt, liegt auf der Hand. Natürlich werden gut getarnte Individuen weniger oft von beutesuchenden Vögeln gefunden als ihre auffälligen Artgenossen; selbst wenn sie dadurch nur eine geringfügig größere Chance haben, ihr Erbgut weiterzugeben, werden sie sich im Laufe der Zeit innerhalb der Population durchsetzen. Ein berühmtes Beispiel dafür ist der Birkenspan-

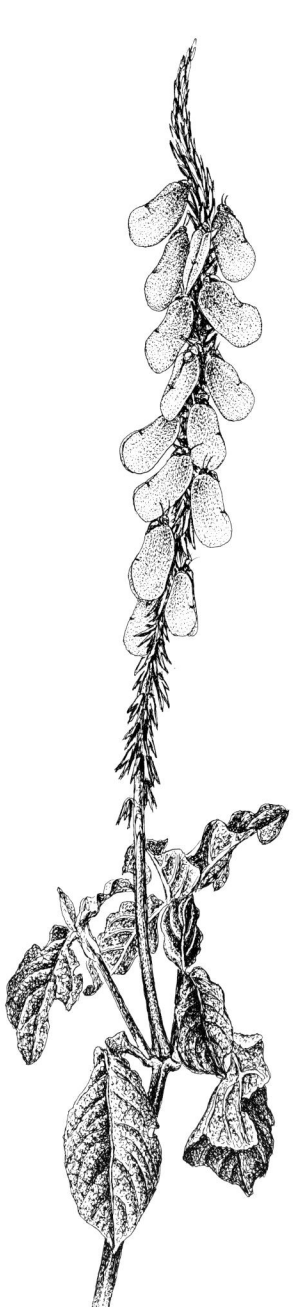

Abb. 6: Afrikanische Schmetterlingszikaden der Gattung *Ityraea* bilden einen richtigen Blüten-stand an der Pflanze, an der sie ruhen. Außer der hier gezeigten goldgelben Art gibt es scharlach-rote und hellblaue Vertreter. Perfekte Tarnung? Wohl kaum, da die Insekten bei Gefahr nicht wie echte Blüten reglos verharren, sondern in die Luft hinaus wirbeln. Nach einem Aquarell von Joy Adamson.

Tafel 1

Tafel2 A–E

Tafel3 A–B ▶

76

Tafel 4

78

Tafel 1: Die helle, mit feinen dunklen Rieselmustern gezeichnete Normalform des Birkenspanners *Biston betularia* ist der Birkenrinde wunderbar angepaßt und bildet mit
ihrer Umgebung visuell eine vollkommene Einheit (oben). Von den rußgeschwärzten
Stämmen der englischen Industriegebiete hebt sie sich hingegen stark ab – hier ist es die
einheitlich braunschwarze Mutante *carbonaria*, die mit dem Untergrund übereinstimmt,
auf unverschmutzten Birkenstämmen hingegen höchst auffällig wirkt. (Aufn. L. M.
Cook und J. A. Bishop.)

Tafel 2A: Links das hellgelbe, schwarz umrandete und geschwänzte Männchen von *Papilio dardanus*, daneben in der unteren Reihe drei der häufigsten Weibchenformen, die
drei verschiedenen Danaiden-Arten (obere Reihe von links: *Danaus chrysippus, Amauris crawshayi, Amauris niavius*) zum Verwechseln ähneln. *B:* Die Weibchenform *hippocoonides* von *Papilio dardanus* (oben links) mit Faltern aus anderen Verwandtschafts-
kreisen, aber übereinstimmendem Grundmuster, im gleichen Biotop fliegend; neben
Danaiden (linke Reihe *Amauris niavius*, unten *Amauris ochlea*) sind es vor allem Eckenfalter *Nymphalidae* (mittlere Reihe große *Hyplimnas*- und *Pseudacraea*-Arten, kleine
Neptis sp.), Papilioniden (*Graphium*-Arten in der rechten Reihe oben und 2. von oben)
und eine *Acraea* (rechte Reihe 2. von unten). Lichter Küstenwald südlich Mombasa,
Kenia. *C:* Fluggemeinschaft des dunklen ostafrikanischen Bergwaldes am Ngurdoto-
Krater und Mt.Meru, Arusha, Tanzania. Links oben das Weibchen von *Papilio echerioides*, darunter Weibchen und Männchen eines Eckenfalters (Aterica galene); in der Mitte
drei *Acraea*-Arten, rechts drei Danaiden. *D:* Das Männchen von *Papilio dardanus* aus
dem ostafrikanischen Küstenwald mit zwei ähnlich gemusterten »Mitfliegern« aus dem
gleichen Flugbiotop: oben der kleine Augenfalter (Satyride) *Physcaneura leda*, darunter
der Weißling Pieriden *Eronia cleodora*. *E:* Im Fluggebiet der Männchen von *Papilio
echerioides* (oben) im ostafrikanischen Bergwald fliegen die beiden Eckenfalter (Nym-
phaliden) *Eurytela hiarbas* (links) und *Charaxes brutus*.

Tafel 3: Zwei Fluggemeinschaften vom gleichen Ort, aber in unterschiedlichen Strata des
Waldes einander überlagernd. Tiefland-Regenwald am Rio Pachitea, Ucayali-Stromsy-
stem, Peru. *A:* Der »Tiger-Komplex« umfaßt besonders viele Vertreter unterschiedlicher Familien: Papilioniden (oben links *Papilio zagreus*), Danaiden (linke Reihe 2.
v. oben *Lycorea cleobaea*) Eckenfalter 1. Reihe 3. v. oben *Consul hippomene*), Castnii-
den (linke Reihe unten *Castnia heliconides*), Nemeobiiden (2. Reihe die beiden oberen
Ex.), Heliconiden (2. Reihe 3. v. oben) und Ithomiiden (der Rest) *B:* Der »Transparent-
Komplex«, der allerdings auch schwarzweiße, also nichttransparente Formen umfaßt
und in bodennäheren Waldschichten fliegt als der Tiger-Komplex. Neben Weißlingen
(Pieriden), in der ersten Reihe die vier obersten, in der dritten Reihe das unterste Ex.,
sind es vor allem Ithomiiden, aber auch ein Eckenfalter (rechts oben) und tagfliegende
Nachtfalter aus der Familie *Pericopidae* (rechts), von denen besonders die drei kleinen
(im Dreieck gruppierten) *Hyalurga*-Arten Ithomiiden zum Verwechseln ähneln.

Tafel 4: Grünflügel-Ara *Ara chloroptera*, der gleiche Vogel einmal freisitzend (links),
daneben wenige Minuten später, bei Annäherung des Beobachters nach rechts hinauf-
kletternd und sich dabei im Laubwerk visuell auflösend. Mato Grosso do Sul, Brasilien.
Aufn. A. Suchantke.

ner *Biston betularia*, dessen weißgraue, von dunklen Rieselmustern durchzogene Tracht ihn dort, wo er normalerweise ruht, auf Birkenstämmen nämlich, so gut wie unsichtbar macht (Tafel 1). Als sich jedoch in der Umgebung von Industrierevieren in England, aber auch auf dem Kontinent, die Birkenstämme immer mehr schwärzten, begann sich eine einheitlich schwarze Mutante *carbonaria* durchzusetzen, während die Normalform *typica*, die jetzt mit ihrer Tracht sehr auffällig wirkte, immer seltener wurde. Ähnliches passierte auch in nordamerikanischen Industriegebieten mit einer nahverwandten Art, *Biston cognataria*, und mit einer ganzen Reihe anderer Vertreter aus der Famile *Geometridae*, der Spanner. Als dann in den letzten Jahrzehnten strengere Luftreinhaltungs-Bestimmungen zur Anwendung kamen und die Birkenstämme wieder weiß wurden, kehrte sich das Verhältnis wieder um, der helle Birkenspanner dominierte wieder, die dunkle Form wurde zur Rarität. Daß es sich tatsächlich um eine Wirkung der Selektion handelte, wurde experimentell nachgewiesen, indem man große Zahlen frisch toter Schmetterlinge der hellen wie der dunklen Form an Birkenstämmen befestigte und regelmäßig kontrollierte, welche Exemplare von Vögeln abgesucht worden waren; dabei zeigte sich, wie nicht anders zu erwarten, daß überwiegend die Stücke abgesammelt wurden, die sich vom Untergrund abhoben (J. A. Bishop und L. M. Cook 1975).

Die Angelegenheit hat nur einen Haken. Die Selektion, wir erwähnten diesen selbstverständlichen Sachverhalt bereits, kann nur an etwas ansetzen, was bereits da ist – sie kann nur herauszüchten, zur Dominanz verhelfen, aber nichts Neues schaffen. Tatsächlich sind dunkle, melanistische Mutanten bei vielen Schmetterlingen und auch beim Birkenspanner schon lange bekannt, nachweislich länger, als es geschwärzte Baumstämme gibt. Sie traten immer wieder einmal als ausgesprochene Seltenheiten auf. Interessant ist nun, daß diese früher bekannten melanistischen Formen deutlich anders aussahen: »Die frühesten *Biston betularia f. carbonaria* unterschieden sich von der Mehrheit der heutigen dadurch, daß sie mehr Flecken oder Linien hellerer Färbung auf ihrem Flügel besaßen« (Kettlewell 1965). »Die heutigen .... sind gänzlich schwarz mit Ausnahme einiger heller Punkte an der Vorderseite des Thorax.« Diese frühen Formen erhielten den Namen *Biston betularia f. insularis*, womit gleichsam amtlich bestätigt ist, daß es sich um eine andere Mutante handelt. Und: »Die verschiedenen melanistischen Formen einer Spezies entstanden nicht zur selben Zeit und am selben Ort, sondern verteilen sich über eine längere Zeit in Übereinstimmung mit dem von der natürlichen Auslese erforderten Grad an Dunklung.«

80

Erstaunlich dabei ist, daß die Mutante *carbonaria* just dann auftritt, wenn sie »gebraucht« wird; eine sehr ungewöhnliche Tracht einheitlich-undifferenzierter Schwärzung, die als normales Kleid nirgendwo in der Familie der Spanner auftritt (deren Kennzeichen gerade die feinen hell-dunkel Linienmuster ausnahmslos aller ihrer Angehörigen sind).

Damit wären wir wieder dort angelangt, wo wir bereits an früherer Stelle bei der Erörterung der Parallelbildungen unter Haustieren waren: *bei der Frage, ob organische Bildungen nicht doch gerichtet von außen, aus der Umgebung induziert werden.*

Mimikry versus Biotoptracht

A: Untersuchungen in Afrika

Um den Blick noch etwas zu erweitern und die Fragestellung noch stärker zu präzisieren, sei ein Erscheinungskomplex herangezogen, der dem des Birkenspanners verwandt ist und gleichzeitig ein Paradepferd des Neodarwinismus darstellt: Das Phänomen der Schmetterlings-Mimikry, das heißt der verblüffenden und detailgetreuen Angleichung unterschiedlicher, einander verwandtschaftlich fernstehender Arten in Farbe und Musterbildung. Es sei auch deshalb herangezogen, weil es vom Verfasser nicht nur anhand von Museumssammlungen, sondern dort, wo es seinen Höhepunkt erreicht, in den afrikanischen und südamerikanischen Tropen, vor Ort bearbeitet wurde (Suchantke 1983 b, 1983 c).

Berühmtestes Beispiel ist der afrikanische Schwalbenschwanz *Papilio dardanus*, der im männlichen Geschlecht ein typischer Vertreter seiner Gattung ist, während die Weibchen nicht nur völlig anders aussehen, sondern auch noch in drei verschiedenen Morphen vorkommen (Tafel 2A). Jede dieser Weibchenformen gleicht verblüffend und zum Verwechseln einem bestimmten Vertreter der Falterfamilie *Danaidae*, der im gleichen Gebiet häufig vorkommt. Die Übereinstimmung geht soweit, daß sogar geographische Differenzierungen in der Tracht von jedem der beiden »Doppelgänger« parallel vollzogen werden. *Amauris niavius* zeigt in der ostafrikanischen Rasse *dominicanus* (Tafel 2A) ein schmaleres schwarzes Saumband der Hinterflügel als die westafrikanische Rasse *Amauris niavius niavius*. Die dazugehörige Weibchenform vom *Papilio dardanus* (Tafel 2) verhält sich identisch, auch bei ihr ist in Westafrika (*f. hippocoon*) der Saum breiter als bei der ostafrikanischen *hippocoonides*.

In allen Kontinenten, in denen Danaiden vorkommen (sie fehlen nur Europa), gibt es stets irgendwelche anderen Tagfalter, die ihnen zum Verwechseln gleichen – in Nordamerika ist es zum Beispiel eine »Eisvogel«-Art, *Limenitis archippus*, die durch ihre Tracht völlig aus ihrem Verwandtschaftskreis herausfällt und dem durch seine dem Vogelzug analogen Wanderung berühmten »Monarch« *Danaus plexippus* zum Verwechseln ähnelt usw.

Die Häufigkeit dieser Erscheinung hat schon im vorigen Jahrhundert zu der Vermutung geführt, daß die Danaiden irgendwie durch »Ekelgeschmack« vor dem Gefressenwerden geschützt sein müßten und deshalb von anderen, ungeschützten Arten »nachgeahmt« würden, d. h. durch die Selektion auf Danaiden-Ähnlichkeit gezüchtet worden seien. Diese heftig umstrittene (und zum Beispiel von Darwin als »zu spekulativ« abgelehnte) Ansicht fand erst vor wenigen Jahren eine glänzende Bestätigung:

Danaidenfalter enthalten in ihrem Körper das unverändert wirksame Gift der Futterpflanze der Raupen, die allesamt an Asclepiadaceen leben, eine Familie, die hochgiftige Alkaloide enthält. Experimente mit unerfahrenen Vögeln, denen man Monarchfalter als Futter vorlegte, bekamen nach dem Verzehr heftige Brechkrämpfe und rührten in Zukunft keinen Monarch mehr an – ebensowenig wie seinen Doppelgänger *Limenitis archippus* (Brower 1969).

Weitere Bestätigung liefert die Tatsache, daß die Danaiden-ähnlichen Weibchenformen vom *Papilio dardanus* überall dort auftreten, wo auch die entsprechenden Danaiden fliegen, also auf dem gesamten afrikanischen Kontinent südlich der Sahara. Auf Madagaskar jedoch, wo keine Danaiden vorkommen, sehen die Weibchen von *Papilio dardanus* wie die Männchen aus!

Sieht man sich diese in der Literatur immer wieder vorgeführten Fälle an, dann entsteht der Eindruck, daß es sich um ganz bestimmte Arten handelt, die diese täuschende Angleichung aufweisen, sozusagen um herausgehobene Ausnahmen aus dem allgemeinen Heer der Schmetterlinge, die alle ihre unverwechselbare spezifische Tracht besitzen. Nur da, wo giftige oder ungenießbare »Vorbilder« vorhanden sind, seien bei einigen Arten auf dem Wege zufälliger Mutationen zufällige Ähnlichkeiten entstanden, die dann von der Selektion begünstigt wurden und sich durchsetzen konnten.

Das Gegenteil ist der Fall! In Wirklichkeit handelt es sich um eine generelle, weitverbreitete Erscheinung, um ein allgemeines einander-Ähnlichsein, typisch für das tropische Afrika und in noch höherem Maße für die entsprechenden Breiten Südamerikas. Sie bewirkt, daß es landschaftstypische Farbmuster gibt, die ich als Biotoptracht bezeichnet habe und die zur Folge haben, daß in einer bestimmten Landschaft – bzw. einer bestimmten Höhenschicht des Waldes – eine weitgehende Uniformität des Erscheinungsbildes vorherrscht.

Als erstes Beispiel seien, anknüpfend an *Papilio dardanus*, die Verhältnisse in Afrika skizziert. Im Lebensraum der schwarz-weißen Weibchenform *hippocoonides* fliegt nicht nur die Danaide *Amauris niavius* (Taf. 2B, linke Reihe Mitte), sondern auch die etwas kleiner, stärker abweichende *Amauris ochlea* (Taf. 2B, linke Reihe unten) und eine beträchtliche Menge anderer Tagfalterarten aus ganz anderen Verwandtschaftszusammenhängen, die dem Ähnlichkeitspaar *dardanus*-Weibchen und *Amauris niavius* teilweise stark gleichen, teils so stark abweichen, daß sie nicht zu verwechseln sind – entweder, weil sie kleiner sind oder andere Flügelformen und vor allem einen anderen Flugstil besitzen: das dardanus-Weibchen und die Amauris-Art sind recht unbeholfene, langsame Flatterer, die *Graphium*-Arten hingegen reißende, die *Hypolimnas*-Arten stürmische Flieger, während die kleinen *Neptis*-Arten einen schwimmenden Gleitflug besitzen. Und doch ist allen ein Grundtypus des Musters gemeinsam, eine relativ großflächige Verteilung von schwarzen und weißen Elementen (Tafel 2B).

Ein anderer ostafrikanischer »Ähnlichkeitskreis« enthält ebenfalls ein *Papilio*-Weibchen, das seinem Männchen völlig unähnlich ist (aber stark mit einer typischen Weibchenform von *dardanus* übereinstimmt) und wiederum einigen Danaiden zum Verwechseln gleicht: *Papilio echerioides* (Tafel 2C). Auch hier fliegen wiederum eine Reihe anderer Falter von anderer Gestalt, Größe und Flugverhalten, aber übereinstimmendem Grundmuster mit.

Beide Fluggemeinschaften bewohnen verschiedenartige Landschaften. Die ersterwähnte Gruppierung fliegt im lockeren, aufgelichteten ostafrikanischen Küstenwald, der einen völlig anderen Charakter hat als der dichte Bergwald des Meru, Ngurdoto Krater und der Aberdare-Berge, aus dem die zweite Gruppierung stammt. Während im ersten Fall großflächige Schatteninseln mit breiten besonnten Flächen abwechseln und insgesamt eine relativ große Helligkeit herrscht, ist es im Bergwald dämmerig, düster, die dichtstehenden mit Epiphyten, Moosen und Flechten behangenen Bäume lassen kaum Sonnenlicht hindurch – nur einige wenige Sonnenspritzer gelangen zum Boden. Die hier lebenden Falter greifen die dunkle Tönung und Färbung ihrer Umgebung so perfekt auf, daß sie im Fluge bereits in wenigen Metern Entfernung nicht mehr wahrzunehmen sind.

Bei *Papilio dardanus* und *echerioides* gelten nur die Weibchen als »Mimetiker« und damit als geschützt, die Männchen hingegen nicht, weil sie sich angeblich in keine Mimikry-Umgebung einfügen. Auch das ist falsch. Sie gehören lediglich zu anderen, allerdings aus weniger Arten bestehenden Gruppierungen, denen keine giftigen Danaiden angehören und die an anderen Stellen des Küsten- bzw. Bergwaldes fliegen (und ihren Weibchen dort begegnen, wo die verschiedenen Ökotope aneinander grenzen). So sieht man die Männchen von *dardanus* niemals im Waldesinnern, sondern stets auf großflächig besonnten Waldinseln, am Rande breiter Wege und Schneisen. Es sind, ihre überwiegend einheitlich helle Färbung zeigt es, Falter offener, besonnter Flächen (bei uns ist das ja mit den Weißlingen wie Zitronenfalter und Schwalbenschwanz nicht anders) (Tafel 2D). Und dort fliegt auch ein großer Vertreter der Familie der Weißlinge, *Eronia cleodora*, der im Fluge oftmals kaum von den *dardanus*-Männchen zu unterscheiden ist (deren Schwänze, die zudem nicht selten abgebrochen sind, im Fluge gar nicht zu erkennen sind). Beide Arten stimmen sogar in ihrer Ruhetracht überein, dann, wenn sie in der Vegetation sitzen und an den hochgeklappten Flügeln nur die Unterseite zu sehen ist. Und auch ein winziger Augenfalter (Familie *Satyridae*) ist hier zu finden, der dem gleichen Grundmuster folgt (*Physcaneura leda*): gelb bis hellgelb-braun mit breitem schwarzen Rand (Tafel 2).

Und ebenso ist es mit dem Männchen von *Papilio echerioides*. Sie fliegen an Waldwegen und Wildwechseln, also an helleren und offeneren Stellen als die Weibchen, dort, wo immer wieder helle Sonnenbahnen über den Boden hinwegziehen, analog der kontrastreichen hellen Änderung ihrer Flügel. An den gleichen Orten fliegen neben anderen zwei Falter, die wiederum das gleiche Grundmuster zeigen (Tafel 2E).

B: Untersuchungen in Südamerika

In Südamerika sind die Verhältnisse grundsätzlich identisch, allerdings ist der Artenreichtum der jeweiligen Fluggemeinschaft erheblich größer, und die Erscheinung ist auf eine andere Weise noch wesentlich differenzierter: Entsprechend der vertikalen Zonierung des Regenwaldes gibt es in den verschiedenen Strata, den übereinanderliegenden Etagen, verschiedene, in ihren Trachten markant unterschiedene Fluggemeinschaften. Da der Sachverhalt an anderer Stelle ausführlich dargelegt ist (Papageorgis 1975, Suchantke 1983), sei hier nur eine knappe Zusammenfassung skizziert:

In Bodennähe fliegen dunkel-erdfarbene Falter oder solche mit überwiegend unbeschuppten, glasartig durchsichtigen Flügeln. Sie huschen im Zickzack-Flug dahin und erheben sich kaum jemals höher als 10 cm über dem Boden. Darüber schließt sich bis in 1 1/2 m Höhe der sehr artenreiche »transparente Komplex« an, mit Faltern, auf deren Flügeln glasartig durchsichtige Partien von dunkler Umrahmung eingefaßt werden. Größere oder kleinere weiße Flecken sind auf die durchsichtigen Flügelpartien gesprenkelt, die mitunter so ausgedehnt sind, daß die ganzen hellen Flügelpartien cremeweiß leuchten. Zu dieser Gruppierung gehören überwiegend Angehörige einer auf die amerikanischen Tropen und Subtropen beschränkten Familie, die mit den Danaiden verwandt ist und deren Raupen ausschließlich an Solanaceen (Nachtschattengewächse) leben und deshalb möglicherweise giftige Körpersäfte besitzen: die Ithomiiden. Daneben sind einige Weißlinge dabei und einige Arten tagfliegender Nachtfalter (Tafel 3B).

Oberhalb der Transparenten fliegt bis in eine Höhe von etwa 7 m der markant verschiedene, ebenfalls sehr artenreiche »Tiger-Komplex« (Tafel 3A) mit rotbrauner oder -gelber Grundfärbung, auf der schwärzliche Linien und Punkte verteilt sind. Auffallende helle Linien und Flecke zieren die Spitzen der Vorderflügel. Hier ist der Teilnehmerkreis am breitesten gefächert: neben Ithomiiden wie im Transparent-Komplex sind es *Heliconius*-Arten, Angehörige einer ebenfalls auf die neue Welt beschränkten Gruppe, die mit den Eckenfaltern (*Nymphalidae*) verwandt sind, in der Gestaltgebung, mit den langgezogenen Flügeln, jedoch Ithomiiden ähneln. Eine große Danaide ist dabei (*Lycorea cleobaena*), ein *Papilio*, eine geschwänzte Nymphalide und einige Vertreter der in Südamerika ebenfalls reich entfalteten Familie *Nemeobiidae* usw.

Noch höher tritt eine vierte, nur wenige Arten umfassende Gemeinschaft auf, die vor allem von Vertretern der Gattung *Heliconius* gebildet wird und durch auffällige Farbkontraste gekennzeichnet ist – feurig-orangerote Flächen und Streifen heben sich vom tiefschwarzen Untergrund ab, die Flügelspitzen sind mit grellen hellgelben Feldern geschmückt. Diese Falter fliegen im unteren Kronenbereich der Bäume von 7 – 11 m Höhe.

Als vierte Gruppierung, noch artenärmer, zeigen sich in der oberen, offenen Zone *Heliconius*-Arten und der zum Verwechseln ähnliche Segelfalter *Eurytides pausanias*, die anstelle der roten Elemente der nächstniedrigen Fluggemeinschaft tiefblaue Färbung zeigen und im Samtschwarz der Flügelspitzen grelle weiße Male tragen.

Die Erscheinung wechselnder Trachtmotive in den verschiedenen Strata des Regenwaldes ist keineswegs auf die Schmetterlinge beschränkt, sondern zeigt sich in analoger Weise auch bei den Vögeln dieser Lebensräume (Koepcke 1973, vgl. Suchantke 1983b): Die Bodenbewohner sind schwärzlich-dunkel, die Formen des mittleren Stamm- und unteren Kronenbereiches überwiegend rostbraun und gleichen damit den Vertretern des Tiger-Komplexes, die Vögel der Kronen zeigen sich grellbunt mit extremen Farbkontrasten.

Diese bunten Bewohner des Kronendaches, Vögel wie Schmetterlinge, sind es ja, die uns aus den Zoos, von Abbildungen oder aus Sammlungen als Inbegriff des »Tropischen«, sprich: Exotischen, Fremdartigen bekannt sind und im Verein mit prächtigen Orchideen und anderen Gewächsen unser irriges Bild der Tropen als einer Welt greller, schreiender Farbkaskaden bestimmen: Ein Bild, das mit der Wirklichkeit nichts gemeinsam hat und reine Phantasievorstellung ist! Es wurde schon – offensichtlich ohne nachhaltige Wirkung – von dem Zeitgenossen Darwins und berühmten Erforscher der Tropen Südostasiens, Alfred Russel Wallace, richtiggestellt (1869): »Feingliedriges und vielfältig geformtes Blattwerk ist weitaus kennzeichnender für jene Regionen, in denen die tropische Vegetation ihre höchste Entwicklung erreicht, als leuchtende Blüten .... An jedem Ort wird ein längerer Aufenthalt zwar eine Fülle großartiger und bunt blühender Gewächse erbringen, aber man muß nach ihnen suchen, und selten sind sie zu irgendeiner Zeit oder an irgendeinem Ort so häufig, daß sie einen wahrnehmbaren Charakterzug der Landschaft darstellen. Meine Beobachtungen überzeugten mich, daß leuchtende Blütenfarben in den gemäßigten Breiten einen sehr viel größeren Einfluß auf den allgemeinen Ausdruck der Natur haben als in tropischen Klimaten. Während zwölf Jahren, die ich inmitten grandiosester Tropenvegetation verbrachte, habe ich nichts gesehen, daß sich mit den Wirkungen von blühendem Ginster und Heidekraut, Scilla und Weißdorn, Purpurorchis und Hahnenfuß in unseren heimischen Landschaften vergleichen ließe.«

Und die bunten Schmetterlinge? Sie müssen ebenfalls gesucht werden! Wenn sie sich nicht in bunter Fülle zum mittäglichen Trunk an einer Regenpfütze oder an sandigem Bachufer versammeln, dann fliegen sie unerreichbar im oberen Kronenbereich der Bäume. Dort, im flirrenden, vom Winde bewegten Hin und Her tiefer Schatten und gleißend reflektierten Lichtes lösen sich ihre Gestalten infolge ihrer kontrastreichen Muster vollständig auf.

Genauso ist es mit den grellbunten Tropenvögeln, auch sie sind ja Wipfelbewohner. Die unübertroffen buntesten aller südamerikanischen Papageien, zudem noch die mit Abstand größten, sind die Aras, die jeder aus den Volieren der Zoos kennt; sie gehören auch akustisch zum Grellsten, was die Vogelwelt zu bieten hat. Sind die Vögel jedoch in der Krone eines Baumes eingefallen, dann sucht man sie oft genug vergeblich, so vollkommen löst sich ihre Gestalt im Hell und Dunkel des Blattwerkes auf, in dem auch noch die selben Farbeffekte wiederkehren (Tafel 4) und die Vögel, anders als im freien Flug, wo sie fliegenden Feuergarben gleichen, vorsichtig und langsam in all ihren Bewegungen und vor allem vollkommen stumm sind.

Es ist aber nicht nur ein allgemeines Harmonieren von Tracht und Umgebung, gewissermaßen in großen Zügen. Welchen Grad die Übereinstimmung tatsächlich erreicht, erbrachten die Untersuchungen vom Papageorgis (1975) in den einzelnen Etagen des südamerikanischen Regenwaldes mit ihren zugehörigen Schmetterlings-Fluggemeinschaften. Mit Hilfe eines Densitometers wurden sowohl in der umgebenden Landschaft wie auf den Flügeln der Schmetterlinge die prozentuale Verteilung von Licht und Schatten bzw. heller und dunkler Färbungselemente ebenso gemessen wie der Helligkeitsgrad der verschiedenen Partien. Dabei ergaben sich verblüffende Übereinstimmungen:

Im bodennahen Bereich des transparenten Komplexes herrschen große Flächen von geringer Lichtintensität vor, in die einige wenige Lichtflecke von größerer Helligkeit eingestreut sind – genauso wie auf den Flügeln der Falter dieses Bereiches. Im darüberliegenden Flugraum der »Tiger«-Gruppierung ist zwar die Durchschnittshelligkeit nicht erhöht – die braunen und schwarzen Flächen auf den Flügeln der hier beheimateten Falter lösen deren Bild in die dämmerig-unruhige Umgebung hinein auf, in der das Grün, anders als in unseren Breiten, überall durchsetzt ist von Braunrot und Braungelb des ständigen Laubfalles wie der stetigen Laubentfaltung; dafür ist aber die Anzahl kleiner heller und die Häufigkeit und Größe sehr heller Lichtflecke erhöht – die sich in den leuchtend blaßgelben oder weißen Feldern auf den Vorderflügelspitzen vieler Mitglieder des Tiger-Komplexes spiegeln. Im Übergang zum Flugbereich des roten Komplexes findet eine weitere Größenzunahme sehr heller, besonnter Flächen statt, und die stärksten Hell-Dunkel-Kontraste finden sich dann erwartungsgemäß im Kronenbereich, zwischen den tief schattigen Partien und den oftmals gleißenden Lichtreflexen auf den ledrig-glatten Blättern.

Aus dem Dargestellten ergeben sich eine Reihe von Feststellungen und Folgerungen, die im Rahmen unserer Erörterung von Wichtigkeit sind. Da ist zunächst einmal zu bekräftigen, daß das sogenannte »Mimikry«-Phänomen keine isolierte Erscheinung einzelner weniger Arten ist, sondern ganz im Gegenteil nur die Spitzen oder die Höhepunkte einer allgemein verbreiteten, für die Gesamtheit der Tropenschmetterlinge typischen Erscheinung darstellt: der Übereinstimmung der Schmetterlingstracht sowohl in den Farben wie in der Verteilung heller und dunkler Zeichnungselemente mit den Farben und den hellen und dunklen Komponenten ihres Lebensraumes (»Biotoptracht«). Aus den gängigen Darstellungen der Literatur, den fachlichen wie populären Veröffentlichungen, geht das nicht hervor, weil da die Schmetterlinge einmal in unnatürlicher Auswahl, zum anderen in unnatürlicher Darstellung – herausgelöst aus ihrer Umgebung – abgebildet werden (des letzteren Vergehens machen wir uns gleichfalls schuldig). Aus solch künstlichen Arrangements lassen sich aber keine Erkenntnisse ableiten, die der Wirklichkeit gerecht zu werden vermögen. Das muß vor Ort geschehen.

Da ergibt sich dann, daß die Biotoptracht alles andere als eine isolierte Erscheinung ist. Sie ist in den Tropen Südamerikas und Afrikas weitverbreitet und konnte in jedem der beiden Kontinente in weit auseinanderliegenden Regionen festgestellt werden. Sie findet sich wie erwähnt in abgeschwächter Form auch in Europa und ist eine weltweite Erscheinung.

Betrachtet man sie in einer ihrer lokalen Ausformungen in einem bestimmten Ökotop, wo, wie im südamerikanischen Regenwald, die überwiegende Mehrzahl der Arten – gleichgültig ob nahverwandt oder einander fernstehend – einem übereinstimmenden Grundmuster folgen, dann kommt man bei der Frage nach dem Zustandekommen dieses Phänomens mit dem gebräuchlichen Erklärungsschema von Mutation und Selektion rasch in Schwierigkeiten.

Die Unzulänglichkeit des neodarwinistischen Erklärungsmodells

Wäre richtungsloses Mutieren die Ursache, dann müßten sich alle möglichen anderen Mutanten und beliebige Trachtenmotive entweder ebenso häufig oder zumindest hin und wieder finden. Das ist aber nicht nicht der Fall. Die Tagfalterfauna Südamerikas und Afrikas ist seit nahezu 100 Jahren ziemlich gut bekannt und ist seit jeher das Ziel intensiver Sammlertätigkeit gewesen. Die Arten sind zum allergrößten Teil seit langem beschrieben. Neue, früher unbekannte Abwandlungen usw. sind in der Zwischenzeit nicht festgestellt worden. Sehr wohl sind solche hingegen in Regionen aufgetreten, in denen sich, anders als in den Tropenwäldern, die Umwelt verändert hat – in den rußgeschwärzten Gehölzen europäischer und nordamerikanischer Industriegebiete treten, höchst erstaunlich, die dazu passenden neuen Mutanten wie Biston *betularia f.carbonaria* »im richtigen Moment« auf.

Natürlich wird auch dafür von neodarwinistischer Seite eine Erklärung vorgetragen. Sie lautet, daß im Genpool eine Population die »passenden« Mutationen als sogenannte Praeadaptationen, irgendwann gebildet, bereitliegen, aber, da sie als rezessive Gene in einer großen Population völlig isoliert sind, nicht strukturbildend tätig werden können; erst dann, wenn durch Umweltveränderungen die Populationen stark dezimiert und individuenarm werden, erhöht sich die Chance, daß die Allele aufeinander treffen (Simpson 1951). Diese elegante Hypothese hat den Vorzug, daß sie weder bewiesen noch widerlegt werden kann, da sich Praeadaptationen als phänotypisch nicht manifest auch nicht nachweisen lassen. Wir haben es hier mit einer jener eingangs zitierten Hilfshypothesen Remanes zu tun, die zur Stützung des ganzen Gebäudes ausgedacht wurden. Auch die unerhörte Detailgenauigkeit zwischen giftigem »Modell« und ungeschütztem »Nachahmer« will nicht zum Charakter der Mutation passen, etwa im Fall der afrikanischen *Amauris niavius* und des Weibchens von *Papilio dardanus*, um so mehr, als das *dardanus*-Weibchen in vielerlei Hinsicht aus dem Rahmen des *Papilio*-üblichen herausfällt – nicht nur in der Musterbildung, sondern beispielsweise auch in der Form der Flügel, die ja vom familientypischen Habitus, die das Männchen zeigt, stark abweicht, und zusätzlich auch noch durch das Fehlen der geschwänzten Fortsätze.

Daß andererseits die Selektion wirksam ist – nicht beim Zustandekommen natürlich, aber bei der beherrschenden Stellung der Biotoptrachten, ist sehr wahrscheinlich und, man denke an das Beispiel des Birkenspanners, auch erwiesen. Dennoch tauchen auch hier Fragen auf; so besteht die Übereinstimmung zwischen den meisten, oder doch vielen, Mitgliedern der Fluggemeinschaften untereinander ja nur im allgemeinen Grundcharakter der Musterbildung, etwa in der großflächigen Verteilung von schwarz und weiß, während andere Merkmale wie Größe, Art des Fliegens usw. unberücksichtigt bleiben. Was aber bedeuten dann die detailgenauen Ähnlichkeiten nicht näher verwandter Arten vor allem mit Danaiden bei den afrikanischen *Papilio dardanus*- und *echerioides*-Weibchen? Einerseits gliedern sie sich in den Rang der Biotoptrachten ein, ragen andererseits aber durch ihre bis in Einzelheiten gehende Übereinstimmung deutlich heraus. Ist hier eine zusätzliche, auf Ähnlichkeit mit den giftigen Danaiden »züchtende« Selektion am Werke?

Zweifel sind angebracht. Vor welchen Feinden soll die »Nachahmung« schützen? Vor Vögeln in erster Linie, die Schmetterlinge jagen. Anders als noch Heikertinger (1954) meinte, der nur die Verhältnisse Mitteleuropas kannte, aber keine Tropenerfahrung hatte, gibt es unter den Vögeln durchaus Schmetterlingsjäger – in der alten Welt sind das zum Beispiel die Bienenfresser *Merops*, in der neuen Welt ihre ökologischen Vertreter wie die Jacamare *Galbula*, Faulvögel *Bucconidae*, Motmots *Momotus* und andere. Nun ist es aber sehr unwahrscheinlich, daß diese Vögel auf minutiöse Details im Flügelmuster, die die hochgradige Ähnlichkeit hervorbringen, achten; zum einen, weil es ihnen gar nicht möglich ist, da diese auf die Flügeloberseite beschränkte Ähnlichkeit nur bei entfalteten Schwingen sichtbar ist, im Fluge also; im bewegten Flug sind diese Einzelheiten aber überhaupt nicht sichtbar – wir erwähnten bereits, daß es oftmals gar nicht möglich ist, sogar so unterschiedliche Gestalten wie die Männchen von *Papilio dardanus* und die Weißlinge *Eronia cleodora* zu unterscheiden (Tafel 2), und in diesem Fall ist von detailgetreuer Übereinstimmung wahrhaftig nicht die Rede.

Überdies weist alles, war wir von der Reaktion von Vögeln auf optische Reize wissen, auf das Gegenteil. Diese haben stets den Charakter einfacher Signale; die rote Farbe der Rotkehlchenbrust ist der Auslöser für Attacken durch den Rivalen, nicht die differenzierten Gestaltmerkmale, die das Rotkehlchen etwa von einer Heckenbraunelle unterscheidet; der Beweis dafür ist die Tatsache, daß es genügt, einen Büschel roter Brustfedern, auf einem Draht montiert, in ein Rotkehlchenrevier zu bringen, und schon läuft das ganze Aggressionsverhalten des Revierbesitzers ab. Weitere Beispiele aus der experimentellen Verhaltensforschung können wir uns sparen, sie sind in jedem Lehrbuch der Ethologie zu finden. Festzuhalten ist jedenfalls, daß optische Signale von Natur her stets einfach sind – nur so erlauben sie ein sofortiges Erkennen und Reagieren. Komplizierte Signale, die erst langwierig zu deuten sind, wären keine Signale mehr, sondern Gebrauchsanweisungen, die kognitiv erfaßt werden müßten. Wesen eines Signales ist, daß es nicht an einen reflektierenden Verstand appelliert, sondern »instinktiv« blitzartiges Erkennen ermöglicht. Uns selber geht es da nicht anders – auch wir bemerken die feinen Details der Übereinstimmung erst, wenn wir die Falter bewußt vergleichen, indem wir dieses und jenes Merkmal betrachten usw. Müssen wir hingegen schnell, »instinktiv« (also ohne erst lange darüber nachzudenken) und sicher reagieren, dann benutzen wir auch in unserem eigenen Bereich möglichst einfache Signale, wie jeder Autofahrer weiß. Ein solch einfaches Signal wäre im Falle der Schmetterlinge beispielsweise »großflächig schwarz-weiß«. Daß die Verteilung von Fall zu Fall etwas anders ist, zeigt erst genaues, ins Detail gehendes Betrachten und Vergleichen. Letzte Sicherheit brächte allerdings nur das Experiment: Wie weit können in einem Ähnlichkeitspaar von Schmetterlingen Abweichungen in den Details gehen, ohne vom Vogel bemerkt zu werden?

Kommen wir zu den Schlußfolgerungen. Die Gen-Mutationen, um mit ihnen anzufangen, widersprechen ihrem Wesen nach all dem, was Grundmerkmal eines sich entwickelnden oder voll entfalteten Organismus ist: ihnen eignet Ungerichtetheit, Ungeordnetheit, ja Chaotisierung und Störung des geordneten Gesamtgefüges, während den Organismus das komplexe Zusammenwirken vieler Einzelelemente in fester Einbindung in ein differenziertes System kennzeichnet, daß die Einzelabläufe bestimmt, dirigiert, ihnen Sinn verleiht.
   Da sie aber nun einmal real existieren, so ergibt sich die Frage, welchen Stellenwert die Mutationen haben.

Die Mutation im Dienste der »Entstaltung«

Ein Grundkennzeichen aller Lebenserscheinungen ist ihr Oszillieren zwischen Antagonismen, die sich nicht fremd und zusammenhanglos gegenüberstehen, sondern Pole oder extreme Äußerungen ein und desselben in entgegengesetzten Richtungen sind. Sie blockieren sich nicht, sondern ergänzen sich im synergistischen Wechsel- oder Zusammenspiel, ja, in diesem Zusammenspiel entfaltet sich überhaupt erst das, was wir Leben nennen. Alle Lebensprozesse sind ihrem Wesen nach antagonistisch-synergistisch: Geburt und Tod, Aufbau und Abbau, Aufnahme und Ausscheidung, die Arbeit der Muskulatur, des vegetativen Nervensystems, Arbeits- und Teilungsphase der Zelle usw.. Damit müssen also auch jene Bereiche des Organismus, in denen das Vererbungsgeschehen angesiedelt ist, von Antagonismen beherrscht sein.

Grundlegende Eigenschaft der Vererbung ist die detailgetreue Weitergabe aller, auch der kleinsten und scheinbar nebensächlichsten Merkmale. Die Abläufe in der Mitose zeigen das ebenso urbildhaft wie die Prozesse des »Kopierens« bei DNS und RNS. Die strengen Gesetzmäßigkeiten in diesem Bereich garantieren, daß die Nachkommen in allen Einzelheiten die gleiche arttypische Gestalt erhalten wie die Vorfahren.

Wäre dieses Prinzip alleine bestimmend, so wäre Veränderung, Abwandlung und damit auch alle Art von Entwicklung unmöglich. Die Evolutionsprozesse durchbrechen, »stören«, verändern das, was sozusagen *ehernes Prinzip der Vererbung ist: das Kontinuum des ewig Gleichen.* Merkmal der Vererbung ist ihre strenge Ordnung, ihre Geordnetheit, illustriert wiederum durch die regelhaften Abläufe in der Mitose.

Antagonist der Ordnung ist das Chaos, die Unordnung, die Auflösung der Ordnung: Das Chaos gehört auf jene Seite, auf der auch Abbau, Ausscheidung, Tod zu finden sind als Gegenpole zum Aufbau, zur Geburt, zur Entfaltung. Und genau diese Kennzeichen und Eigenschaften besitzen die Mutationen: *Sie sind im Vererbungsbereich das Gegenbild aller Ordnung.* Sie erzeugen Unordnung und chaotisieren – die überwiegende Mehrzahl aller experimentell bekannten Mutationen führen zu Defekten, sind letal oder sonstwie degenerativ (Remane). Sie gestalten nicht, sondern »entstalten«. Sie stoßen nichts Neues an, sind nicht Ursache neuer Gestaltungen, so die hier formulierte Hypothese, sondern ganz im Gegenteil, stören oder zerstören gewachsene, gewordene Ordnungen und brechen sie auf.

Nicht als Ursache, wohl aber als Voraussetzung dafür, daß neue Bildungs- und Entwicklungsimpulse, neue »Ordnungen« eingreifen können. Diese sind also wohlgemerkt etwas völlig anderes als die Mutationen, aber sie können nur dort ansetzen, wo das Terrain nicht mehr durch anderes besetzt ist.

Entwicklung, Gestaltung kann nur im Ungestalteten ansetzen, das ist organisches Grundprinzip – dort, wo noch keine Gestaltung herrscht oder wo diese wieder aufgelöst worden ist. Ein voll entwickelter, ausgestalteter

Organismus ist nicht mehr entwicklungsfähig und bildsam, er ist in seiner Ordnung erstarrt und kann nur noch allmählich zerfallen. Neubildungen sind nur aus Ungestaltetem möglich. Kein Blatt einer Pflanze bildet sich in ein Nächstes, Neues um, die Neubildung erfolgt immer aus den noch undifferenzierten, embryonalen Bildungsgeweben heraus, daß der Pflanze bis zum Schluß bleibt; der Schmetterling entsteht nicht durch Umformung, Umgestaltung des Organmaterials der Raupe, sondern aus embryonalen »Imaginalanlagen« heraus dann, wenn in der Puppe die Organe der Raupe, die alte Ordnung also, abgebaut und zerstört und buchstäblich chaotisiert wird. Und für unsere eigene Gestaltentwicklung gilt, daß die Bildungsprozesse um so tiefgreifender und umfassender sind, je weiter wir von der Ausgestaltung des Erwachsenen zu den formlosen, ungestalteten Frühphasen zurückgehen.

Die Mutationen wären mithin also nicht, um es zu wiederholen, der Beginn oder die erste Stufe von neuen Entwicklungsabläufen, sondern deren notwendige Antagonisten, durch deren chaotisierende Wirkung das Platzgreifen neuer Ordnungsstrukturen erst möglich wird. Trifft diese Sicht der Dinge zu, dann würde das nicht mehr und nicht weniger bedeuten als das der heutigen Evolutionstheorie eine fundamentale Verwechslung unterlaufen ist – daß sie das Abräumkommando, das die Requisiten des letzten Stückes von der Bühne schafft, für die Akteure des neuen hält.

Vielleicht gilt ähnliches auch für die gegenwärtige Sicht der Selektion; diese wird gewissermaßen als die Summe der Umwelteinflüsse vorgestellt, die über das Schicksal der ständig neu auftretenden Bildungen entscheidet, bzw. bei Veränderungen in der natürlichen Umwelt der Lebewesen, auch über das Schicksal der längst vorhandenen Bildungen. Sie gleicht damit einer festen Form, die sich über ein nach allen Seiten formlos quellendes – den richtungslos mutierenden Organismus – stülpt und ihm seine Gestalt dadurch aufzwingt, daß es alles eliminiert, was sich der Form nicht anpaßt und nur am Leben läßt, was dieser entspricht. Umwelteinflüsse haben damit also, so die landläufige Sicht, keinen direkten, gezielten Einfluß auf die vielerlei Anpassungen des Organismus. Sie bringen sie nicht ursächlich hervor, sondern entscheiden nur über ihr Schicksal.

Auf indirekte Weise könnten Umwelteinflüsse aber, so weiterhin die Annahme, dennoch am Zustandekommen von Neubildungen beteiligt sein – sie können schließlich Mutationen auslösen; da diese aber niemals gerichtet sind, wird dadurch für die Auslese lediglich neues Material zur Verfügung gestellt; weiterhin könnten durch Umwelteinflüsse, etwa bei drastischen Klimaveränderungen und damit verbundenen Eingriffen in die Populationen, im Genpool vorhandenen Praeadaptationen zum Durchbruch, das heißt zur Realisation im Phänotyp verholfen werden.

Der Begriff der Praeadaptation ist, wie wir an anderer Stelle bereits erwähnten, eine rein gedankliche Schlußfolgerung – beweisen läßt sich die Existenz dieser angeblich latent bereitliegenden, aber phänotypisch noch nicht manifesten Mutationen nicht. Der Begriff der Praeadaptation hat eine Rettungsring-Funktion – ohne die Existenz von Praeadaptationen müßte man ja zur Annahme kommen, daß es gerichtete Umwelteinflüsse auf das Erbgefüge gäbe. Wie anders sollte man sich sonst das Auftreten der dunklen Mutante *carbonaria* des Birkenspanners just in dem Moment erklären, wenn sie von der Umwelt »gefordert« wird, oder das parallele Erscheinen von Neubildungen bei ganz verschiedenartigen Haustieren, die man von ihren wilden Vorfahren nicht kennt. Vielleicht ist das, was wir so pauschal als Umwelteinflüsse bezeichnen, von denen eine quasi mechanische Selektionswirkung ausgeht, gar nicht die Hauptsache. An der Existenz der Selektion sei gar kein Zweifel angemeldet: daß sie existiert, ist schließlich vielfach bewiesen. *Aber vielleicht ist sie nur so etwas wie eine Marginalie, eine Randerscheinung gegenüber den entscheidenden Impulsen, die von der Umwelt auf den Organismus einwirken und die Formbildung gerichtet, direkt beeinflussen.* Die Tatsache, daß wir über das Wie dieses Einflusses nichts wissen, ist kein Einwand. Schließlich kann die neodarwinistische Richtung über den von ihr angenommenen Modus, wie sich die richtungslosen Mutationen allmählich zu Neubildungen hochschaukeln, ebensowenig aussagen.

Die Umwelt als gestaltbildender Faktor
– der Ruf nach einer ökologischen Morphologie

Es könnte doch sein, daß das Verhältnis des Organismus zu seiner Umwelt, in der es eingebunden ist, diesem hochdifferenzierten Gefüge biotisch – abiotischer Elemente, ein ähnliches ist wie das eines Organes, einer Zelle zu ihrem Organismus – es wäre doch zu erwarten, daß auf diesen beiden Ebenen, die ja schließlich ineinander gefügt sind, nicht verschiedenartige, sondern im Prinzip gleichartige Bedingungen herrschen in den jeweiligen Beziehungen zwischen dem Ganzen und den Teilen.

Gehen wir auf die Ebene des Organismus, dann können wir beispielsweise die Differenzierung der Zellen nicht aus ihnen selbst ableiten. Alle

94

Zellen sind von ihrer Grundausstattung her völlig gleichartig, sie sind identische Kopien der Ursprungs-, der Eizelle und enthalten damit auch das genetische Material für den gesamten Organismus. Wodurch eine Zelle veranlaßt wird, zur Lungen-, eine andere zur Muskel- und eine dritte zur Nervenzelle zu werden und damit aus der Gesamtheit aller ihrer Möglichkeiten nur einige wenige spezifische Merkmale und Fähigkeiten auszubilden, ist aus ihrer omnipotenten Ausrüstung heraus nicht zu verstehen; es wird aber sofort plausibel, wenn wir ihre »Umwelt« mit einbeziehen, das heißt den spezifischen Funktionskomplex desjenigen Teiles des Organismus – Lunge, Gliedmaßen, Rückenmark – in dem sich die betreffende Zelle befindet. Dieser Funktionskomplex wiederum wird nur aus der Betrachtung des gesamten Organismus und seiner »arbeitsteiligen« Organisation verständlich: Sinn und Bedeutung, der Funktionszusammenhang also, des Rückenmarkes, der Muskulatur werden ersichtlich, wenn man ihre Stellung innerhalb des gesamten Organismus erfaßt.

Die Folgerungen, die sich aus der Anwendung der gleichen Betrachtungsart auf die andere, höhere Ebene – der Integration des Organismus in das übergeordnete Ökosystem – ergeben, hat der Philosoph G. Huber (1981) in einer kritischen Betrachtung der darwinistischen Vorstellungen klar formuliert:

»Darwin hat zwar mit dem Selektionsprinzip ein neues Verständnis für den individuellen und das heißt populationsgenetischen Wandel des Typus eröffnet. Aber seine Perspektive ist einseitig und vor allem stellt sich das Typen- und Formproblem nicht nur auf der Stufe der Individuen, sondern es kehrt auf der höheren Stufe der ökologischen Zusammenhänge wieder, die eine höhere Ganzheit gegenüber den Individuen und Populationen darstellen. Über das evolutive Schicksal der Populationen entscheiden die strukturellen Bedingungen des Ökosystems, deren Komplexität wir heute keineswegs schon durchschauen (so wenig wie Darwin sie damals durchschaut hat). Daher scheint heute eine Morphologie der Ökosysteme nötig, die nicht nur nominalistisch-analytisch-elementaristisch von unten her, sondern zugleich nach den Formen der Lebensgemeinschaft ihren Strukturen und ganzheitlichen Zusammenhängen fragt, welche von oben her als Ganzheitsbedingungen des Systems auf die Populationen und die Individuen einwirken, die zur Biozönose gehören. In dieser Perspektive wird vielleicht das, was bloß als Zufall und blinde Notwendigkeit erscheint, wenn man den Formwandel der Spezies von unten, den Populationen her betrachtet, vielmehr als Folge übergreifender, ganzheitlicher Formgesetzlichkeiten zu begreifen sein, die im Evolutionsprozeß vorausgesetzt, aber durch das Selektionsprinzip als solches nicht adäquat expliziert sind.«

Eine derartige ökologische Morphologie oder morphologische Ökologie gibt es bis heute erst in Ansätzen (z. B. Bockemühl 1980) – Ökosysteme werden entweder additiv oder anhand bestimmter herausgegriffener Merkmale oder Elemente oder in hochgradig formalisierter Abstraktion (Berechnung des Energieflusse etc.) begriffen, nicht aber als geschlossene, in sich differenzierte lebendige Gestalten. Ja, es gilt geradezu als Fortschritt, den Organismusbegriff in der Ökologie überwunden zu haben – jene Vorstellungen (Produzenten-Destruenten, Abhängigkeitsverhältnisse von Jäger und Beutetier usw.), die in Ökosystemen Analogien zu Funktionszusammenhängen von Organprozessen innerhalb eines Organismus erblicken. Ökosysteme, so die neuesten Vorstellungen seien viel offenere, variablerere, zu Ungleichgewichten neigende Systeme, in denen es durch Änderungen im Artenbestand (wechselnde Populationsgrößen, Neubesiedlung, Schwund) wie in der genetischen Ausrüstung der Mitglieder ständig zu Umschichtungen, ja »Chaotisierungen« komme (vgl. W. Wieser 1988).

Es ist eine unglückliche Mode, beim Auftauchen neuer Einsichten die früheren als überholt zu verwerfen, statt diese als zwar nicht universal, wohl aber in Teilbereichen oder auf bestimmten Ebenen nach wie vor gültig anzuerkennen; so steht etwa durch die Betrachtungsweise der Synökologie – der Lehre vom Zusammenwirken der Organismen untereinander – die Autökologie, die sich mit den Bedürfnissen des einzelnen Lebewesens beschäftigt, doch nicht plötzlich als falsch und der Verwerfung würdig da: beide sind unterschiedliche Blickrichtungen, die volle Berechtigung haben, solange Klarheit darüber besteht, daß jede von ihnen nur einen Teilbereich des Ganzen abdeckt.

So kann vielleicht auch die neue Blickrichtung der Ökologie helfen, jenes Denken, das ein Ökosystem als Organismus zu begreifen versucht, nicht zu überwinden, sondern im Gegenteil zu präzisieren und zu konturieren. Denn selbstverständlich ist ein »ökologischer Organismus« nicht einfach mit einem pflanzlichen oder tierlichen Organismus gleichzusetzen; unter dem Aspekt antagonistischer Manifestationen aller Lebensprozesse, die wir an früherer Stelle ins Auge faßten und unter denen uns die Komplementarität von Beharrung und Wandel besonders interessierte, scheint beim »Öko-Organismus« das Schwergewicht, sehr im Gegensatz zum Organismus der Einzelpflanze und des einzelnen Tieres, nicht auf der Seite der (hier gar nicht existierenden) genetischen Konstanz und Fixierung zu liegen, sondern im starken Maße und ganz eindeutig auf der Seite der Offenheit und Wandlungsfähigkeit. Diese wird im überwiegenden Maße von außen angestoßen – durch Klimaänderungen, Einwanderung neuer Arten usw. Ebenso sind seine spezifischen Merkmale außenbestimmt und hängen beispielsweise von der geographischen Lage ab, d.h. vom Verhältnis des betreffenden Ortes zur Sonne – Regenwald gibt es eben nur in Äquatornähe, Tundra dagegen nur in hohen Breiten.

Ein Ökosystem ist, anders als ein Tier, eine Pflanze, kein kohärentes, in eine festgefügte Leibesgestalt zusammengefaßtes Gebilde, aber es hat dennoch seine charakteristischen Gestaltmerkmale und spezifischen funktionellen Eigenarten. Wäre es anders, könnten wir es gar nicht in seiner Besonderheit erkennen und von anderen unterscheiden. Aber gerade dieser spezifische Charakter, diese Gesamtgestalt, die sich – nehmen wir den Regenwald als Beispiel – etwa in der einheitlichen Überformung des Blattwuchses fast aller Bäume ausdrückt, in der Verlagerung der Krautflora vom Boden in die Kronenbereiche der Bäume (Epiphyten), in der nur oberflächlichen Durchwurzelung des Bodens, der Dünne der Rinde, im äußerst raschen Abbau abgestorbener Organismen durch Pilze und Termiten usw. usw. – das Bild könnte beliebig weiter ausgemalt werden – ist aus dem Umraum, von Umgebungswirkungen geprägt.

Die charakteristischen Eigentümlichkeiten und Wesensmerkmale eines jeweiligen Ökosystems, wie wir sie eben erwähnten, bestimmen sowohl den physiognomischen Gesamteindruck wie Gestalt und Lebensweise der Teilglieder, der einzelnen Pflanzen und Tiere – so sehr, daß wir ja, wie wir an anderer Stelle bereits betonten, aus den gestaltlichen Eigentümlichkeiten einer beliebigen Pflanze oder eines Tieres das ganze Milieu rekonstruieren können, in dem sie leben.

Es ist eine schlicht unbiologische Vorstellung, daß ein Ökosystem von Umkreiswirkungen geformt, sein Teilglied, der einzelne Pflanzen- oder Tierorganismus jedoch nicht (oder bestenfalls indirekt, durch die Selektion). Unbiologisch ist auch der Standpunkt, alle Bildungen eines Organismus auf einen einzigen Ursachenkomplex zurückzuführen, auf die Mutationen. Wir müssen das Lebewesen neu verstehen lernen als eingespannt in den Antagonismus sowohl »innenbürtiger«, artspezifischer, genetisch verankerter Bildungsimpulse wie »außenbürtiger« Wirkungen und Einflüsse, *die ihm aus dem übergeordneten Öko-Organismus als direkt prägende Impulse zufließen.* Einem solchen Verständnis steht bislang das Dogma von der zentralen Rolle der Mutation im Wege. Hier muß entdogmatisiert und die Mutationen in jenen Teilbereich des Evolutionsgeschehens verwiesen werden, der ihnen zukommt und in dem sie Gültigkeit besitzen.

Literatur

Bishop, J. A. u. L. M. Cook (1975): Moths, Melanism and Clean Air. Scientific American 236, No.1: 90–99

Bockemühl, J. (1980): Lebenszusammenhänge erkennen – erleben – gestalten. Dornach/Schweiz.

Brower, L. P. (1969): Ecological Chemistry Scientific American 230, No. 2: 22–29.

Heikertinger, F. (1954): Das Rätsel der Mimikry und seine Lösung. Jena

Heitler, W. (1968): Gilt die Gleichung: Leben = Physik + Chemie? Lebendige Erde 1968, Nr.3: 110–116.

Herre, W. u. M. Roehrs (1971): Domestikation und Stammesgeschichte. In G. Heberer (Herausg.): Die Evolution der Organismen, Bd. II/2. 3. Aufl. Stuttgart.

Huber, G. (1981): Philosophische Fragen zum Darwinismus. Vierteljahresschr. Naturforsch. Ges. Zürich 126/1: 3–17.

Kettlewell, H. B. D. (1965): Insect Survival and Selection for Pattern. Science 148, No.3675: 1290–1296.

Koepcke, H.-W. (1973): Die Lebensformen, Bd. I. Krefeld

Kühn, A. (1969): Grundriß der allgemeinen Zoologie. 17. Aufl. Stuttgart.

Matile, P. (1973): Die heutige entscheidende Phase in der biologischen Forschung. Universitas 28, Nr.5: 543–558.

Papageorgis, C. (1975): Mimicry in Neotropical butterflies – why are there so many complexes in one place? American Scientist 63–522–532.

Poppelbaum, H. (1937): Tier-Wesenkunde. 2. Aufl. Dornach/Schweiz 1954.

Portmann, A. (1965): Die Tiergestalt. 2. Aufl. Freiburg (1976): Einführung in die vergleichende Morphologie der Wirbeltiere. 5. Aufl. Basel.

Remane, A. (1959): Diskussionsbeiträge, Colloquium »Trends in der Evolution«. Zool. Anz. 162: 222–228.

Schad, W. (1971): Säugetiere und Mensch. Zur Gestaltbiologie vom Gesichtspunkt der Dreigliederung. Stuttgart.

Simpson, G. G. (1951): Zeitmaße und Ablaufformen der Evolution (Tempo and Mode in Evolution). Göttingen.

Suchantke (1983a): Konvergente Evolution des Skelettes in verschiedenen Tiergruppen. Goetheanistische Naturwissenschaft 3 (Zoologie): 12–41. Stuttgart. (1983b): Biotoptracht und Mimikry bei afrikanischen Tagfaltern. Id.: 91–117. (1983c): Biotoptracht bei südamerikanischen Schmetterlingen. Id.: 119–125.

Vogel, S. (1959): Organographie der Blüten kapländischer Ophrydeen mit Bemerkungen zum Koaptations-Phänomen. Akad. Wiss. u. Lit. Mainz Math. Nat. Klasse Teil I: 267–401, Teil II: 405–532.

Wallace, A. R. (1869): The Malay Archipelago. London–New York.

Wieser, W. (1988): Möglichkeiten und Grenzen der Ökologie, Biologie in unserer Zeit 18, Nr.1: 31–33

Wolfgang Schad

Die Zeitgestalt in der Evolution der *Ceratites*-Ammoniten aus dem Oberen Muschelkalk Mitteleuropas.[1]

Zum Umfeld der Zeitgestalt

Grundeigenschaften des Lebendigen sind mit einer umschreibenden Formulierung immer ein verbindender Übergang zwischen strenger Ordnung und formlosem Chaos. Es ist weder das eine noch das andere, und hat doch an beidem Anteil. Es ist »geprägte Form, die lebend sich entwickelt«. Es ist plastische Ordnung – ein begrifflicher Widerspruch in sich selbst, aber in diesem besteht die Lebensrealität. Mit den beiden Denkformen, die das Leben als Zufall erklären (Monod) oder voll unveränderbarer Ordnung (»Gott würfelt nicht«, meinte Einstein), ist es eben nicht zu greifen. Es liegt, begrifflich gesehen, dazwischen. Die bewegliche Ordnung des Lebens in der Welt mag dem definierenden Denken anstößig sein, aber sie hat den Vorzug, daß sie als solche immer in gestalteter Weise anzutreffen ist. Nun ist »Gestalt« auch wieder ein doppelbödiger Ausdruck. Die Gestalten der Organismen sind in einer Hinsicht räumliche Gebilde, ebenso ist aber auch das Zeitverhalten jedes Organismus gestaltet. Er hat Zeitgestalt.

Indem wir an allen Lebenserscheinungen die Möglichkeiten zu einem solchen uns doppelseitig erscheinenden Gestaltbegriff vorfinden, entsteht zugleich die Frage, ob nicht schon unsere begriffliche Trennung zwischen dem räumlichen und dem zeitlichen Aspekt der Gestalt nur ein unreflektiertes Ergebnis des eigenen diskursiven Denkens ist. Es trennt doch nur, was monistisch im Organismus gar nicht getrennt ist. Um sinnvolle Begriffe erst aufzubauen, müssen wir uns zwar der trennenden Natur der Begriffe bedienen und davon sprechen, daß wir im Leben eine bewegliche Ordnung im Nebeneinander des Raumes und im Nacheinander der Zeit haben. Wenn aber die Begrifflichkeit die Weltbegegnung verfremdet, muß sie erweitert werden. Die Frage der Erweiterung des Zeitbegriffs ist ein aktuelles Thema neuerdings auch in den Naturwissenschaften, jedenfalls wo sie sich in der Grundlagenbesinnung befindet.[2]

---

1 Dem Andenken an den Paläontologen Anton Schrammen (1869–1953) gewidmet.
2 Siehe Jantsch (1982), Peisl/Mohler (1983) u. Schad (1986)

Wenn wir noch einmal auf das sehen, was wir als reduktionistische Erklärung der organischen Welt haben, ist jene der Versuch, in durchgängiger Stringenz den Organismus kausal-analytisch in einzelne Portionen zu zerlegen und ihn aus den Kausalketten systemtheoretisch oder experimentell so weit wie möglich wieder zusammenzusetzen. Das Prinzip alles kausalen Verstehens hat schon Kant beschrieben: Was ich als Gegebenes vorfinde, wird nicht aus seiner Gegenwärtigkeit heraus verstanden, sondern aus seiner vorherigen Vergangenheit, als deren Resultat es aufgefaßt wird. Der Rückbezug auf das, was vorausging, soll verständlich machen, was jetzt gegeben ist. Die Bedingungen der gegenwärtigen Erscheinung werden in den in der Vergangenheit liegenden Faktoren gesehen (causa efficiens).

Jede Teleologie liefert das Umgekehrte. Sie entwirft eine Abhängigkeit der Gegenwart nicht von der Vergangenheit, sondern von der Zukunft. Sie setzt voraus, daß eine Antizipation auf ein Noch-nicht-Vorhandenes sinngerichtet, absichtsgerichtet, zukunftsgerichtet, zweckgerichtet, jedenfalls planvoll, die Gegenwart mitbestimmt (causa finalis). Indem nach Finalität gesucht wird, wird ein Bezug des Vorfindbaren zur Zukunft hergestellt. Man kann den Gegensatz im wesentlichen so charakterisieren: rein kausales Denken setzt voraus, daß die Gegenwart allein aus der Vergangenheit verstanden werden kann, das rein finale Denken hingegen, daß man die Gegenwart nur aus der Zukunft heraus ableiten kann. Schon deshalb, weil Vergangenheit und Zukunft nicht das gleiche sind, liegen Kausalerklärungen und teleologische Erklärungen naturgemäß im Streit. Weil die Zeit beide Seiten hat, sind beide Denkweisen im Denken nicht zur Deckung zu bringen.

Wie steht dazu die Eigenart des Organismus, der Lebensvorgänge? Sie haben bei näherem Zusehen die Eigentümlichkeit, daß sie, genau genommen, weder auf der kausalen Ebene, noch auf der teleologischen Ebene völlig erklärbar waren und sind, sondern daß auch hier der Organismus als faktische Lebenserscheinung ein Doppelbödiges ist, das an beidem Anteil hat, aber nicht aus beidem heraus völlig bestimmt werden kann.

Was liegt vor? Untersucht man in der Denkbeobachtung, worin das Vorverständnis von Leben überhaupt besteht, so kann man nur unbefangen akzeptieren: Es gibt Leben permanent nur dadurch, daß es, sich gestaltend, aus seiner eigenen Gegenwart bedingt. Die Lebensbedingungen können dann nicht nur in der Vergangenheit, oder in der Zukunft, sondern auch in seiner Gegenwart selbst gesucht werden. »Man suche nur nichts hinter den Phänomenen, sie selbst sind die Lehre«, ist dafür der unphilosophische, aber treffende Ausspruch Goethes. Eine Erscheinung nur aus der Vergangenheit verstehen zu wollen, ist eine genauso metaphysische Voraussetzung wie: daß sie nur aus ihrer Gegenwart oder der Zukunft zu verstehen sei. Will man die Verständnisfrage aber nicht nur in der unverbindlichen willkürlichen Beliebigkeit belassen, muß der Blick auf das gewendet werden, was wo passend ist.

Was als Ganzheit des Organismus oft beschrieben wurde, ist nie eine völlig in sich geschlossene Ganzheit, sondern er ist immer zugleich auch Glied in einer noch umfassenderen Ganzheit. Dieser hierarchisch gestaffelte Ganzheitsbezug, den jeder Organismus z. B. zu seiner passenden Umwelt und diese wieder in einer größeren Umwelt: der Landschaft, dem Kontinent, der Biosphäre der Erde hat, er besteht auch wiederum für die einzelnen Organe im Organismus, denen er die übergreifende Ganzheit ist, wie es das Organ für seine Gewebe und Zellen ist. In dieser Grunderscheinung des Organismus besteht ein konstitutives Charakteristikum des Lebens. Es beinhaltet aber nichts anderes, als daß das übergreifende Ganze schon in jedem lebenden Anteil selbst vorliegt. Dadurch aber hat jeder Anteil über diese Teil/Ganzheit-Hierarchie gleichzeitig mit jedem anderen konstitutiv zu tun. Darin besteht jene Ordnung der gemeinsamen Wechselbedingungen in jeder gegenwärtigen Lebensexistenz. Die gleichzeitige Zusammengehörigkeit aller Teile konstituiert die organische Ganzheit.

Nun sind diese Gedankengänge, wenn auch heute nicht geläufig, so doch auch nicht neu (Schad 1982). Was heute das weiterfragende Denken interessiert, ist, wie im Organismus seine ununterbrochene Gegenwärtigkeit mit seiner bisherigen Vergangenheit und bevorstehenden Zukunft kommuniziert. In der Allgemeinen Biologie haben sich dafür die Begriffe »Vererbung« und »Restitutionspotenz« eingestellt. Erstere beachtet das, worin das Individuum seinen vorausgegangenen Vorfahren, also seiner biologischen Vergangenheit, gleicht. Letztere beinhaltet, daß jeder Organismus eine größere Potenz hat, als er je verwirklicht: nämlich Verletzungen ausheilen zu können – er verfügt also über mehr Zukunft, als normalerweise abläuft.

Seine Kommunikation mit Kausalität und Teleologie ist aber eine noch grundsätzlichere. Die organische Ganzheit hat ihren Vergangenheitsbezug durch die Fähigkeit des Lebens, mit den Gesetzen der toten Welt, der Physik und Chemie, in der der Kausalismus berechtigt vorherrscht, kooperieren zu können. – Auf der anderen Seite gibt es Organismen, gerade Tiere und Menschen, die die Zukunftsausrichtung noch existentieller besitzen.

Ihre einfühlbare Wunsch-, Absichts- und Willensseite richtet sich auf etwas, was noch nicht das ist. Denn aller Wille besteht darin, daß er mit dem
Gegenwartsaugenblick nie Genüge hat, sondern anderes sucht. Das macht
die Zukunftsfähigkeit der psychischen Phänomene aus. Zu Beginn des
Jahrhunderts beschrieb erstmals Franz Brentano die Fähigkeit zur »intentionalen Beziehung« als das Kennzeichen alles Psychischen. In allen be-
seelten Organismen findet sich diese immanente Teleologie vor. Damit
wird deutlich, daß von Organismus zu Organismus zu beobachten und zu
prüfen ist, wie seine Abhängigkeiten von den physischen Anforderungen
und wie weit von den seelischen Ausrichtungen gewichtet sind. Zentral
aber wird um so mehr zur Frage: Wie weit ist er außerdem selbst reines
Leben, das mit den beiden Seiten im Gegenwartsvermögen überein-
kommt?

Sieht man auf diese dreifache Zeitbedingtheit eines Lebewesens, dann
wird vieles an der Zeitgestalt erst interessant. Zum Beispiel die logarithmische Gestalt vieler Lebensprozesse. Das hat sogar evolutives Ausmaß. In
der Entwicklung des Lebens auf der Erde fanden immer wieder starke Um-
brüche zu neu aufblühenden Faunen statt, so die Übergänge z. B. zwischen
Neozoikum und Mesozoikum, dann am Ende des Palaeozoikums, des Prä-
kambriums etc. Dabei treffen wir, wenn wir in die Vergangenheit immer
weiter zurückgehen, eine deutliche Zeitdehnung an. Oder umgekehrt,
wenn man sich wieder der Gegenwart nähert, eine Zeitraffung. Das Neozoikum ist die kürzeste aller erdgeschichtlichen Epochen, das Eozoikum
die längste. Diese logarithmische Grundstruktur sollte man bei den übergreifenden Evolutionsfragen mehr beachten. Noch die menschliche Vorge-
schichte ist davon beherrscht. Frühe, mittlere und jüngere Altsteinzeit,
Mittel- und Jungsteinzeit stellen solche sich kontrahierenden Zeitabläufe
dar. Daß die logarithmische Metrik der Zeit mit dem Leben zu tun hat,
haben die Mathematiker bemerkt, wenn sie von den »natürlichen Logarith-
men« sprechen.

Über einen großen Bereich des Mesozoikums ließ sich hingegen kürzlich
eine recht durchgängige Rhythmik feststellen. Mit einer Periode von etwa
26 Millionen Jahren häufen sich Aussterben und Neuauftreten von Tiergruppen. Etwa zehn solcher Perioden lassen sich in der evolutiven Entwicklung der mesozoischen und tertiären Faunen ermitteln (Ramp et al., Sepkoski). Das sei hier nur als eine weitere Facette erwähnt, daß wir in Teilbereichen der Gesamtevolution, ähnlich wie im Einzelorganismus, mit spezifischen Rhythmen zu tun bekommen können.

102

Es ist die große Entdeckung der letzten 200 Jahre, daß die Welt der Organismen nur aus dem zeitlichen Vorgang ihres Werdens dem Verständnis nähergebracht werden kann. Man kann nun herangehen und fragen, wie die Zeitgestalt der Phylogenese mit der Zeitgestalt der einzelnen Lebewesen zusammenhängt. So ist seit Ernst Haeckel (1866) die Rekapitulationsidee weithin bekannt geworden. Sie besagt, daß jedes Lebewesen die bisherigen phylogenetischen Schritte seiner Vorfahren in seiner Ontogenese rekapituliert, speziell in seiner Frühontogenese. Man nennt gerne Haeckel den Vater dieser Idee, ein Beispiel für das geringe wissenschaftshistorische Bewußtsein von uns Naturwissenschaftlern. Schon aus dem heutigen Beitrag von Frank Teichmann ging hervor, daß die Idee der Evolution bereits in der Philosophie und Literatur eher da war, etwa bei Herder, Goethe und Lessing.

Der Gedanke der Rekapitulation tritt meines Wissens zuerst in der Religionsphilosophie auf, und zwar in der Jugendschrift eines 21jährigen Göttinger Medizinstudenten: Albrecht Thaer, dem späteren Begründer der modernen Landwirtschaft (Klemm u. Meyer). Lessing gab sie zuerst anonym, dann um das Doppelte von ihm selbst ergänzt als seine letzte Schrift heraus: »Die Erziehung des Menschengeschlechtes«. Sie erklärt die menschliche Geschichte als die Schule Gottes, durch die die Menschheit von Klasse zu Klasse aufsteigt und sich so entwickelt wie der einzelne heranwachsende Mensch.

Dieselbe Gedankenbewegung tritt in der Naturwissenschaft zuerst bei einem ziemlich vergessenen Naturforscher auf; zwar seinerzeit sehr bekannt, aber nur deswegen heute so vergessen, weil er es ablehnte, seine Vorlesungen drucken zu lassen: Karl Friedrich Kielmeyer (1765–1844). Cotta hatte ihn noch bekniet, die Vorlesungsnachschriften seiner Studenten ihm zum Druck zu überlassen – vergeblich. Er war Professor für Chemie, Medizin, Botanik, Zoologie, Pharmazie (damals alles noch mehr oder weniger ein Fach) in Tübingen. Es gibt nur eine etwas ausführliche Schrift von ihm. In der 1793 veröffentlichten Darstellung Kielmeyers ist das wesentliche Zitat:

»Da die Verteilung der Kräfte in der Reihe der Organisationen dieselbe Ordnung befolgt, wie die Verteilung in verschiedenen Entwicklungszuständen des nämlichen Individuums, so kann gefolgert werden, daß die Kraft, durch die bei letzteren die Hervorbringung geschieht, nämlich die Reproduktionskraft, in ihren Gesetzen mit der Kraft übereinstimmt, durch die die Reihe der verschiedenen Organisationen der Erde ins Dasein gerufen wurden.«

Hier haben wir in der Sprache der damaligen Zeit die Rekapitulationsidee ausgesprochen. Goethe, in dem sich das Erwachen der Evolutionsidee
bündelt, besuchte Kielmeyer auf seiner dritten Schweizer Reise in Tübingen. Aus seinem Tagebuch vom 10. September 1797 geht hervor, daß beide
sich darüber ausgetauscht haben.

Der Wissenschaftshistoriker Kohlbrugge hat einmal zusammengestellt,
wie viele Naturwissenschaftler von Kielmeyer im 18. bis Haeckel im 19.
Jahrhundert der Idee angehangen haben, daß die Einzelentwicklung der
Lebewesen eine Wiederholung der Gesamtentwicklung ist, und hat über 70
gefunden. Kein bedeutender Denker und Forscher, der nicht schon in jener
Zeit vor Haeckel mit dieser Form des Entwicklungsgedankens umging. Als
Denkfigur organismischer Zeitabläufe wurde sie ja zur Stütze der aufkom-
menden Evolutionsforschung überhaupt.

Was spielte sich damit bis heute ab? Es fand sich eine Fülle von Bestäti-
gungen für die Rekapitulation in der Ontogenese. Man denke an die Entwicklung der Pferdegliedmaßen sowohl embryonal, wo Dreizehigkeit noch
gut nachweisbar ist (Krölling), als auch paläontologisch vom Eohippus des
frühen Tertiärs an von der Fünfstrahligkeit bis zur Einstrahligkeit. Allerdings stimmen bei näherem Zusehen die Schulschemata nicht, denn es handelt sich nicht um eine lineare Evolution, sondern um reiche Radiationen,
Seitengassenentwicklungen, neue Radiationen etc. Immerhin ist im großen
und ganzen die Parallelität zur Embryologie der Pferdegliedmaßen deutlich. – Ein anderes bekanntes Beispiel ist die Bildung der Hirschgeweihe.
Die frühen fossilen Hirsche haben noch keine, dann nur sehr kurze, einspit-
zige, später zweispitzige Geweihe. Sie werden dann immer endenreicher.
Beim einzelnen Hirsch ist das heute ganz entsprechend. Als junger Spießer
trägt er zuerst ein unverzweigtes kurzes Geweih, das dann Jahr für Jahr
immer endenreicher wird. Die Parallelität der Ontogenese zur Phylogenie
ist offensichtlich.

Weniger bekannt außerhalb der Paläontologie ist, daß es reichliche Gegenbeweise gibt. In zahlreichen Fällen verlaufen paläontologische Progressionen nicht parallel zur Embryologie der betreffenden, heute noch lebenden Organismengruppe, sondern gegenläufig. Ein Beispiel ist die Ske-
lettbildung. Bei den frühesten Wirbeltieren, den fossilen, kieferlosen Fischen (Agnatha) ist eine hohe Verkalkung der Hautknochen über Kopf und
Rumpf hin ausgebildet (Ostrakodermi). Im Laufe des Mesozoikums wird
dieses Exoskelett reduziert und verbleibt heute vorwiegend am Kopfskelett.
Zunehmend tritt dafür im Rumpfbereich die Ausbildung von Knorpel als

104

Endoskelett ein. In der individuellen Leibbildung höherer Wirbeltiere ist es heute oft umgekehrt. Da wird im Rumpfskelett zuerst Knorpel gebildet und dann erst das Knochenskelett als Knorpelersatz (Ersatzknochen). Wider Erwarten hat man diese Gegenläufigkeit in der Evolution des Skelettes bei den Wirbeltieren feststellen müssen. Andererseits liegt eine Parallel-Läufigkeit darin vor, daß das auf den Kopfbereich des Menschen beschränkte Exoskelett sehr viel früher angelegt und fertig wird als das Endoskelett des Rumpf-Gliedmaßen-Bereiches. – Die ersten fossilen Lungenfische aus dem Devon Schottlands besitzen reiche Knochenausstattungen. Der heutige afrikanische Lungenfisch hinwiederum trägt nur noch ein reines Knorpelskelett. Man spricht von einer phylogenetischen Embryonierung, also Entdifferenzierung. – Ähnliches zeigt auch die paläozoische Pflanzenwelt im Vergleich zur heutigen. Die Brachsenkräuter (Isoetales) der Steinkohlenwälder des Karbon waren die bis 10 m hohen Siegel- und Schuppenbäume. Später, im Buntsandstein, findet sich nur mehr die 2 m hohe *Pleuromeia*, in der Unteren Kreide die 25 cm große *Nathorstiana,* die heutigen *Isoetes*-Arten haben nur noch Sproßlängen um 1 cm mit bis 10 cm langen, schmalen Blättern, wie sie in dieser Form, wenn auch größer, schon die Siegelbäume trugen. Auch diese Evolution verlief also bis heute regressiv.

Schindewolf nannte solche Umkehrungen zwischen Onto- und Phylogenese »Proterogenese«. Aber schon im letzten Jahrhundert finden wir die Entdeckung der Zeitumkehr in der Lebewelt bei Alexander Braun (1805 – 1877). Er war ein bedeutender Botaniker auch insoweit, als er bewußt die Goethesche Metamorphosenlehre der Einzelpflanze auf das gesamte Pflanzenreich anwandte und damit gegenüber Linné das natürliche System der Pflanzen schuf, wie es im großen ganzen heute noch gilt. Sein Buch »Über die Erscheinung der Verjüngung in der Natur« beschreibt aus dem botanischen Bereich, daß es nicht nur Alterung gibt, sondern sowohl in der Einzelentwicklung als auch in der Phylogenese die Verjüngung, z. B. die Gegenläufigkeit von Laubblattmetamorphosen kurz vor der Blütenbildung höherer Pflanzen. Jochen Bockemühl hat in den letzten Jahren wesentlich daran weitergearbeitet.

Nun kann man daraus zwei Schlüsse ziehen. Der eine, zumeist heute gezogene Schluß ist, daß sich damit beide Theorien gegenseitig von selbst relativieren: Wer auf die Parallel-Läufigkeit setzt, kann genügend Gegenbeweise bekommen. Wer auf die Gegenläufigkeit setzt, erhält ebenso viele Gegenbeispiele; damit sei irgendeine Prognostizität für die Forschung nicht mehr möglich. – Ich halte diesen Schluß für eine unnötige Resignation, denn man kann ja nun erst die Frage schärfer stellen: Wo und wann tritt die Parallelität der Zeitgestalten von Ontogenie und Phylogenie auf, und wo und wann die Gegenläufigkeit, die Antiparallelität? Gibt es dazu sinnvolle Fragestellungen? Kann nicht die vorhandene Empirie selbst eine Differenzierung beider theoretischer Ansätze begünstigen?

Damit sind wir bei einem Thema, das für den Anthroposophen nicht neu ist. Denn wir bewegen uns damit im Ideenfeld des Studenten Rudolf Steiner. Hella Wiesberger hat die Bedeutung der Erweiterung des Zeitbegriffes im Leben des jungen Rudolf Steiner biographisch herausgearbeitet. Steiner hat 1907 in Gesprächen zu Edouard Schuré geäußert, wie ihm als Student aufgegangen sei, daß es nicht bloß einen einfachen Strom der Zeit gibt, die bloße Monotropie der Zeit, sondern daß es einen Doppelstrom der Zeit gibt; ja, daß das für ihn die entscheidende Voraussetzung war, um mit geistiger Forschung beginnen zu können.

Die Zeitabfolge z. B. der fossilen Nachweise des prähistorischen Menschen, also seine Evolution, ist, soweit wir sie osteologisch nachweisen können, mehrfach von sich wiederholenden Progressionen und Regressionen durchzogen, und zwar um so mehr, je genauer und verläßlicher die Datierungen geworden sind. Deshalb sind sich alle Kenner einig, daß eine lineare Anordnung der Urmenschenfunde nicht möglich ist. Wer nun bei aller Vorwärts- und Rückwärtsentwicklung den Evolutionsvorgang selbst relativiert und nur schlußfolgert, Entwicklung gebe es eben dabei gar nicht, sondern nur Wandlung der Erscheinungen, der verpaßt zum Beispiel, daß sehr wohl hier eine Ordnung herrscht. Diese Progressionen und Regressionen stehen nämlich in einem Spannungsfeld: dem des Doppelstromes der Zeit. Die Fossilfunde aus der Evolution des Menschen zeigen dann eine durchgängige Ordnung (Schad 1985). Damit sind einige allgemeinere Motive und Problemstellungen angerissen, die wir für das speziell zu behandelnde paläontologische Thema benötigen.

Die Ceratiten – eine fossile Tintenfischgruppe

Wir wählen als Betrachtungsobjekt die Ammoniten des mitteleuropäischen Oberen Muschelkalks aus der mittleren Triasepoche des frühen Mesozoikums. Ammoniten sind Tintenfische. Man kann meist leicht unterscheiden, ob es sich um die Schale einer Schnecke oder eines Tintenfisches handelt. Schnecken haben spiralige Gehäuse, deren Windungen sich entlang einer Spiralachse türmchenartig in den Raum ziehen; Tintenfische haben – wenn sie ein Gehäuse bauen – die Spiralwindung in einer Ebene, ohne aus der Symmetrie-Ebene herauszutreten (planspiraler Bau). Es gibt allerdings – wie immer in der lebendigen Natur – auch hier keine starre Ordnung: Planspirale Schnecken finden sich im Karbon (*Bellerophon*), in den Raum achsial spiralisierende Nautileen im Silur (*Trochoceras*). Das sind seltene, um so interessantere Ausnahmen.

Die meisten heutigen Tintenfische besitzen keine spiralisierten Schalen. Mit einer solchen aber leben noch heute in den warmen Meeren das Perlboot (*Nautilus*) und das Posthörnchen (*Spirula*). Bei beiden sitzt das le-

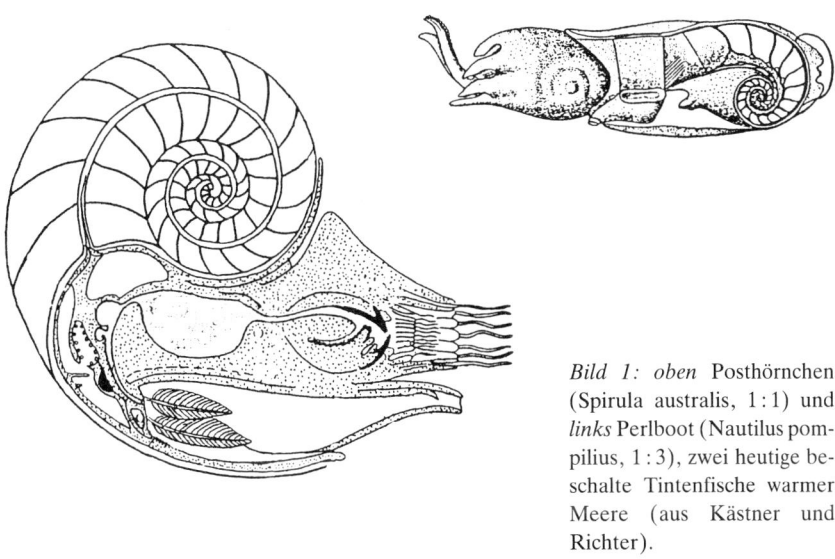

Bild 1: oben Posthörnchen (Spirula australis, 1:1) und *links* Perlboot (Nautilus pompilius, 1:3), zwei heutige beschalte Tintenfische warmer Meere (aus Kästner und Richter).

bende Tier im äußeren Schalenteil, der Wohnkammer. Nach hinten ist die Schale in eine Anzahl immer kleiner werdender Kammern unterteilt. Die Kammern sind durch einen Kanal, den Sypho, verbunden, über den das lebende Tier durch eine Gasdrüse selbstgebildete Luft in die Kammern drückt. So besitzt der gekammerte Anteil des Gehäuses Auftrieb und bewirkt, daß das Tier trotz Schale schwerelos im Wasser schwimmen kann.

Unter den beschalten Tintenfischen haben die Nautiloideen meist eine einfache Form der Kammersepten, nämlich sichelförmig oder schwach gewellt. Diese Gruppe trat auch als erste der Cephalopoden im Oberen Kambrium auf. Der Schalenbau hat sich bis heute trotz mancher Radiationen nicht wesentlich verändert. – Nahverwandt damit war eine andere Gruppe, die ihre Kammerwandungen in gewinkelte Falten legte (Goniatiten). Sie sind die klassischen Ammonoideen des Erdaltertums. Sie sterben im Perm aus, die so viel älteren Nautiloideen hingegen nicht. Kurz vorher im Karbon erscheint eine nächste Gruppe, die besonders in der Trias aufblüht: die Ceratitaceen. Im Perm treten die eigentlichen Ammoniten im engeren Sinne auf (Ammonitaceen). Sie beherrschen die Jura- und Kreidezeit, an deren Ende sie ebenfalls aussterben. Vergleicht man den Anschluß der Kammersepten an die äußere Schalenwand, die sogenannte »Lobenlinie« oder »Sutur«, so zeigt sich in den vier genannten Cephalopodengruppen eine zunehmende Differenzierung und Komplizierung derselben (Bild 3). Der einfachen Nautileen-Sutur folgt die Zickzackform der Goniatiten, dann die Lobenzähnelung der Ceratitaceen und dieser die geradezu barocke Auffiederung bei den meisten Ammonitaceen. Sprechenderweise überlebten die Nautiloideen alle Ammonoideen (Bactriten, Goniatiten, Ceratiten und Ammoniten) bis heute. Das dem Ursprung näher Konstituierte behielt die meiste Zukunft. Die Cephalopodengruppe, die am wenigsten temporäre Anpassungen vollzog, sondern die die gruppeneigene, urtümliche Konstitution am meisten bewahrte, bewies offensichtlich die beste Überlebensfähigkeit. Ähnlich steht es ja mit der ältesten Brachiopode, der nur hornartig beschalten Zungenmuschel *Lingula,* welche seit dem Unteren Kambrium bis heute nahezu unverändert überlebt hat.

Unter den allein vom Silur bis zur Oberkreide-Zeit lebenden Ammonoideen nimmt die Gruppe der Ceratitaceen im Erdmittelalter eine besondere Mittelstellung ein. Während im Paläozoikum die Goniatiten die Sutur ja in einfachen, gewinkelten Schwüngen aus unverzweigten Loben und Sätteln ausbilden, hingegen die im späteren Mesozoikum reich aufblühenden Ammonitaceen beide Ausbuchtungen vielfältig fälteln und aufgliedern, ist die ceratitische Sutur im Sattel einfach-ganzrandig (goniatitenartig) und im Lobus mehrfach gezähnelt (ammonitenartig) gestaltet. Zwischen Vereinfachung und Vervielfältigung schwingen die Kammersuturen in rhythmischer Abwechslung. – Schon 1802 fühlte sich der Franzose de Montfort anhand eines Stückes aus dem Muschelkalk von Lunéville (westl. der Vogesen) dazu veranlaßt, diese Form von Cephalopoden »Ammonite mi-parti« (semipartitus = halbverteilt) zu nennen: Ganzran-

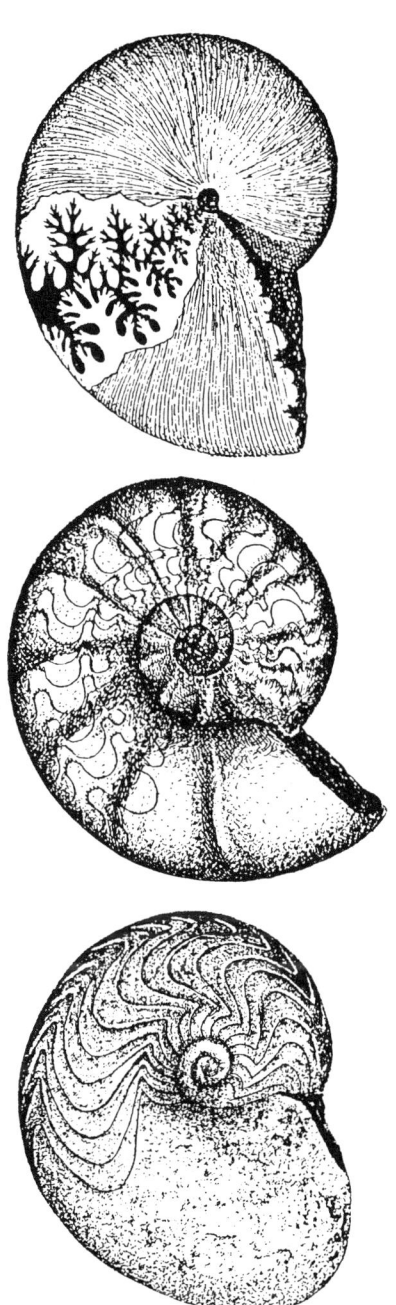

Bild 2: unten Goniatit (Manticoceras intumescens, Ob. Devon), *Mitte* Ceratit (Ceratites nodosus, Ob. Muschelkalk), *oben* Ammonit (Phylloceras heterophyllum, Ob. Lias) (aus Müller und Zittel).

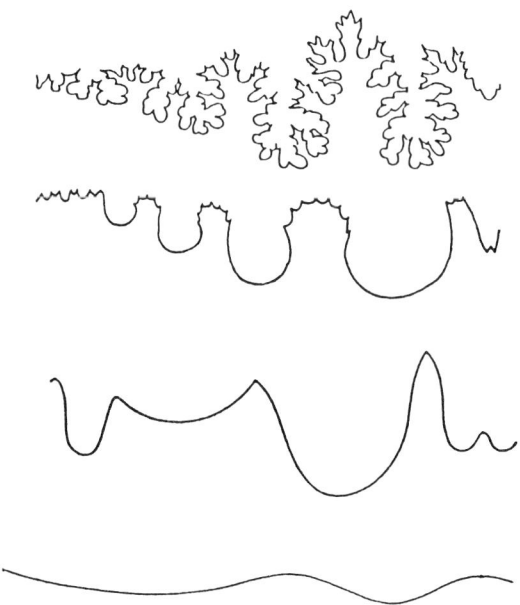

Bild 3: Typische Lobenlinien (Suturen) der wichtigsten fossilen Tintenfischgruppen. *Von unten* Nautilide (Germanonautilus, Muschelkalk), Goniatit (Manticoceras, Ob. Devon), Ceratit (Ceratites, Ob. Muschelkalk), Ammonit (Ptychites, Unt. Muschelkalk); die Sättel sind nach unten, die Loben nach oben orientiert (in der Schale nach außen, bzw. nach innen gerichtet) (z. T. aus Claus und Moore).

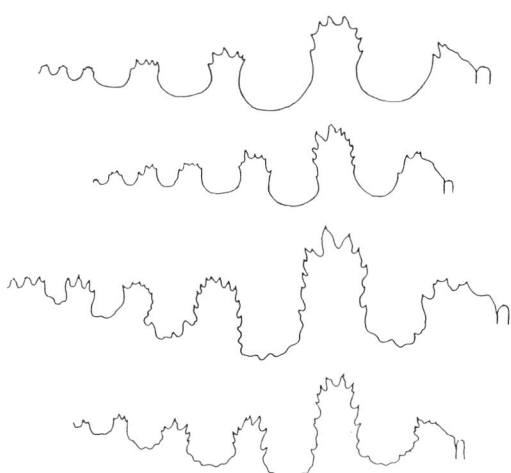

Bild 4: Von unten Lobenlinien von *Ceratites (Paraceratites) atavus, Ceratites (Paraceratites) flexuosus, Ceratites (Doloceratites) primitivus* und *Ceratites (Doloceratites) pulcher (aus Urlichs/Mundlos, S. 16; 2 : 1).*

110

digkeit und Zähnelung waren auf die Sättel und Loben halbe-halbe verteilt. Darin spricht sich die Mittelstellung gerade dieses Formenkreises aus.

Dabei sind diese Charakteristika selbst ein evolutives Ergebnis: Zwar gibt es, wie gesagt, Ceratitaceen schon vom Karbon an, während die Ammonitaceen sich im anschließenden Perm erstmals finden lassen, damit immerhin schon vor der Trias, wozu der Muschelkalk gehört, in welchem die Ceratiten besonders formenreich aufblühen. Noch die frühen Formen der Ceratiten des germanischen Oberen Muschelkalkes zeigen durchweg schwach gekerbte, also ammonitische Sättel (*C. atavus, flexuosus*; siehe Bild 4). In äußerst seltenen Fällen kann dieses Ammonitaceen-artige Merkmal bei einzelnen Exemplaren von späteren Muschelkalk-Ceratiten atavistisch durchschlagen (Jaekel 1889, Philippi 1901, Wenger 1956, Müller 1981). Es ist also bei den meisten, typischen Ceratiten die ganzrandige Auswölbung der Sättel eine eigene evolutive Leistung. Daß die Sutur in den Sätteln nicht ›ammonitisch‹, sondern ›goniatitisch‹ wird, kann man als einen Atavismus auffassen (Frosch, Solger, Walther) oder – was durchaus nicht das gleiche wäre – als eine Art von evolutiver Verjüngung. In jedem Falle aber wird eine konstitutionelle Mittellage erreicht, die im regelmäßigen Wechsel zwischen goniatitischer und ammonitischer Sutur die eigentliche ceratitische Sutur ausmacht.

Die Ceratiten des Oberen Muschelkalks durchliefen nördlich der Alpen in Mitteleuropa eine auffallend eigenständige Entwicklung. Schon am Südrand der Alpen und im Mittelmeerraum finden sich skulpturmäßig weitgehend andere Formen (Rieber). Im kleinen Museum von Meride am Monte San Giorgio südlich von Lugano kann man eine charakteristische Auswahl der dort vorkommenden gleichzeitigen und doch andersartigen Ceratitaceen besichtigen. Nördlich davon muß für jene Zeit ein eigenes Meeresbekken bestanden haben, in welchem eine in sich stringente Evolution relativ autochthon ablief (»Germanisches Becken«). Nur zeitweise bestanden zur Tethys, dem damaligen Mittelmeer, über Schlesien im Osten und über SW-Frankreich im Westen Verbindungsarme, wie die Fossilvergleiche nahelegen.

Unsere heimischen Ceratiten eignen sich für paläontologische Evolutionsfragen besonders gut, weil sie keine scharfen Artgrenzen besitzen, sondern in ihrem zeitlichen Formenwandel zumeist gleitende Übergänge vorweisen. Das brachte zwar für die Taxonomen und Systematiker besondere Schwierigkeiten mit sich – allein schon für die Namengebung, wenn keine sinnvoll definierbare artliche Abgrenzung möglich ist. So war es sehr

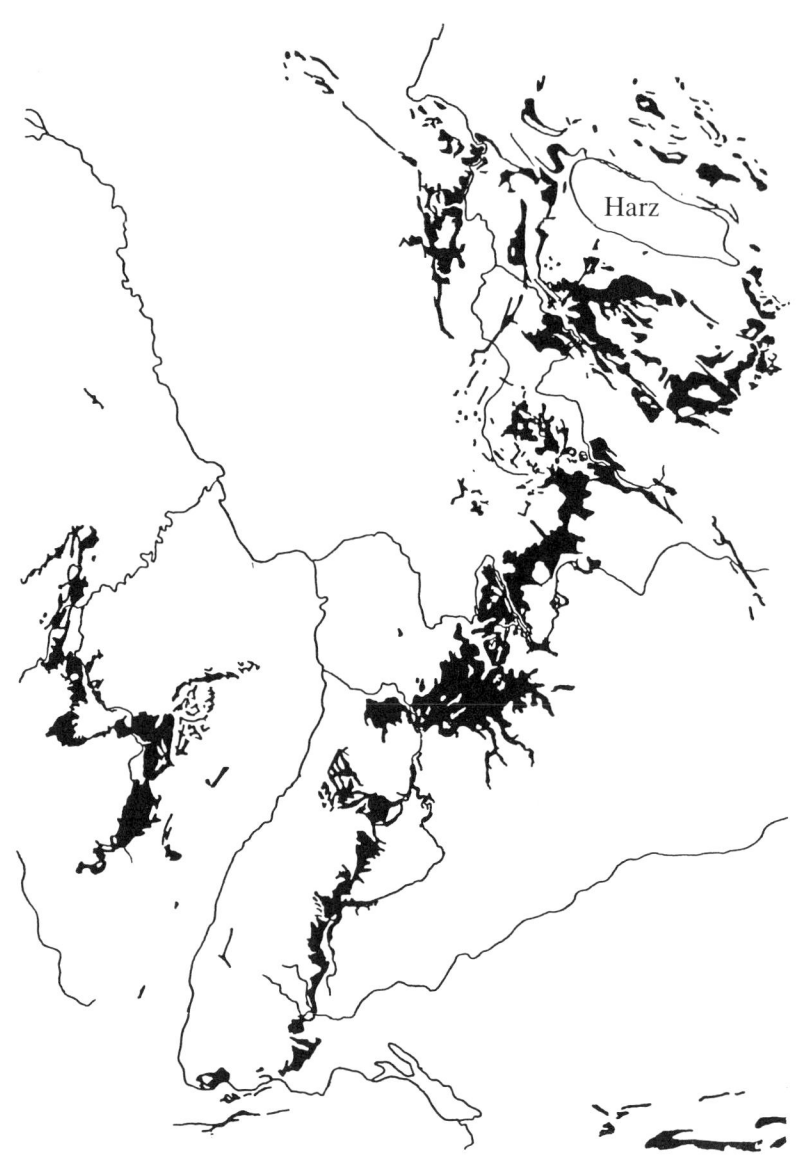

Bild 5: Verbreitung des Oberen Muschelkalks der Mittleren Trias in Mitteleuropa. Hinzuzu-
nehmende Vorkommen sind auf Helgoland (Düneninsel), nordwestl. Lüneburg (Zeltberg),
bei Rüdersdorf (östl. von Berlin) und in Schlesien.

112

viel leichter und geschah deshalb schon im letzten Jahrhundert, die jurassischen Ammoniten zu systematisieren. Zwar hatte schon 1825 der Holländer de Haan die Gattung Ceratites aufgestellt und 1848 der bedeutende Paläontologe Leopold von Buch die erste gründlichere Beschreibung zweier Arten, des »Knoten-Horns« (*Ceratites nodosus*) und des »Halbgeteilten Hornes« (*Ceratites semipartitus*) gegeben. Doch wurden bis zur Jahrhundertwende unter diesen beiden Namen alle heimischen Ceratiten subsummiert, so verschieden sie auch ansonsten waren – die Formenfülle erschien zu verwirrend. Beim Aufsammeln im Gelände bemerkt man bald, daß kaum ein Exemplar dem anderen ganz gleicht; kein Wunder, daß die Forschung diese hochvariable Gruppe lange mied.

Erst 1901 entwarf Philippi eine erste Monographie der germanischen Ceratiten, wobei er gleich 16 Arten zu unterscheiden sich bemühte. Riedel und Stolley (1916) revidierten und ergänzten diesen ersten Wurf. Schrammen (1929, 1934) legte großen Wert auf die Beachtung der hohen Formenfülle im einzelnen und wollte an die 150 Arten unterscheiden. Sein Sammelgebiet war der Hildesheimer und Göttinger Raum, sowie die Westflanke des Hohen Meißners bei Trubenhausen. Säckeweise habe er dort die Ceratiten gesammelt und abgeschleppt (Erzählung von E. Busse). Alle weiteren Bearbeiter aber wiesen darauf hin, daß der Formenreichtum Ausdruck der gleitenden Evolution ist, so daß jede Artbezeichnung nur die statistischen Schwerpunkte der Formenabfolge einigermaßen hervorheben kann. Penndorf (1951) schränkte so die Artenanzahl auf 33 ein; Claus (1955) hatte noch 40. Die letzte größere Monographie schrieb 1957 Rolf Wenger mit 27 Arten (allerdings mit 34 zusätzlichen Unterarten). Urlichs und Mundlos (1980) verbesserten die Systematik der frühen Formen. Zwischen Leopold von Buchs 2 Arten und Anton Schrammens anderthalbhundert hat sich so die heutige Nomenklatur auf eine gewisse Mittellage eingependelt – wohl wissend, daß scharfe Grenzziehungen nicht möglich sind. Das aber bildet für uns gute Voraussetzungen, das Evolutionsgeschehen in dem Ausschnitt, den diese fossile Tiergruppe darbietet, realitätsnah verfolgen zu können.

Dazu brauchen wir zunächst einige wenige morphologische Grundlagen. Vom einst lebenden Tier geht nur die Schale in den Versteinerungsvorgang ein. Dabei entsteht von derselben ein natürlicher Innenausguß (Steinkern) sowie ein Außenabguß (Abdruck). Ersterer gibt auch die Suturen (= Lobenlinien) als die Begrenzungen wieder, die die inneren Querwände (= Septen) der Schalenluftkammern an der inneren Außenwand der Schale

hinterlassen. Der Abdruck hingegen kann gelegentlich die Oberflächen-
struktur der Schale mit den einstigen Wachstumsstreifen im Negativ zeigen.
Die Schale selbst ist unbekannt, weil sich ihr etwaiger Aragonitgehalt im
umgebenden Kalk aufgelöst hat. Sie könnte auch hornig gewesen sein und
als organisches Material sich natürlich besonders schwer erhalten. (Ich
meine mich zu erinnern, als Kind beim Aufschlagen eines Ceratiten zwischen Steinkern und Abdruck eine durchsichtig-glänzende, elastisch-horn-
artige Schale gefunden und abgezogen zu haben; das Stück ist verlorengegangen; Fundort: pulcher-robustus-Zone, Rottsberg, westlich Hildes-
heims. Ferdinand Römer beschrieb 1873 von der gleichen Stelle ein selbst
gefundenes Exemplar, »an welchem die perlmutterglänzende Schale selbst
mit lebhaftem Farbenspiel zum Teil erhalten ist«. Die Frage ist weiterhin
offen.)

Der Formenwandel einheimischer Ceratiten

Wir können hier nicht umhin, in die Einzelheiten zu gehen, obgleich es
zugegebenermaßen schwierig ist, sich aus der bloßen Deskription und Illu-
stration die plastische Anschauungsfülle zu holen. Da hilft oft nicht einmal
der Museums- oder Sammlungsbesuch weiter, sondern letztlich erst das
Suchen und Finden vor Ort, das Freilegen, Präparieren und Vergleichen,
um die charakteristischen Formen sehen zu lernen. Die Hand muß das
Auge hier oft unterstützen. Trotzdem bemühen wir uns hier, die treffenden
Charakteristika herauszustellen; siehe auch Bild 6, 7 und 8.
    Die frühesten *Ceratites*-Formen sind, auch ausgewachsen, klein: von 4 –
6 cm Durchmesser. Ihr Gehäuse ist relativ flach und wuchs mit rasch zunehmender Windungshöhe, wobei jede Windung den größeren Teil der vorherigen Windung überdeckte (involute Form). Das Schalenprofil ist auf dem
Rücken (morphologisch die Bauchseite!) wie bei allen Verwandten glatt.
An den Seiten verlaufen zwei schwache Knotenreihen: an der Außenkante
die »Marginalknoten« und auf der Seitenwandung die »Lateralknoten«.
Erstere können drei- bis zweimal so häufig pro Umlauf sein wie die Anzahl
der Lateralknoten, so daß auf einen Lateralknoten 3 – 2 Externknoten
kommen. Man spricht dann von »trinodoser« oder »binodoser« Skulpu-
turierung – ein urtümliches Merkmal. So vielseitig diese Oberflächenprofi-
lierung ist, so zurückhaltend tritt sie noch bei dieser Frühform in Erscheinung. Von ihr stammen die in den darüberliegenden Schichten eingebette-

114

Bild 6: Die wichtigsten Vertreter der heimischen Ceratiten des Ob. Muschelkalks *von innen nach außen* in aufsteigender stratigraphischer Reihenfolge: C. atavus, pulcher, robustus, compressus, evolutus, spinosus spinosus, spin. postspinosus, nodosus nodosus, levalloisi, alticella, intermedius, dorsoplanus, semipartitus extrem groß mit Dolomit-Kristallaggregaten vor der Wohnkammer als Zeichen des austrocknenden Muschelkalkmeeres; O,12× (Sammlung Schad, Foto: Schad).

ten Ceratiten ab, weshalb man jene selbst den »*Ceratites atavus*« (= ur-großväterlich) genannt hat.

In gleicher Schicht (*atavus*-Zone) und damit einst gleichzeitig lebend finden sich drei weitere Formen: die größer werdenden, mit sichelartig gebogener Schalenskulptur, *Ceratites flexuosus* (4,4 – 7,8 cm), und *C. flexuosus bussei* (5,1 – 8,6 cm), und der klein bleibende *C. primitivus* (3,7 – 6,9 cm) mit kräftig-gabelrippiger Skulpturierung und flacher Rückenseite. Von *C. atavus* bis zu *C. flexuosus* (einschließlich *bussei*) und andererseits bis zu *C. primitivus* fanden sich alle Übergänge, so daß *C. atavus* ihr direkter Vorfahre war, der mit ihnen noch zusammenlebte.

In der nächst höheren, jüngeren Schicht (*pulcher/robustus*-Zone) sterben die bisher größeren Formen (*C. flexuosus*) ohne Nachkommen aus, während die kleinste und skulpturkräftigste Art (*C. primitivus*) die ganze weitere Entwicklung einleitet. Sie ist die erste dieser Formen mit endgültig glatten Sätteln, also der vollen ceratitischen Sutur. Aus ihr geht der ausgewogen skulpturierte, »schöne« *C. pulcher* hervor. Er nimmt an Größe etwas zu (4,5 – 8 cm) und ist seinerseits rundrückig. Aus dieser Art entwickelt sich wiederum mit allen Übergängen eine kräftiger binodos gerippte, breitere und größere Art, nun mit wieder flachem, breitem Rücken – wie eine größere Ausgabe (6,2 – 10,6 cm) des *C. primitivus*: der *Ceratites robustus*. Er wird in seiner Schicht ausgesprochen häufig und ist so ein charakteristisches Leitfossil im Gelände. Diese gabelrippigen Formen faßten Urlichs und Mundlos (1980) in der Untergattung *Doloceratites* zusammen.

Gleichzeitig mit *C. pulcher* und *robustus* kommen, wenn auch seltener, noch andere Nachkommen des *C. atavus atavus* vor, welche das archaische Merkmal gekerbter Sättel mehr oder weniger beibehalten haben (*Paraceratites*-Untergattung). *Ceratites atavus discus* wird wenig größer (4,5 – 8,1 cm) mit flachem Rücken und kräftigeren Marginal- als Lateralknoten, *Ceratites atavus sequens* (5,6 – 8,1 cm) wird recht involut und verliert nahezu alle Knoten. Beide sterben in der *pulcher*-Unterzone aus. In die *robustus*-Unterzone gelangen noch *Ceratites philippi neolaevis*, der auch an weitgehendem Skulputurverlust leidet, und *Ceratites philippi philippi* (eingeschlossen *C. distractus*), der dasselbe auf dem letzten Teil der Wohnkammer erfährt und deutlich evolut wird. Wo die Sättel nicht voll gekerbt sind, steigen bei diesen Arten die Kerben wenigstens die Flanken der Sutursättel hinauf, was allerdings nur bei noch nicht angewitterten Stücken sichtbar ist. – Damit ist auch dieser frühe Seitenzweig ausgestorben.

116

Vergleicht man so im einzelnen alle Merkmalsmuster von *C. atavus atavus* und verfolgt ihre Überlebensaussage, so ergibt sich: Wer zu rasch an Größe zunimmt (*C. flexuosus bussei*), stirbt aus; ebenso wer in der Schalenskulptur verflacht (*C. at. sequens*) oder wer die alte Loben-Sattel-Sutur beibehält (*C. philippi*). *C. primitivus, pulcher* und *robustus* behalten ihrerseits von *C. atavus* die bei ihm erst noch zart angelegte Schalenskulpturierung so, daß sie sie immer kräftiger weiter entwickeln. Dieser regelmäßige Wechsel von knotenfreier und knotenbesetzter Schalenbildung, wobei die Knoten bald zu Gabelrippen zusammenlaufen, kennzeichnet morphologisch eine offenbar zunehmende, vermutlich endogene Rhythmik in der ontogenetischen Gestaltbildung. Sie führte nicht zum Aussterben, sondern gerade zur Ausbildung aller weiterer Ceratitenformen des heimischen Muschelkalkmeeres.

In dem darüber anschließenden Schichtenpaket (*compressus*-Zone) zeichnet sich an den nächst jüngeren Ceratiten der Zusammenschluß der Gabelrippen zu einfachen Rippen ab. Schon unter den *robustus*-Formen wurden manche alten, ausgewachsenen Exemplare auf ihrer Wohnkammer einfachrippig (*Ceratites robustus stolleyi*). Das setzte sich im *Ceratites raricostatus* fort, wurde aber erst bei *Ceratites compressus* häufig. Dieser, wie der Name schon sagt, zusammengedrückte, schmale, noch nicht allzu große Ceratit (5,5–10 cm) bildet die für ihn typischen sichelförmigen, unverzweigten Rippen aus, bei schmalem gerundeten Außenprofil der Schale. Er wird zur Ausgangsform der nun immer reicher aufblühenden Artenvielfalt der »Mittleren Ceratiten-Schichten« (die bisherigen kennzeichnen die »Unteren Ceratiten-Schichten«). Stufenlose Übergangsformen (*C. compressus apertus*) führen zu *Ceratites evolutus* (»*evolutus*-Zone«), einem von Schicht zu Schicht stetig immer größer werdenden Formenkreis (6,5–12,4 cm), mit ebenso steigender Formenvariation. Berühmt ist die große Platte mit dem Massenvorkommen des *C. evolutus tenuis* bei Bruchsal (Teile davon in den Karlsruher Landessammlungen und im Tübinger Geologisch-Paläontologischen Institut) mit der mittleren Größe von 8,2–10,5 cm. Mit 10,5–12,4 cm spricht man von *C. evolutus evolutus*. Charakteristisch für ihn ist, neben den einfachen bogigen Rippen auf dem letzten Umgang, der hohe Grad evoluter Windung: der nächste Umgang umfaßt den letzten Umfang relativ gering.

In den nächst höheren Bänken wird die Berippung immer markanter (*C. evolutus parabolicus*) und tritt an der Außenkante eckig hervor (*C. evolutus subspinosus*). Sie leiten über zu spitz zulaufenden, von der Außenkante der Schale abstehenden Dornen, die den *Ceratites spinosus* charakterisieren. Er ist in der nach ihm benannten »spinosus-Zone« ein auffällig häufiger, geradezu massenhaft auftretender Ceratit mit reicher Variabilität. Rothe unterschied sechs, Wenger sieben Unterarten, die so gleitend ineinander übergehen, daß sie auch statistisch keine eigenen Schwerpunkte darstellen, geschweige denn Arten. Man kann nur verfolgen, daß im Zeitverlauf vom *C. spinosus praespinosus* (6,6–9,6 cm) über *C. spinosus spinosus* (8,4–15,4 cm) weiterhin die Größe zunimmt (*C. spinosus penndorfi* bis 20,5 cm) und die evolute Form langsam wieder involuter wird (*C. spinosus postspinosus*). Wir haben jedenfalls in diesem plastischen Formenreigen einen ersten Höhepunkt der heimischen Ceratiten vor uns. Die zunehmende Neigung zu immer markanterer Skulptur in ihrer rhythmischen Abfolge über die Schale hin gewinnt mit den dornigen Fortsätzen ihren stärksten sichtbaren Ausdruck.

Blicken wir zurück. Die nördlich der Alpen verfolgbare Entwicklung ging von *C. atavus* aus und zwar so, daß sie zuerst nach mehreren Richtungen der Gestaltabwandlung verlief, von denen eine entscheidende weiter evoluierte (*C. primitivus*). Sie wird zum Ausgangspunkt einer reichen Formenabfolge, die nicht nur immer reicher an Individuen, sondern auch an Arten und Unterarten wird. Dabei nimmt die Größe regelmäßig zu, ebenso die Neigung zur evoluten Windung und zum Zusammenschluß der Knoten zur markanten, einfachen Rippung bis hin zur Ausbildung von bedornten Rippen – ein auffällig geradliniger, orthogenetischer Entwicklungsgang (Wenger 1957, S.125).

Wie geht die Entwicklung nun weiter? Zuerst einmal sterben alle dornenbespickten Vertreter aus. Keine der spinosen Unterarten überlebt die Ablagerung einer bestimmten Schicht, die durch das massenhafte Auftreten der Schalen eines kleinen Armfüßlers (*Coenothyris cycloides*) im Gelände gekennzeichnet ist (*cycloides*-Bank). Die exzessivste Ausformung ist an ihr Ende gekommen.

Dadurch ist aber die Gattung nicht als solche ausgestorben. Es verbleibt eine Artengruppe, die sich parallel zu den so auffälligen Einfachrippern (nach Schrammen die sogenannten Acanthoceratiten: *compressus, evolutus, spinosus*) seit den gabelrippigen frühen Formen (*primitivus, pulcher, robustus*) eigenständig erhalten hat: die Gruppe des *Ceratites armatus* mit acht auseinander hervorgehenden Unterarten (*armatus, riedeli, münsteri, humilis, exiguus, posseckeri, nobilis, perkeo*). Diese *armatus*-Gruppe behielt die binodose Gabelrippung bei, wurde nicht so groß wie *C. spinosus* und blieb auch individuenmäßig viel seltener. Im Beibehalten des archaischeren Frühzustandes bewahrten sie die Lebenskontinuität.

118

Hier spielt sich ein häufiges Grundmotiv der Lebewelt ab. Jeder Organismus bildet absterbende Anteile immer so, daß er zugleich keimhafte, das Leben aufhebende Anteile zurückbehält. Bildet ein Baum seine Krone aus, so verbleiben am Stamm schlafende Knospen, die erst ausschlagen, wenn die Krone herunterbricht. Bildet eine höhere Pflanze ihre immer zum Sterben verurteilten Blätter, so hält sie in der Blattachsel die Achselknospen zurück. Und überall, wo sterbliches Soma von einem Organismus gebildet wird, behält die Keimbahn die potentielle Unsterblichkeit. Was so sicherlich auch für die einstigen Ceratiten-Tintenfische ontogenetisch zutraf, galt offenbar auch für ihre Phylogenie innerhalb ihrer Gattungsgeschichte als der eines Verwandtschaftsorganismus.

Die phylogenetische Jugendlichkeit der *armatus*-Gruppe zeigt sich vornehmlich auch darin, daß sie kaum von den realen Jugendformen der zeitgleichen Acanthoceratiten zu unterscheiden sind. Jene bleiben auf dem Stadium stehen, über den diese adulter auswachsen, phylogenetisch aber eher aussterben. Als Unterscheidungshilfe dient die Engstellung der Lobenlinie der letzten Suturen im Übergang zur Wohnkammer (Lobendrängung) beim ausgewachsenen Tier.

Wir haben es hier mit außerordentlich interessanten Vorgängen zu tun. Zugleich greifen wir damit auf ein noch zu behandelndes Thema vor, das uns zentral in die Zeitgestaltung dieser Organismengruppe führen wird: die Kindheits- und Jugendformen der verschiedenen Ceratiten. Im allgemeinen kann für die bisher behandelten Arten gelten, daß sie alle nach der Bildung der embryonalen Schalenblase als erste Windung(en) ein glattes, unskulpturiertes, involutes Spiralgehäuse aufbauen. Dann treten die ersten Knötchen auf, die sich im weiteren zur gabelrippigen Skulptur vereinigen können; daran schließen sich erst die Windungen mit verschmolzenen, einfachen Rippen an, die auf dem letzten Umgang insbesondere auf der Wohnkammer des ausgewachsenen Tieres im Extrem sich zu Dornen verlängern. *C. atavus* bleibt auf der ersten Knotenbildungsstufe stehen, *C. robustus* auf der weitergewachsenen Gabelrippenphase, *C. evolutus* auf dem der schlichten Einfachrippen, während deren Nachfahren es noch bis zu Dornrippen bringen. Ein ausgewachsener *Ceratites spinosus* besitzt also in seinen sechs bis acht Windungen selbst noch im Alter alle aufgerollten Stadien seiner Schalenentwicklung in sich. Ihre Abfolge in der Skulpturabwandlung ist dabei zugleich die individuelle Wiederholung der bisherigen Gattungsphylogenie. Wir haben es hier also mit einem klassischen Beispiel für das »Biogenetische Grundgesetz« zu tun: mit der zeitlichen Parallelität von

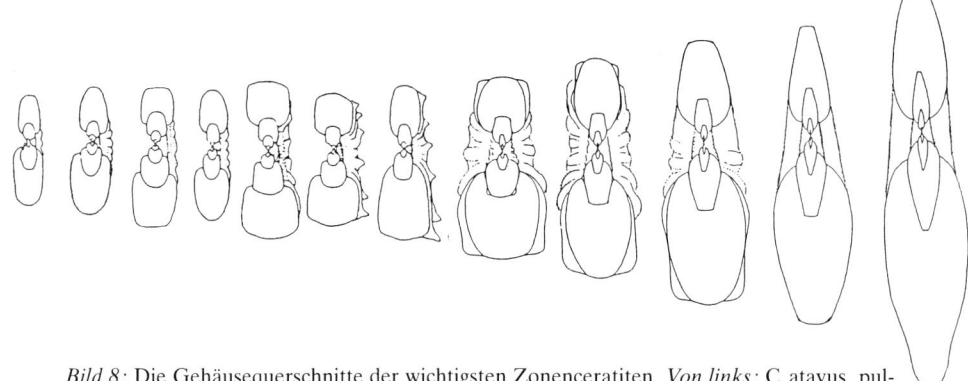

Bild 8: Die Gehäusequerschnitte der wichtigsten Zonenceratiten. *Von links:* C. atavus, pulcher, robustus, compressus, evolutus, sp. spinosus, sp. postspinosus, nodosus, alticella, intermedius, dorsoplanus, semipartitus (nach H. Schmidt).

Phylogenie und Ontogenie. Jedes Individuum durchläuft in seiner Kindheit und Jugend die Formenfolge seiner Vorfahren. Die ganze Schale ist der räumlich sich niederschlagende bisherige Gestaltwandel im individuellen Zeitablauf. – Am vollständigen Steinkern sieht man allerdings zumeist nur die letzten anderthalb Windungen, die die kleinen Innenwindungen überdecken. Nur Anschnitte oder günstig in einzelne Windungen zerfallende Exemplare machen die Frühstadien sichtbar. Oder man findet die Jugendformen selber (Mayer), welche aber artlich oft schwer zu identifizieren sind.

Noch interessanter werden nun die Abwandlungen, gleichsam die Metamorphosen dieser nicht immer zutreffenden Regel selbst, die – wie noch zu zeigen ist – nur ein Sonderfall einer umfassenderen Zeitgestalt ist, von der aus erst das Haeckelsche Diktum verständlicher wird. Gehen wir dabei anhand der weiteren Ceratiten-Evolution vor.

Im Blick auf die *armatus*-Gruppe läßt sich zuerst einmal feststellen, daß dieser minore Teil der Ceratitenpopulation der *compressus-, evolutus-* und *spinosus*-Zone die bisherige Phylogenie wie anhält und in einer Frühphase bewahrt, die jedoch nicht starr konservativ fixiert wurde, sondern auch eine, wenn auch geringfügige Entwicklung durchführt. So nimmt zuerst die Schalendicke, dann die Schalengröße etwas zu, sowie die Skulptur am Wohnkammerende etwas ab.

Sowie die Acanthoceratiten selbst ausgestorben sind, finden im Schichtenbereich der *cycloides*-Bank merkwürdige neuerliche Evolutionsschritte statt. Es treten Arten mit allen Varianten des Skulpturabbaues ein. Zuerst eine auf dem letzten Umgang völlig abgeflachte Form: *Ceratites enodis*;

120

zeitgleich mit ihr, sie aber etwas länger überlebend, der nur auf dem halben letzten Umgang skulpturlose *Ceratites laevigatus*. Voll die binodose Skulptur behalten *C. armatus posseckeri* und *C. a. perkeo*. Eine solche gleichzeitige Vielfalt haben wir schon einmal, nur in kleineren Gestaltungen, in den atavus- und pulcher/robustus-Zonen gehabt. »Die entstehende Formenfülle entspricht genau dem Durcheinander bei den unteren Progonoceratiten. Es kommt zu erstaunlichen Konvergenzen« (Wenger 1957, S. 125). Ähnliches wird sich ein drittes Mal in den obersten Ceratitenschichten abspielen. Die erneute Formenstreuung wirkt wie eine Oktavierung, indem eine ähnliche Radiation, nur in größeren Formen, stattfindet. Es entsprechen:

Untere C. Schichten	unterste Ob. C. Schichten	oberste Ob. C. Schichten u. U. Keuper
C. philippi neolaevis *atavus sequens*	*C. enodis*	*C. semipartitus*
philippi philippi *atavus discus*	*laevigatus*	*meissnerianus*
primitivus *pulcher* *robustus*	*armatus posseckeri* *armatus perckeo*	*schmidi*

Verfolgen wird den weiteren Evolutionslauf. Wie aus dem gabelrippigen *C. robustus* einst der einfachrippige *C. compressus* hervorging, so nun ziemlich rasch aus den letzten, kräftig gabelrippigen *armatus*-Vertretern (!) wiederum einfachrippige Arten: *C. sublaevigatus* und *C. praenodosus*. Aus ihnen entfaltet sich erneut eine individuen- und unterartenreiche Sukzession: die Großart *Ceratites nodosus*. Es ist das häufigste, typische Knotenhorn, von dem Leopold von Buch einst schrieb, daß man in Weimar wenige Schritte gehen könne, »ohne einen Ammoniten dieser Art zu betreten; die Straßen scheinen mit ihnen gepflastert.« Er meinte damals schalkhaft, man müßte dessen Silhouette ins deutsche Reichswappen aufnehmen. In diesen Ceratiten findet die Gattung ihre morphologisch prägnanteste Bildung.

Was ist für unsere Betrachtung dabei wichtig? Die evolutive Ableitung der *Ceratites-nodosus*-Sukzession von den stratigraphisch darunter liegenden Formen ist nicht von den letzten Acanthoceratiten möglich; ein solcher Formensprung, etwa von *C. spinosus penndorfi* zu *C. nodosus minor*, wird von keinen zeitlich passenden Übergängen vermittelt. Übergangsformen hingegen gibt es von *C. laevigatus* über *C. sublaevigatus* zu *C. nodosus*; hier bliebe nur offen, woher *C. laevigatus* abstammt. Nimmt man dafür *C. enodis* in Anspruch, so wird das Abstammungsproblem bei dessen hochgradiger Skulpturlosigkeit nur noch größer. So verbleiben als natürlichster Anschluß die späten kleinen *armatus*-Formen wie *C. armatus posseckeri*, von dem sich eine kontinuierliche Formenreihe über *C. sublaevigatus, C. nodosus minor, C. n. macrocephalus* hin zum häufig werdenden klassischen *Ceratites nodosus nodosus* ergibt.

In dieser Reihenfolge nimmt die Größe wieder kontinuierlich kräftig zu (bis 26 cm). Dabei werden ähnlich wie in der Acanthoceratiten-Reihe die Gabelrippen in Einfachrippen übergeführt. Während sie aber bei diesen schlank und dornig wurden, werden sie hier nun wulstig-breit und stauen sich zu Knoten an: das eigentliche Knotenhorn ist erreicht. Weniger ›evers‹ als ›invers‹ gestaltet sich die Gesamtgestalt. So wird sie kraftvoll breitrückig und läßt alle bisherige Zierlichkeit und Schlankheit hinter sich (besonders die Variationen *C. nodosus major, gibber, optimus*). Zwar kann es auch noch einmal kurz zur Dornenbildung kommen, so bei der Varietät *C. n. subpostspinosus* (Penndorf); doch scheint diese auf die obersten Nodosus-Schichten beschränkt zu sein und sich nicht weiterzuentwickeln.

Vom klassischen *C. nodosus* geht hingegen eine neuerliche folgenreiche Evolution aus. Zuerst kommt es zu einer geradezu dosenhaft breiten Form mit zahlreichen eng stehenden Rippen: *Ceratites levalloisi*. Dann wird die Schalenform bei weiterer Größenzunahme schmalrückig und hochmündig mit »hoher Wohnkammer«: *Ceratites alticella*, die Berippung flacht etwas ab, bleibt aber noch eng und reichlich. – Ist schon *C. alticella* mit 19–28 cm Durchmesser recht groß, so tragen die letzten Ceratiten die mächtigsten Schalengehäuse. *Ceratites intermedius* (bis 29 cm) ist, wie der Name schon sagt, eine vermittelnde Form der weiteren Entwicklung, während derer die Schalen nun zusehends flacher und scheibenförmiger werden. So nennt man mit Schrammen alle über *C. nodosus* vorkommenden Verwandten »*Discoceratites*« = Scheibenceratiten. Zunehmend werden die Schalen noch größer, ihre Außenkante schmaler und die Skulptur immer flacher.

Ebenso interessant wie wichtig dabei ist nun, daß die weitgehende Skulpturlosigkeit sich zuerst auf der nächst inneren Windung zeigt, während die Wohnkammer des ausgewachsenen *C. intermedius* (etwa letzter halber Umgang) nochmals kräftige Wulstrippen aufweist bei verbreitertem Durchmesser. Bei dem anschließenden *Ceratites dorsoplanus f. α.* (bis 35 cm) wird auch die Wohnkammer schmal und skulpturlos, so daß die volle flache Scheibengestalt erreicht ist. Nur der schmale Rücken ist noch eben, daher »*dorsoplanus*« = flachrückig. Eine schwachberippte Form β bildet den Übergang.

Die Flachrückigkeit wird endgültig bei dem nachfolgenden *Ceratites semipartitus* abgebaut. Die Außenseite wird zur Außenkante oder zu einem schmalen Wulst. Die Schalenseiten sind oftmals nach außen zu konkav eingezogen, zum Nabel nach innen hin hingegen konvex leicht aufgebläht. Die Gesamtform wird noch involuter, die Nabelweite klein. Ansonsten fehlt die Skulptur völlig. Es sind mächtige »Räder«. Wenger gibt als Gesamtdurchmesser 20–36,5 cm, Penndorf bis 38 cm an; in meinem Besitz befindet sich ein Exemplar von 40 cm Durchmesser (Fundort Wittighausen/Schwäbisch Hall 1982).

Im großen ganzen stirbt mit dieser Extremform an Größe und Skulpturverlust die germanische Ceratitenreihe aus. Der Muschelkalk hat sich in diesen, seinen obersten Schichten zunehmend dolomitisiert. Die damit verbundene Anreicherung von Magnesium-Calzium-Karbonat weist auf die einsetzende Eindunstung und Austrocknung des mitteleuropäischen Muschelkalk-Meeresbeckens hin. Die dadurch gehärteten obersten Kalke bilden in der Muschelkalklandschaft eine ähnliche obere Profilkante wie die Trochitenkalke vor oder mit den ersten *Ceratites*-Formen. Der Rückzug des Muschelkalk-Meeres setzt von Osten und dann von Norden her ein. Schon im Bayreuther Gebiet kommt kein *C. nodosus* mehr vor (Frosch). Am Elm bei Braunschweig, in der Hildesheimer Gegend und im Weserbergland finden sich keine Discoceratiten mehr. Das nördlichste Vorkommen des *C. semipartitus* liegt neuerdings m. W. bei Northeim; in Süddeutschland ist er relativ häufig dort, wo seine Schicht angeschnitten ist.

Allein die berippte Form β des *Ceratites dorsoplanus* geht noch in einen wenig kleineren Nachläufer über, den *Ceratites meissnerianus* (31–37 cm), der sich vom Meißner in Nordhessen bis zu den Westvogesen findet. Die Berippung ist wieder besser, der Nabel weiter, die Wohnkammer breiter (ähnlich *C. intermedius*) und der Luftkammerteil ist sogar binodos skulpturiert (ähnlich einem vergrößerten *C. alticella*). – Sogar noch darüber im untersten Lettenkeuper Thüringens fand sich eine Kümmerform: *Ceratites schmidi*, mit guter Rippung. Der Erstfund war fastigat, die wenigen Neufunde zeigten erst die Normalform (Zimmermann 1883, Müller 1969). – Diese beiden, den *C. semipartitus* überlebenden, seltenen Arten sind immerhin skulpturiert. So treffen wir zum dritten Mal auf eine Häufung nahezu gleichzeitiger verschiedener Evolutionsrichtungen (3. Radiation)

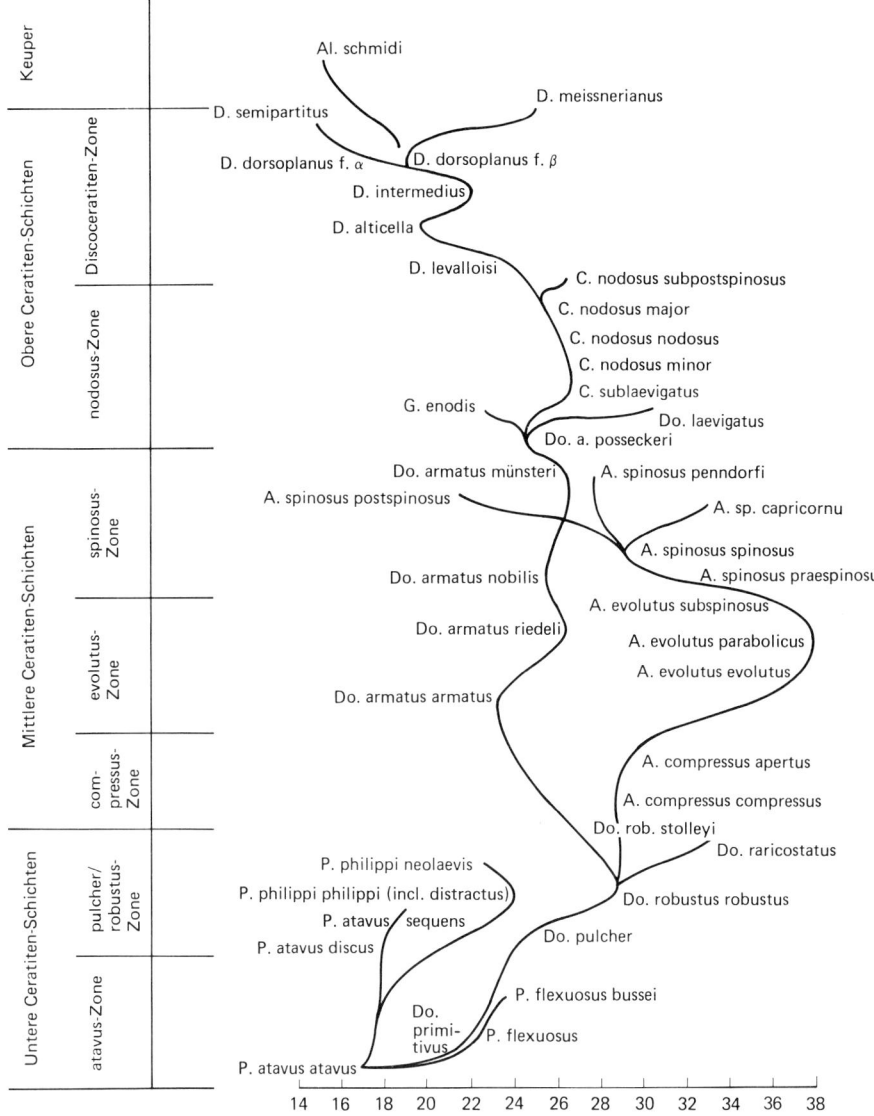

Bild 9: Stammbaum der Arten und wichtigen Unterarten der Gattung Ceratites. Untergattungen: P. = Paraceratites, Do. = Doloceratites, A. = Acanthoceratites, G. = Gymnoceratites, C. = Ceratites, D. = Discoceratites, Al. = Alloceratites. Die Anordnung berücksichtigt in der Vertikalen die stratigraphische Zonierung und in der Horizontalen die Abwandlung der Schalengestalt zwischen – *links* – kleiner Nabelweite (involut) und – *rechts* – großer Nabelweite (evolut); die Zahlen geben die mittlere Nabelweite in Prozent des Schalengesamtdurchmessers an (Meßwerte nach Wenger und Urlichs/Mundlos).

124

Doch sterben sie mit der Trockenlegung des Meeresbeckens ohne Nachfolger endgültig aus. Damit sind alle Ceratiten des deutschen Oberen Muschelkalkes angeführt worden.

Die Zeitgestalt der Ceratiten-Entwicklung

Wir hatten eingangs das gedankliche Konzept eines wirklichkeitsnahen Begriffes der Zeit entworfen. Im zweiten Schritt sind wir in die Deskription der Evolution einer speziellen Ammonitengruppe, der der Ceratiten aus der deutschen Trias, eingetreten. Wir stehen nun vor der Aufgabe, der beiderseitigen Analyse die Synthese folgen zu lassen. Erst darin besteht ja im eigentlichen Sinne Wissenschaft; sonst bleibt es bei der Selbstgenügsamkeit nur allein in sich stimmiger Begriffskomplexe oder andererseits beim bloßen »Datenfriedhof« unbegreiflicher Fakten.

Sehen wir auf den gesamten Vorgang der *Ceratites*-Evolution, so ergeben sich eine Reihe durchgängiger Aussagen.

1. Am stabilsten (und damit gattungsbezeichnend) bleibt die Gestaltung der Lobenlinie und die Skulpturlosigkeit der Rückenfläche (morphologische Ventralseite). – Ausnahmen davon sind zum einen die Lobenlinien der ersten Formen (*Paraceratites*) sowie gelegentliche ähnliche atavistische Rückschläge – und zum anderen die *fastigatus*-Formen (mit Giebelrippen des Rückens), die fast bei allen genannten Arten in seltenen Fällen auftreten können und wahrscheinlich Schalenmißbildungen sind.

2. Im Laufe des evolutiven Durchgangs findet eine, wenn auch nicht völlig gleichmäßige, so doch eine regelmäßig anhaltende Zunahme der Größe um fast den Faktor 1:10 statt (von ~ 4 bis 40 cm). Wenger spricht von einer fraglosen Orthogenese.

3. Die Gehäusemorphologie geht von flachen, enggenabelten, involuten Formen aus, bildet dann in reicher Abwandlung und Verstärkung eine kräftige binodose, dann uninodose Skulpturierung an weitgenabelten, evoluten Schalen aus, um am Ende zumeist wieder involut und skulpturlos zu werden.

4. Alle stark skulptierten Formen werden zu den individuenreichsten, weit verbreitetsten Arten (*C. pulcher, robustus, spinosus, nodosus*) und eignen sich somit im Gelände als auffällige, häufige Leitfossilien. Alle hochgradig skulpturlosen Formen hingegen sterben rasch aus (C. at. sequens, ph. neolaevis, enodis, semipartitus).

5. Reiche Skulptur ist räumliches Ergebnis einer kräftigen zeitlichen Rhythmik des Schalenbildungsvorgangs. Ihre Dominanz bei evolutiv vitalen Formen spricht für die jeweilige Stabilität physiologischer Rhythmenlage.

6. Nicht nur die Skulptur, sondern auch die unskulpturierte Externseite zeigt, wenn schon keine ontogenetische, so doch eine phylogenetische Rhythmik. In der aufsteigenden Reihe der jeweils häufigsten Formen ist sie folgendermaßen ablesbar:

	Externseite (morph. Ventralseite, meist Rückenseite genannt)
C. meissnerianus *C. semipartitus*	rund
C. dorsoplanus	flach
C. intermedius	flach, Wohnkammer rund
C. alticella	rund
C. levalloisi *C. nodosus optimus*	flach
C. nodosus *C. laevigatus* *C. enodis* *C. spinosus penndorfi* *C. spinosus postspinosus*	rund
C. spinosus spinosus *C. spinosus praespinosus*	flach
C. evolutus *C. compressus*	rund
C. robustus	flach
C. pulcher	rund
C. primitivus	flach
C. atavus	rund

Für den allgemeinen Wert der näheren Überlegungen ist nun wichtig, daß die beobachtbare und beschriebene Wirklichkeit in die zumeist angebotenen beiden heutigen Denkmuster doch nicht völlig eingeht: in das einer linear ablaufenden Orthogenese und in das eines chaotischen Zufallspuzz-

126

les. Oder, um ein ähnliches paläontologisches Begriffspaar zu benutzen: den linear sich aneinanderreihenden Formelwandel der »Anagenese« oder die in verschiedene Richtungen sich verzweigende »Kladogenese«. Die Ceratiten-Evolution gibt selbst eine lohnende Antwort, denn was wurde beobachtet und beschrieben? Am Anfang stand sehr rasch eine divergierende Formenfülle, also eine Kladogenese, an die sich von *C. primitivus* ausgehend eine gute Anagenese bis zu den *spinosus*-Vertretern anschloß. Nach dem weitgehenden, doch nicht völligen Unterbruch in der *cycloides*-Zone (die *armatus*-Form bleibt!) findet wieder eine drastische Kladogenese statt, an die sich nun die lange Anagenese über *C. armatus posseckeri, sublaevigatus, nodosus, levalloisi, alticella* anschließt. Mit der letzten Krise setzt die letzte Kladogenese ein: *C. dorsoplanus* α und β, *semipartitus, meissnerianus* und *schmidi* sind nicht mehr alle auf eine Reihe zu bringen.

Es ist darauf zu achten, daß die reale lebendige Evolution nicht einer dieser beiden jeweils dem Denkbedürfnis bequemen Extremen entspricht, sondern sich eben zwischen Ordnung und Chaos bewegt. Lebensvorgänge laufen nicht nach Normen, noch nach randomistischer Beliebigkeit ab. Das gilt offensichtlich auch für den Evolutionsverlauf selber.

So sind die oben aufgeführten orthogenetischen Entwicklungslinien innerhalb der Ceratitenabfolge dreimal akzentuiert. Zum einen am Beginn in der Artenradiation, die von *C. atavus* zu *C. flexuosus, philippi* und *sequens* ausgeht und nur über *C. primitivus* die Gesamtentwicklung weitergibt. Zum anderen durch die *laevigatus-enodis*-Zone, unterhalb derselben alle spinose Ceratiten, so zahlreich sie waren, folgenlos aussterben, während jedoch aus dem schmalen Ast der *primitivus*-ähnlich gebliebenen *armatus*-Arten zum zweitenmal eine Radiation stattfindet, aus der erst dann wieder eine relativ gute Orthogenese über die *nodosus*-Formen sich durch die Discoceratiten fortsetzt. Die dritte Radiation erlischt im Aussterben.

Die beiden vorherigen Anläufe während des Gesamtdurchgangs zeigen eine schon Wenger aufgefallene Parallelität und Konvergenz (1957, S. 125). Und trotzdem sind sie nicht das gleiche, sondern stellen zwei charakteristisch verschiedene Evolutionsrichtungen dar, die wir jetzt herauszuarbeiten haben. Wenger machte ebenfalls darauf aufmerksam, indem er das Verhältnis von Schalengröße und Nabelweite an den ausgewachsenen Artenvertretern und damit den morphologischen Involutions-/Evolutionsgrad verglich (siehe Bild 10).

Die Vertreter der Unteren und Mittleren Ceratitenschichten zeigen mit der allgemeinen Größenzunahme der Arten und Unterarten auch eine Zu-

127

nahme der Nabelweite, sowohl absolut als auch relativ zur Größe; die Windungsform wird damit zunehmend evolut, was in der Form *C. evolutes parabolicus* kulminiert. In den Oberen Ceratitenschichten hingegen nimmt mit der allgemeinen Größenzunahme die Nabelweite nicht zu, sondern damit relativ ab, so daß zunehmend die involute Einrollung auftritt. Die Endformen (*C. dorsoplanus, C. semipartitus*) ähneln dadurch wieder den Ausgangsformen (*C. at. atavus, C. at. sequens*), trotz des extremen Größenunterschiedes. Rein morphologisch läuft also die Endgestalt zur Anfangsgestalt zurück. Hier treffen wir also im Laufe des zweiten Entwicklungsdurchgangs auf eine Zeitumkehr der Gestaltabwandlung.

Betrachten wir den Übergangsbereich zu dieser Zeitumkehr noch genauer. Er ist zum einen innerhalb des Gesamtdurchgangs an den Einschnitt der 2. Radiation gebunden, wenn er sich auch erst nach *C. levalloisi* massiv durchsetzt. Zum anderen aber tritt er auch schon andeutungsweise unter den letzten und damit größten Formen der *spinosus*-Gruppe ein: *C. spin. postspinosus* wird schon anfänglich involuter als seine kleineren Vorfahren. Hier findet kurz vor dem Aussterben der Acanthoceratiten die prägnante Andeutung jener Evolutionsausrichtung statt, die bei ihrer vollen Ausprägung (*C. semipartitus*) zum evolutiven Tod der ganzen Gattung führen wird. So zeigt das Diagramm für das Vorkommen in der oberen Lage der mittleren Ceratitenschichten, daß die Acanthoceratiten anfangs den einen, wie später den zweiten Evolutionsmodus gleicherweise in nuce enthalten. So wie diese späte Gruppe der ersten Evolutionsphase das gesamte Ende der Gattung für sich vorausnehmen, so bleibt die frühe Gruppe der zweiten Evolutionsphase, die *nodosus*-Gruppe, zuerst noch lange konservativ, also evolut, bis sie auch an der Entwicklung zur Involution teilnimmt. *C. spinosus* und *C. nodosus* sind so zwei bei näherem Zusehen polare, aber eng aufeinander in der evolutiven Zeitgebärde bezogene Formengruppen, die gemeinsam, als die häufigsten Formen überhaupt, die eigentlichen Höhepunkte der Entfaltung in der Gesamtentwicklung der Ceratiten-Gattung darstellen.

Die damit angesprochenen beiden entgegengesetzten Entwicklungsrichtungen werden in ihrem Modus noch viel deutlicher, wenn zum phylogenetischen Gestaltwandel der ontogenetische in die Aufmerksamkeit mit einbezogen wird. Wir haben ja bei allen Molluskenschalen den Vorteil, im vorliegenden räumlichen Gebilde zugleich die zeitlich vorangegangenen Bildungen aufbewahrt zu finden. So kann auch an der fertigen Schalenspi-

128

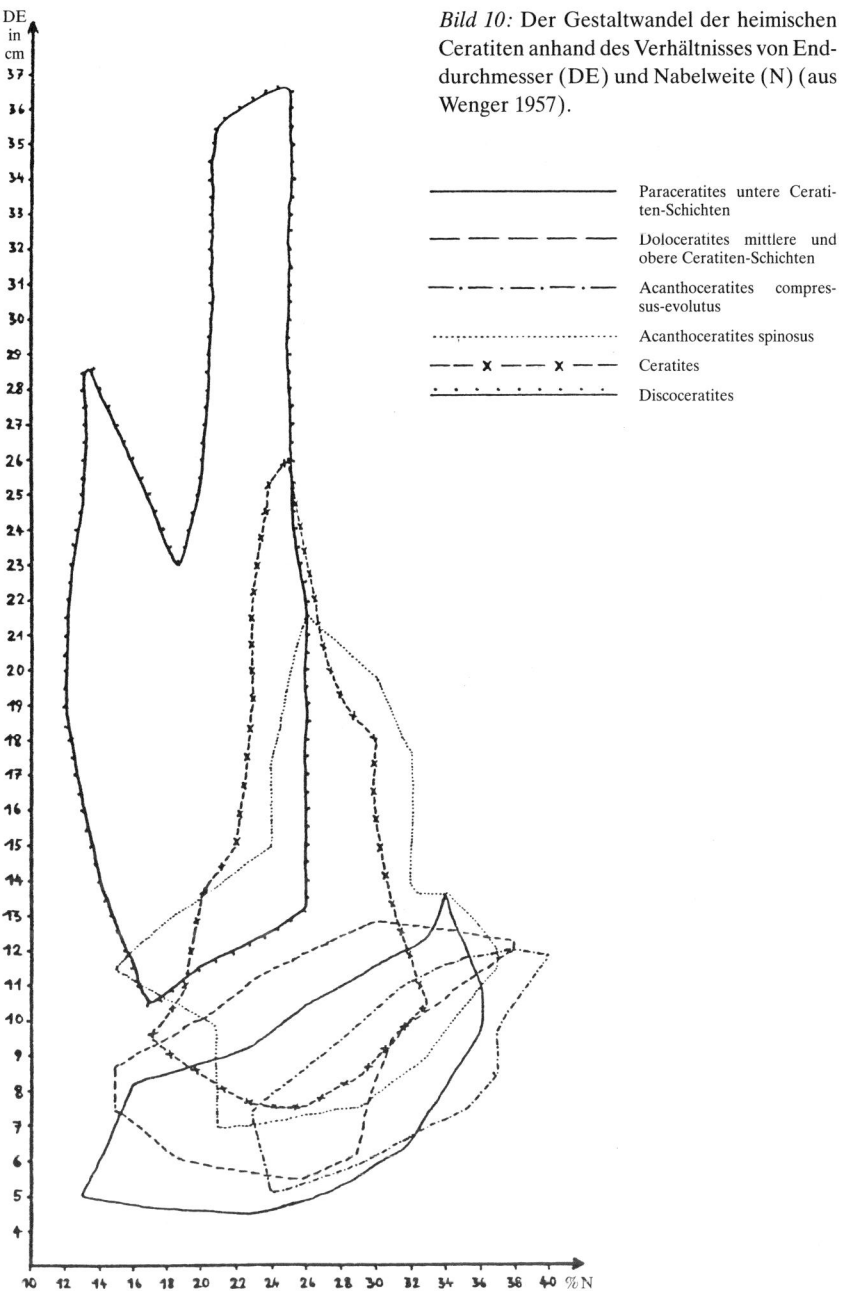

Bild 10: Der Gestaltwandel der heimischen Ceratiten anhand des Verhältnisses von Enddurchmesser (DE) und Nabelweite (N) (aus Wenger 1957).

Paraceratites untere Ceratiten-Schichten

Doloceratites mittlere und obere Ceratiten-Schichten

Acanthoceratites compressus-evolutus

Acanthoceratites spinosus

Ceratites

Discoceratites

129

rale der Ammoniten ihr ontogenetischer Gestaltwandel unverändert abgelesen werden, wenn die inneren Windungen freiliegen oder freigelegt werden.

Das ausgewachsene Gehäuse der Ceratiten besteht aus 6½ bis 8½ aufgerollten Windungen, wobei sich der Gesamtdurchmesser mit jeder neuen Windung im logarithmischen Zuwachs ungefähr verdoppelt. Die erste, mikroskopisch kleine Schalenkammer (der Protoconch) ist nur 0,26 mm groß. Die von ihm auswachsenden Windungen sind über die inneren 4 bis 5 Windungen hin völlig glatt oder nur gelegentlich mit schwachen Sichelrippen versehen. Die jeweilig nächste Windung umschließt fast vollständig die jeweilig vorherige Windung (involute Einrollung). Erst ab einem Gesamtdurchmesser von 1,5 bis 3 cm setzt die tri- oder binodose Gabelrippigkeit ein. Dann erst erhält die letzte Windung gegebenenfalls die einfache Berippung.

Ein ausgewachsener *C. evolutus*, *C. spinosus* oder *C. nodosus* enthält so auf seiner vorletzten Windung – oft noch am Beginn der letzten Windung sichtbar – seine binodose Jugendskulptur. Diese hinwiederum umschließt die abgeflachte, skulpturlose Kindheitsschale. In der gleichen zeitlichen Reihenfolge ist aber bis zu diesen Formen – wie schon erwähnt – auch ihre Phylogenie verlaufen: *C. atavus* mit seinen Unterarten ist skulpturarm, relativ flach und enggenabelt involut; *C. primitivus*, *pulcher* und *robustus* wurden binodos auf ihren Außenwindungen; *C. raricostatus*, alte *robustus*-Exemplare und alle Acanthoceratiten sind auf der letzten Windung uninodos geworden.

Wir beobachten hier einen klassischen phylogenetischen Ablauf im Sinne der Haeckelschen Rekapitulationsregel: Die Ontogenie ist die kurzzeitige Wiederholung der bisherigen Phylogenie. Beide Entwicklungsrichtungen erfolgen im Vergleich parallelsinnig.

Nach der, gemessen an der sedimentären Schichtdicke, relativ langlebigen Periode der *nodosus*-Gruppe, schließen innerhalb der Discoceratiten die Arten rasch aneinander an. Es sei daran erinnert, daß sich die Proportionen der Gesamtgestalt (nicht die Größe) wieder den frühesten Formen nähern. Diese Umkehrung der bisherigen Evolutionsrichtung wird nun auch am ontogenetischen Skulpturwandel sichtbar.

Bei *C. levalloisi* und *C. alticella* beginnt dieses Gebaren damit, daß die binodose Jugendskulptur von der vorletzten Windung auf den Luftkammerteil (Phragmokon) der letzten Windung und damit in die Adultzeit vorrückt und gut sichtbar wird; nur noch der letzte Teil, die Wohnkammer, ist

130

mit den einfachen Wulstrippen versehen. Bei ihren Nachfolgern dehnt sich nun auch die skulpturarm abgeflachte »Kindheitsgestalt« bis in die letzte Windung vor. So ist für *C. intermedius* das weitgehende Fehlen der Skulptur auf dem flachwandigen Phragmokon bei anschließender kräftiger Berippung allein noch des vorderen Wohnkammerteiles charakteristisch. Beim ausgewachsenen *C. dorsoplanus f. α* und *C. semipartitus* werden auch hier die letzten Rippenwülste eingeebnet. Damit erreichen diese größten Ceratiten die gleiche skulpturlose glatte Schalenform wie die jeweils rasch ausgestorbenen Vertreter *C. atavus sequens, C. philippi* und *C. enodis*; und auch jene haben wie diese keine Abkömmlinge mehr.

Interessant und wichtig sind die ontogenetischen Frühformen der großen glatten Scheiben-Ceratiten. Wie bei allen Ceratiten sind die ersten Windungen ebenso engnabelig, involut und skulpturlos glatt. Die sich anschließenden Jugendwindungen zeigen zahlreiche engstehende Marginalknötchen, im weiteren Wachstum begleitet von schmalen lateralen Rippchen in trinodoser und binodoser Reihung. Beide, Kindheits- und Jugendskulptur, werden bis zu erstaunlicher Schalengröße beibehalten. Philippi (1901, S. 15) sprach von einer »Streckung der Ontogenese«; ein gutes Beispiel für »Proterogenese« im Sinne Schindewolfs. Etwas davon deutet sich schon bei den jüngsten und größten Unterarten der *spinosus*-Gruppe an, schlägt aber erst von den letzten *nodosus*-Vertretern bis zu den großen Scheiben-Ceratiten verstärkt durch.

Aber dabei bleibt es nicht; die adulten Windungen der letzteren in ihrer Glattschaligkeit kehren die Formenfolge um und führen in der ontogenetischen Endphase zur frühen Kindheitsgestalt zurück. Der phylogenetische Gestaltwandel der Discoceratiten setzt also nicht an den ontogenetischen Gestaltwandel additiv noch ein weiteres Skulpturmotiv an, sondern nimmt umgekehrt, substraktiv, die nodose, einfachrippige Altersskulptur nach und nach weg und läßt an ihrer Stelle die allgemeine ontogenetische Frühstform – nur ins Riesige ausgewachsen – prävalieren. Damit geschieht nichts anderes, als daß die Phylogenese nun zeitlich gegensinnig zur Ontogenese verläuft. Das ist unser wichtiges Fazit: Wir haben es hier mit der Umkehrung der Haeckelschen Regel zu tun.

Hatte schon Haeckel die Abweichungen von der bloß rekapitulierenden Ontogenese durch Ausfälle oder Einschübe gekannt und als Cenogenese bezeichnet, so hat die Paläontologie seitdem in den letzten 120 Jahren eine Fülle an diametral umgekehrt zur Ontogenese verlaufenden Phylogenesen bemerkt. Daraus wurde dann der bis heute übliche Schluß gezogen, daß

Bild 11: Unten links C. compressus und *rechts* C. spinosus mit sichtbaren binodosen Jugend-skulpturen: Parallelläufigkeit von Onto- und Phylogenese. *Darüber* Kindheits- und Jugend-form von C. semipartitus; erstere ohne Skulptur wie die Adultform, letztere mit lateraler Be-rippung und marginalen Knoten, wobei letztere sich auf der Außenkante vereinigen und da-durch scheinbar fastigate, »gegiebelte« Gestaltung vortäuschen. *Unten links* Gänheim, *rechts* Neckarrems; *oben links* südl. Ludwigstein/Meißner, *rechts* Dettelbach/Kitzingen (1:2×, Sammlung Schad, Foto: Schad).

132

eben eine sinnvolle Vergleichbarkeit von Stammes- und Einzelentwicklung nicht möglich sei. Das »Biogenetische Grundgesetz« hatte sich zwar einst als Promotor der biologischen Forschung positiv ausgewirkt, besäße heute aber nur noch historischen, bestenfalls didaktischen Wert, denn es gibt ebensoviel Ausnahmen davon.

Letzteres ist sicher richtig, der gezogene Schluß jedoch voreilig. Wenn ein gesetzmäßig erscheinender Zusammenhang nicht verabsolutierbar ist, so kann er als Sonderfall eines übergreifenden Zusammenhanges möglicherweise trotzdem seine Gültigkeit haben, ja denselben mit bestätigen. Gerade im Lebensbereich gilt mehr das Sowohl-Alsauch denn das Entweder-Oder. Das führt uns die Ceratiten-Evolution anschaulich vor. Der erste Teil ihres Ablaufes geschieht im Sinne gleichgerichteter, der letzte Teil im Sinne entgegengesetzter Phylogenie im Vergleich zur Ontogenie der jeweiligen Vertreter. Läßt sich etwa in der polaren Abfolge beider Zeitgestalten innerhalb einer doch fraglos zusammengehörigen Gesamtentwicklung eben gerade der übergreifende Zusammenhang beider Modi auffinden? Wenn ja, so könnte das sich als eine konzeptionelle Hilfe für diesbezügliche Fragestellungen der Paläontologie herausstellen. Grundlage unserer Überlegungen ist, daß sich die Voraussetzungen zum Verständnis des Lebendigen im Bereich des Lebendigen selbst auffinden lassen.

Der Doppelstrom der Zeit

Wir wenden uns dazu einem Ausschnitt der heutigen Lebewelt zu, der historisch einigen Anstoß zum Entwicklungsgedanken überhaupt gegeben hat: den Blattentwicklungen höherer Pflanzen. Wir beachten zuerst an einem Kirschbaum (*Prunus avium*) die Blattformenabfolge einer sich öffnenden Laubblattknospe beim Laubausbruch im Frühjahr (siehe Bild 12). Die einzelnen in Erscheinung tretenden Blattorgane wurden schon im Spätsommer des letzten Jahres angelegt. Die Knospenschuppen in ihrer kleinen, ungestielten, ganzrandigen Form bedeckten den Winter über die noch winzigen und doch schon gesägtrandigen, gestielten Laubblattanlagen, bis diese sich im Frühling durch Streckungswachstum nun in den lichterfüllten Umkreis schieben und ergrünen. Zwischen beiden extremen Blatt-Typen finden sich bei genauerem Zusehen charakteristische Übergänge, wie sie die Abbildung wiedergibt.

Hat man die embryonale Entwicklung eines solchen Laubblattes innerhalb der sich bildenden Knospe während des letzten Sommers mit Mikro-

Bild 12: Die Blattgestalt-Abfolge einer aufbrechenden Laubblattknospe der Vogelkirsche (Prunus avium) in kreisförmiger Anordnung (nach G. Werner).

134

skop und Lupe verfolgt, so zeigte sich schon ein ganz ähnlicher, paralleler Formendurchgang. Der einfache Auswuchs begann sich einzuschnüren, so daß sich die Nebenblätter absetzten. Aus der medianen Kerbe wuchs dann das Oberblatt mit der eigentlichen Blattspreite hervor. Der Vergleich der Einzelblattentwicklung mit dem gesamten Blattgestaltwandel einer vegetativen Knospe ist wiederum ein gutes Beispiel für die zeitlich *gleichsinnige Parallelität* beider Metamorphosen. Die »Ontogenie« des Einzelblattes und die »Phylogenie« der Blätter am Sproß (= »Phylon«) folgen in ihrem zeitlichen Verhalten zueinander der Haeckelschen Regel.

Nimmt man im Gegensatz dazu eine einjährige Blütenpflanze in den Blick, so trifft man auf recht andere Verhältnisse. Knospenschuppen gibt es für den Hauptsproß eines solchen Krautes nicht. Die unteren Laubblätter wachsen nach der Keimung, Bewurzelung und der Entfaltung der Keimblätter groß aus. Am Beispiel der Gartenkresse (*Lepidium sativa,* Bild 13) läßt sich gut verfolgen, wie rasch die Pflanze nach wenigen Wochen schon zur Blüte findet. Die Laubblattformen werden unter dem Einfluß der Florese gestaltlich vereinfacht bis zum ungefiederten letzten Hochblatt und Kelchblatt. Vergleicht man hier nun diese gesamte Blattabfolge mit der Einzelentwicklung des ersten Primärblattes, so stehen beide Entwicklungsrichtungen nun durchaus nicht parallel, sondern *gegensinnig* zueinander. Jedes folgende Laubblatt bleibt auf einer früheren Stufe stehen und vergrößert nur dieselbe in die makroskopische Sichtbarkeit, bis das letzte Hochblatt nichts anderes ist als die groß ausgewachsene, undifferenzierte Primordial-Anlage jedes Blattes. Jochen Bockemühl beschrieb diese Gegensinnigkeit des Blattformenwandels als erster ausführlich und brachte sie in das folgende Bild, das die Umkehrung der Haeckelschen Regel darstellt.

Nun bestehen in der höheren Pflanzenwelt nicht nur die diametralen Möglichkeiten paralleler und gegenläufiger Zeitgestalten wie etwa bei Bäumen einerseits und einjährigen Kräutern andererseits, sondern beides sind Sonderfälle einer beide übergreifenden Zeitgestalt, die sich charakteristischer Weise am ausgewogensten bei bestimmten Sträuchern vorfindet. Wir greifen dazu die Heckenrose (Rosa canina) heraus und betrachten die blütentragenden Kurztriebe, die den Seitenknospen eines vorjährigen Langtriebes entspringen (Bild 14). Zuerst finden wir Knospenschuppen und deren Übergangsbildungen zu den wenigen Laubblättern des Blütentriebes. Hier liegt die Parallelläufigkeit mit der Embryonalentwicklung des ausgebildeten Laubblattes vor. Daran schließt sich aber auch die Rücknahme und Verjüngung am gleichen Trieb zum Hochblatt und Kelchblatt an, die

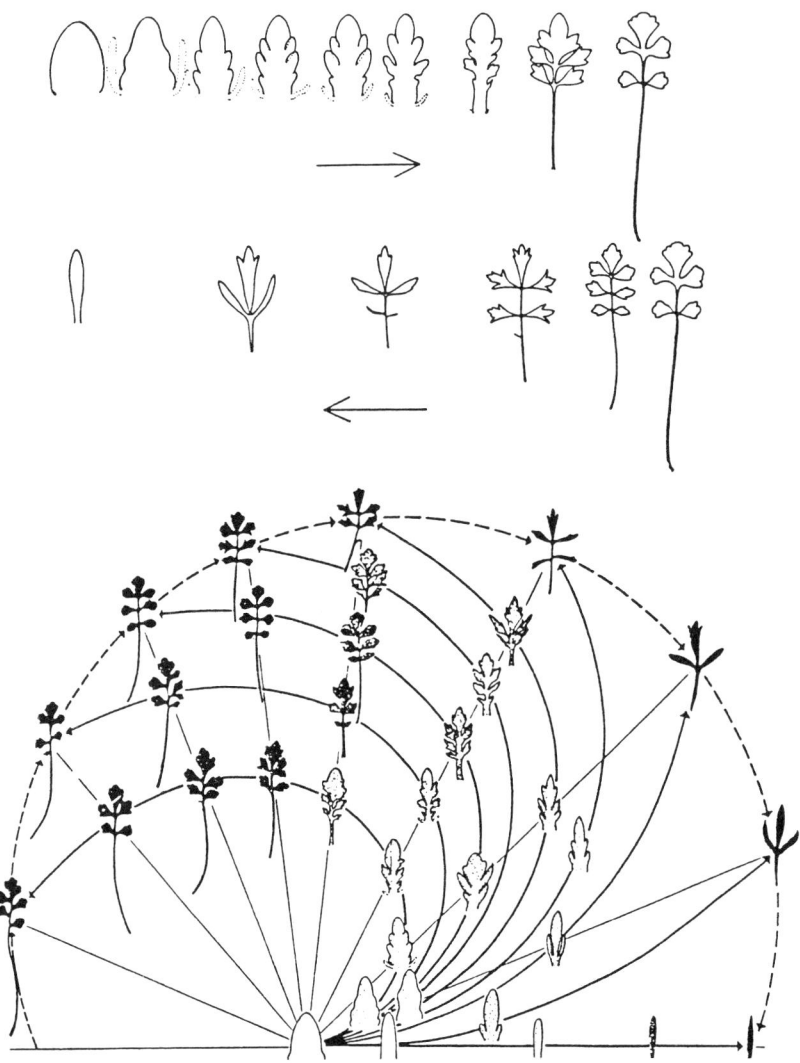

Bild 13: Oben von links nach rechts Die morphologische Entwicklung des Primärblattes der Gartenkresse (Lepidium sativum); darunter *von rechts nach links*: Blattgestalt-Abfolge am Hauptsproß der Gartenkresse bis zum blütennahen Hochblatt. *Unten* Die Blattentwicklung am aufsteigenden Stengel in ihrer Stufenfolge bei der Gartenkresse (Lepidium sativum), hier im Kreisbogen von links unten nach rechts unten angeordnet. Ihr entgegenlaufend von rechts nach links erfolgt die »ontogenetische« Entwicklung des Einzelblattes stufenlos. Zwei Zeitenströme durchdringen sich in jeder realen Blattgestaltung fortwährend. Die Länge aller Blattspreiten ist zum Vergleich auf gleiche Größe gebracht (aus Bockemühl).

136

Bild 14: Die Blattgestalt-Abfolge des blühenden Kurztriebes der Heckenrose (Rosa canina) vereinigt selbst beide Zeitgesten (nach G. Werner).

ihren Gipfel im Blütenblatt erreicht. Dieses ist, wenn auch auf anderer Qualitätsstufe, wieder ganzrandig geworden. Nun haben wir es mit der Umkehr des Zeitgestus zu tun, ebenso verglichen mit der Embryologie des voll differenzierten Laubblattes.

Beide Modi des Gestaltwandels sind hier im Rosenkurztrieb erstaunlich übergänglich und damit harmonisch vereinigt. Wir treffen auf die übergreifende Ordnung, die die »Haeckelsche Regel« und die »Bockemühlsche Regel« im Lebensvorgang vereint enthält. Wir können sie nun so kennzeichnen, daß in der vorwiegend *vegetativen* Entwicklungsphase Einzelentwicklung und Gruppenentwicklung gleichsinnig verlaufen, in der vorwiegend *generativen* Entwicklungsphase jedoch gegensinnig zueinander ablaufen. Die den Stoffaufbau sehr viel vitaler beherrschenden baumartigen Pflanzen zeigen dementsprechend in den Blattmetamorphosen eher die

137

Vorherrschaft der ersteren Zeitgestalt, bei krautartigen Pflanzen dominiert die zweite Zeitgestalt, insbesondere am Blütentrieb, der ja sehr rasch gebildet wird. Doch lassen sich zumeist beide Modi bei beiden Wuchstypen mit entsprechenden charakteristischen Verschiebungen nachweisen (Th. Göbel).

Für unsere Betrachtung aber bedeutet ein solches Resultat, daß die Problematik evolutiver Konzepte, wie es die Biogenetische Regel schon immer darstellte, keineswegs theoretisch durch Zustimmung oder Ablehnung gelöst werden braucht, sondern von den Lebenszyklen konkreter Organismen sichtbare »Lösungsvorschläge« erhält. Es verbleibt uns zu fragen, was damit für die Zeitgestalt der Ceratiten-Evolution gewonnen worden ist.

Aus dem Vorangegangenen ist ersichtlich, daß die gleichsinnige und die gegensinnige Ausrichtung in der Evolution der germanischen Ceratiten sich im Prinzip ähnlich aufeinander folgen wie die Phyllomabwandlungen an den Blütentrieben z. B. einer Heckenrose. Wir haben es offensichtlich zuerst in den Unteren und Mittleren Ceratitenschichten mit einer vitalen Entfaltung im Sinne zunehmender Differenzierung, Formenvariabilität und Individuenzunahme zu tun. Die mit der *cycloides*-Bank einsetzende Zäsur leitete zu einem zweiten Entwicklungsschub in den Oberen Ceratitenschichten über, der dann in den gegenläufigen Metamorphosenmodus umschlägt und stufenweise die gestaltlich einfachsten, nur noch größer werdenden Schlußformen liefert, mit denen die Gattung bald zu Ende kommt. – Die organismische Vergleichbarkeit drängt sich auf: So wie in der Blütenblattbildung die Photosynthese als vitalste physiologische Leistung der grünen Pflanze aufhört und das hinfälligste Organ entsteht, so sind die letzten Scheibenceratiten die Abschlußblüte dieser Ceratitenentwicklung.

Die drei Zäsuren des Anfangs, des Umschlages in der Mitte und des Endes sind von vermehrten Radiationen, den Kladogenesen, gekennzeichnet. Dazwischen vollziehen sich verstärkt anagenetisch die beiden Doppelströme der Zeit.

Damit sind wir am Ende unserer Betrachtung angelangt. Wir griffen als ein besonders günstiges Objekt die ceratitischen Ammoniten des mitteleuropäischen Oberen Muschelkalkes heraus, um wesentliche Charakteristika der Zeitgestalt von Lebewesen für einen überschaubaren Evolutionsverlauf sichtbar zu machen. Zum einen wird daran deutlich, daß nicht nur der Einzelorganismus die Charakteristiken lebendiger Zeitgestalt besitzt, sondern seine Evolution selber. Das bedeutet, daß dieselbe wie jeder Organismus im Spannungsfeld ökologischer und autonomer Bedingungen stattfindet und selbst einen Zeitorganismus darstellt. Das ist ja immer wieder von Paläontologen bemerkt worden und von der Schindewolf'schen Schule mit Begriffen wie *Typogenese – Typostase – Typolyse* beachtet worden. Die biologische Evolution wie den Einzelorganismus nur auf anorganische Kausalfaktoren beziehen zu wollen, ist konzeptionell ein ebenso eingeschränktes Verfahren, wie die gegenteiligen Versuche, ihn teleologisch auf einen unveränderlichen höheren Plan zu beziehen. Sachgemäß bleibt gerade in der Evolutionsfrage auf Dauer nur die phänomen-immanente Interpretation, die die Realität des Lebendigen nicht auf die Welt der toten Materie noch auf einen ewig unerforschlichen Heilsplan reduziert und damit beidesmal letztendlich fremdbestimmt sieht, sondern die ganze Eigentümlichkeit der Lebenswirklichkeit als Antwortangebot ihrer selbst annimmt. Das ist ja der Ansatz im Goetheschen Diktum

»Man suche nur nichts hinter den Phänomenen,
 sie selbst sind die Lehre«

für jede goetheanistische Naturwissenschaft. Jede weltvermittelnde Naturwissenschaft kann sich in diesem Sinne »goetheanistisch« nennen.

Wichtig erscheint uns dabei das Ergebnis, daß vollständige Evolution immer auch von ihrer Zeitumkehr begleitet ist. Wir treffen damit auf den Vorschlag Steiners, den Begriff von *Evolution* durch den der *Devolution*, der Rücknahme des Bisherigen, also den der Zeitumkehr zu ergänzen. Das sichert uns auch davor, den Evolutionsgedanken nur im verbalen Sinne von »Auswicklung« eines doch immer schon Zeitlosveranlagten zu nehmen, wie es jetzt wieder Kreationismus und Fundamentalismus zur Glaubensrettung vorschlagen und womit der Entwicklungsgedanke in seinem zentralen Bedeutungsinhalt verloren ginge.

Lebendige Zeit – das zeigte uns jeder Lebenszyklus im kleinen, so wie im großen die gesamte Ceratitenreihe – schließt Anfang und Ende oktavierend zusammen. Im Vorrücken und Zurückhalten treffen sich beide Ströme des Doppelstromes der Zeit als inhaltliche Wirklichkeit in der immer vorhandenen Gegenwart, wenn Leben da ist.

Literatur:

Bockemühl, J. (1982): Äußerungen des Zeitleibes in den Bildebewegungen der Pflanze. In Schad, W. (Hrsg.): Goetheanistische Naturwissenschaft Bd. 2: Botanik. S. 36–43. Stuttgart.

Braun, A. (1851): Betrachtungen über die Erscheinung der Verjüngung in der Natur, insbesondere in der Lebens- und Bildungsgeschichte der Pflanze. Leipzig.

Brentano, F. (1911): Von der Klassifikation der psychischen Phänomene. Leipzig.

Buch, L. von (1849): Über Ceratiten. Berlin.

Claus, H. (1955): Die Kopffüßler des deutschen Muschelkalks. Die Neue Brehm-Bücherei Nr. 161. Wittenberg-Lutherstadt.

Frosch, H. (1923): Die Ceratiten des Bayreuther Muschelkalkes. Jahresberichte und Mitteilungen des Oberrheinischen Geologischen Vereines, N.F., Bd. 12, S. 8–13. Stuttgart.

Göbel, Th. (1987): Zeitgesten in den Abwandlungen der Blattmetamorphose bei ein- und mehrjährigen Blütenpflanzen. Tycho de Brahe-Jahrbuch für Goetheanismus 1987, S. 25–120. Niefern.

Haan, de (1825): Monographiae Ammoniteorum et Goniatiteorum specimen. Leyden.

Haeckel, E. (1866): Generelle Morphologie der Organismen. Bd. 1 u. 2. Berlin.

Jaekel, O. (1889): Über einen Ceratiten aus dem Schaumkalk von Rüdersdorf und über gewisse als Haftring gedeutete Eindrücke bei Cephalopoden. Neues Jahrbuch für Mineralogie, Geologie und Paläontologie, Bd. 2, S. 23. (T. 1, F. 2).

Jantsch, E. (1982): Die Selbstorganisation des Universums. S. 316: Die Feinstruktur der Zeit. München.

Klemm, V. u. G. Meyer (1968): Albrecht Daniel Thaer, Pionier der Landwirtschaftswissenschaften in Deutschland. Halle/Saale.

Kohlbrugge, J.H.F. (1911): Das biogenetische Grundgesetz, eine historische Studie. Zoologischer Anzeiger, Bd. 38, Nr. 20/21, S. 447 – 453.

Krölling, O. (1942): Zur Frühentwicklung der Extremitäten beim Pferd. Zeitschrift für Anatomie und Entwicklungsgeschichte, Bd. 111, S. 490–507. Berlin.

Mayer, G. (1964): Die dolomitisierten Ceratiten aus dem Erzbergwerk bei Wiesloch. Der Aufschluß, Jg. 15, S. 75 – 79. Heidelberg.

Montfort, D. de (1802): Conchyliologie, Tom. IV, S. 302 (T. 50, F. 1).

Müller, A.H. (1969): Ein Ceratit (Ceratites cf. schmidi, Ammonoidea) aus dem Unteren Keuper Grenzdolomitregion ku2) des Germanischen Triasbeckens. Mber. Dtsch. Akad. Wiss. Berlin, Bd. 11, S. 122–132. Berlin.

– (1981): Lehrbuch der Paläozoologie, Bd. II, Teil 2, S. 222. Jena.

Peisl, A. u. Mohler, A. (Hrsg.) (1983): Die Zeit. Schriften der C. Fr. v. Siemens-Stiftung, Bd. 6. München/Wien.

Penndorf, H. (1951): Die Ceratiten-Schichten am Meißner in Niederhessen. Abhandlungen der Senckenbergischen Naturforschenden Gesellschaft Nr. 484. Frankfurt a. M.

Philippi, E. (1901): Die Ceratiten des oberen deutschen Muschelkalkes. Palaeontologische Abhandlungen. N.F., Bd. IV, H. 4. Jena.

Rieber, H. (1973): Cephalopoden aus der Grenzbitumenzone (Mittlere Trias) des Monte San Giorgio (Kanton Tessin, Schweiz). Schweizerische paläontologische Abhandlungen, Bd. 93, S. 1–93 (17 T.). Basel.

Riedel, A. (1916): Beiträge zur Paläontologie und Stratigraphie der Ceratiten des deutschen Oberen Muschelkalks. Jahrbuch der königlich-preußischen geologischen Landesanstalt, Bd. 37, Teil 1, S. 1–116, T. 1–18. Berlin.

Schad, W. (1981): Die geschichtliche Voraussetzung der Anthroposophie in der Neuzeit. In Rieche, H. u. W. Schuchhardt: Zivilisation der Zukunft. Stuttgart.

140

– (1982): Biologisches Denken. In Goetheanistische Naturwissenschaft Bd. 1: Allgemeine Biologie. Stuttgart.

– (1985): Gestaltmotive fossiler Menschenformen. Goetheanistische Naturwissenschaft Bd. 4: Anthropologie. Stuttgart.

– (1986): Wandlungen des Zeitbewußtseins beim späten Atlantier. Die Drei, Jg. 56, H. 2, S. 86–107. Stuttgart.

Schindewolf, O. H. (1936): Paläontologie, Entwicklungslehre und Genetik. Kritik und Synthese. Berlin.

– (1947): Zur Kritik des »Biogenetischen Grundgesetzes«. Naturwissenschaften Bd. 33 (1946), S. 244–249. Berlin/Göttingen.

Schmidt, H. (1935): Einführung in die Palaeontologie. Stuttgart.

Schmidt, M. (1928): Die Lebewelt unserer Trias. Oehringen.

Schrammen, A. (1927): Die Lösung des Ceratitenproblems. Zeitschrift der Deutschen Geologischen Gesellschaft, Bd. 79, S. 26–42. Berlin.

– (1934): Ergebnisse einer neuen Bearbeitung der germanischen Ceratiten. Jahrbuch der Preußischen Geologischen Landesanstalt für 1933, Bd. 54, S. 421–439 (mit Tafeln 26–28). Berlin.

Raup, D. M. u. J. J. Sepkoski jr. (1984): Periodicity of extinctions in the geologic past. Proceedings of the National Academy of Sciences of USA, Vol. 81, S. 801 – 805.

Sepkowski, J. J. jr. (1986): Global bioevents and the question of periodicity. In Walliser, O. H. (Hrsg.): Global Bio-Events, a critical approach. Springer: Berlin/Heidelberg.

Solger, F. (1901): Die Lebensweise der Ammoniten. Naturwissenschaftliche Wochenschrift, Jg. 1, Nr. 8, S. 89–94.

Stolley, E. (1916): Über einige Ceratiten des deutschen Muschelkalks. Jahrbuch der königlich-preußischen geologischen Landesanstalt, Bd. 37, Teil 1, H. 1, S. 117–143, T. 19–20. Berlin.

Urlichs, M. u. R. Mundlos (1980): Revision der Ceratiten aus der atavus-Zone (Oberer Muschelkalk, Oberanis) von SW-Deutschland. Stuttgarter Beiträge zur Naturkunde, S. B., Nr. 48, S. 1–42. Stuttgart.

Walther, J. (1929): Geschichte der Erde und des Lebens. S. 364. Leipzig.

Waschin, G. (1983): Untersuchungen zum Proterogenese-Prinzip bei fossilen Cephalopoden. Staatsexamens-Arbeit für das Lehramt an Gymnasien. Tübingen (unveröffentlicht).

Wenger, R. (1956): Über einige Aberrationen bei Muschelkalk-Ceratiten. Neues Jahrbuch für Geologie und Paläontologie, Bd. 103, H. 1/2, S. 223–232. Stuttgart.

– (1957): Die germanischen Ceratiten. Palaeontographica Abt. A, Bd. 108, Lf. 1–4, S. 57–129. Stuttgart.

Werner, G. (1977): Bildetendenzen von Baum und Kraut, gezeigt an Vertretern der Rosengewächse. Jahresarbeit an der Krankenpflegeschule in Herdecke, Mittelkurs (unveröffentlicht).

Wiesberger, H. (1975): »Rudolf Steiners Lebenswerk in seiner Wirklichkeit ist sein Lebensgang« – die drei Jahre 1879–1882 als eigentliche Geburts-Zeit der anthroposophischen Geisteswissenschaft. In: Beiträge zur Rudolf Steiner Gesamtausgabe. Nr. 49/50, S. 12–33. Dornach.

Zimmermann, E. (1883): Über einen neuen Ceratiten aus dem Grenzdolomit Thüringens etc. Zeitschrift der Deutschen Geologischen Gesellschaft, Bd. 35, S. 382–384. Berlin.

Wolfgang H. Arnold

Adaptation und Emanzipation

Eine Betrachtung der Evolution am Beispiel
der Entwicklung der Sprachorgane

Die heute allgemein gültige Evolutionstheorie basiert im wesentlichen auf den Arbeiten von Charles Darwin (1859) und geht davon aus, daß alle Lebewesen an ihre Umweltbedingungen so optimal angepaßt (adaptiert) sind, daß das Überleben des Individuums und die Erhaltung der Art gesichert ist. Veränderungen der Umweltbedingungen führen, dieser Theorie zufolge, zu einem »Selektionsdruck«, was bedeutet, daß Individuen, die dieser neuen Situation nicht Herr werden, also sich nicht anpassen können, aussterben. Das ganze Leben ist nach Darwin ein Kampf ums Dasein. In diesem »Kampf um das Dasein« entwickelte die Natur immer komplexere Organismen mit Möglichkeiten der Erkenntnisfähigkeit, die sich auf neue Situationen rasch einstellen und die sich ständig stellenden Überlebensprobleme immer effizienter lösen können (Radnitzky 1987). Im Zusammenhang mit der Entwicklung von Erkenntnisfähigkeit ist die Entwicklung des Nerven-Sinnessystems zu sehen. Zunächst steht im Tierreich der Informationswechsel zwischen dem Individuum und der Umwelt im Vordergrund. Dabei handelt es sich um einen einseitigen Informationsfluß. Das Individuum nimmt Reize (Informationen) auf, auf die dann Reaktionen erfolgen. Erst mit dem Komplexer-Werden sozialer Strukturen rückt der interindividuelle Informationsaustausch immer mehr in den Vordergrund, das heißt es werden nicht nur, wie oben erwähnt, nur einseitige Informationen aufgenommen und verarbeitet, sondern Signale mit Informationsgehalt produziert und weitergegeben. Während im ersten Fall die perzeptive Seite im Vordergrund steht, ist im letzteren Fall die Kommunikation von Bedeutung.

Im Tierreich gibt es vielfältige Möglichkeiten der Kommunikation zwischen den Individuen, zum Beispiel bestimmte Gestik bzw. Bewegungsabfolgen. Auch die Tracht, z. B. das Federkleid der Vögel, hat einen gewissen Informationswert. Im Vordergrund steht aber vor allem die Lautbildung. Höhere Primaten bedienen sich zweierlei Arten der Kommunikation; der Gestik und der mehr oder weniger differenzierten Lautbildung. Allen

Kommunikationsarten im Tierreich ist jedoch gemeinsam, daß sie *situationsbezogen* sind und keine *abstrakten* Inhalte haben. Die Laute, die im Tierreich der Informationsvermittlung dienen, haben zwar bestimmte Bedeutungen, es sind Signale, sie haben aber keine *semantischen* Inhalte. Die Kommunikation steht hier im Dienste der Bewältigung aktueller Probleme, sei es bei der Beschaffung von Nahrung oder bei der Verteidigung des Rudels. Die tierische Lautäußerung ist instinktgebunden und damit festgelegt.

Anders verhält es sich mit der menschlichen Sprache. Die Fähigkeit zu sprechen ist eine ganz charakteristische Eigenschaft des Menschen. Durch die Sprache kann der Mensch seine individuellen, abstrakten Gedankengebilde aus sich heraussetzen und dem Denken seiner Mitmenschen zugänglich machen. Im Denken ist der Mensch in sich eingeschlossen, die Sprache ermöglicht es ihm, mit seinem Denken nach außen zu treten. Dies charakterisiert schon zwei grundlegende Phänomene des menschlichen Daseins. Im Denken distanziert sich der Mensch von seiner Außenwelt, ja sogar bis zu einem bestimmten Grad von seinen Wahrnehmungen. Im Denken werden nämlich die Wahrnehmungen als *abstrakte Gebilde* »verarbeitet«. In der Sprache findet das Gegenteil statt. Hier tritt der Mensch gewissermaßen aus sich heraus. Aber, und das ist ein wichtiger Unterschied zur tierischen Lautbildung, er tut dies aus eigenem freien Entschluß heraus. Gedanken müssen nicht geäußert werden, sie können es nur. Durch die Sprache kann der Mensch freiheitlich, aus eigenem Entschluß heraus, wieder mit der Umwelt in Kontakt treten. Wir sehen also auf der einen Seite das Phänomen der Distanzierung von der Außenwelt im Denken und auf der anderen Seite das aktive, vom Willen abhängige Inkontakttreten mit der Außenwelt in der Sprache. Als ein weiterer freiheitlicher Aspekt der Sprache kommt hinzu, daß sie nicht angeboren ist wie die Lautbildungsfähigkeit, sondern im sozialen Zusammenhang erlernt wird. Der Mensch kann darüber hinaus zahlreiche, verschiedene Sprachen lernen und sich so in unterschiedlichen Kulturkreisen zurechtfinden. Die menschliche Sprachfähigkeit ist universell, die einzelne Sprache speziell. Im Gegensatz dazu scheinen im Tierreich die Laute der einzelnen Individuen einer Art für die ganze Art allgemeine Gültigkeit zu besitzen. Im Tierreich gibt es keine verschiedenen Sprachen innerhalb einer Art.

144

Biologische Grundlagen der Sprache

Bei der Sprachbildung sind zwei unterschiedliche Prozesse beteiligt, die verschiedene morphologische Voraussetzungen haben (Abb. 1). Dies ist einmal die Stimmbildung, die im Kehlkopf stattfindet und zum anderen die Umformung der Stimmlaute zu Sprachlauten (Konsonanten, Vokale sowie andere Laute), die in der Mundhöhle mit allen dazugehörigen Strukturen stattfindet.

Man unterscheidet daher die zentralen (Lunge, Kehlkopf) von den peripheren (Mundhöhle, Gesichtsmuskulatur, Nase) Sprachorganen. Die zentralen Sprachorgane sind in ihrer Entwicklung eng an die Evolution des Atemapparates geknüpft, während die peripheren Sprachorgane eher mit der Entwicklung des Nahrungsaufnahmeapparates verbunden sind.

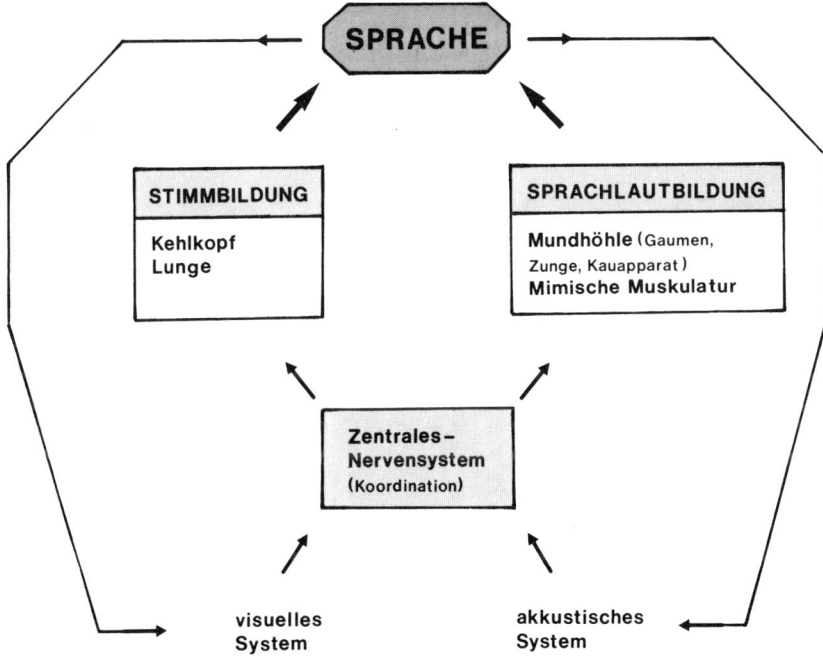

Abb. 1: Schematische Darstellung der morphologischen und physiologischen Grundlagen der Sprache. Die kleinen Pfeile bedeuten Beeinflussung bzw. Steuerung des nachfolgenden Systems. Die beiden großen Pfeile kennzeichnen die physiologischen Elemente, die Sprache bewirken. Unter Stimmbildung ist die Bildung von ungeformten Lauten zu verstehen. Sprachlaute sind Konsonanten und Vokale.

145

Allein die Entwicklung von leistungsfähigen Sprachorganen genügt nicht, denn die Stimmbildung und die Lautbildung werden so fein aufeinander abgestimmt, daß Worte mit semantischer Bedeutung geformt werden können. Dazu sind hochkomplexe Koordinationsleistungen notwendig, die vom zentralen Nervensystem (ZNS) ausgehen. Ist diese Koordinationsmöglichkeit nicht vorhanden, d. h. sind bestimmte funktionelle Bereiche des Großhirns gestört, so resultieren Sprachstörungen (z. B. motorische Aphasie), obwohl der reine Sprachapparat intakt ist. Mit der zunehmenden Höherentwicklung der Wirbeltiere wird das ZNS immer komplexer und die Leistungsfähigkeit des ZNS immer differenzierter, was man als Cerebralisation bezeichnet. Die Cerebralisation bildet eine weitere Voraussetzung für die Entstehung der Sprachfähigkeit.

Mit der Entwicklung der Sprachfähigkeit sind also im wesentlichen drei Evolutionsprozesse verknüpft: Erstens die Entwicklung des Atemapparates und der damit verbundenen Entwicklung des Larynx, zweitens die Entwicklung der sogenannten peripheren Sprachorgane wie Nase und Mundhöhle und drittens die Cerebralisation.

Entwicklung von Lunge und Kehlkopf

Im Laufe der Evolution haben sich bei den landlebenden Wirbeltieren zahlreiche, höchst komplizierte und spezialisierte Stimmorgane entwickelt (z. B. die Syrinx der Vögel), auf die im einzelnen hier nicht eingegangen werden soll. Allen ist jedoch gemeinsam, daß sie in den Atemapparat integriert sind und damit eng an die Evolution der Lungen geknüpft sind.

Mit dem Übergang vom Wasserleben (Kiemenatmung) zum Landleben mußte der Gasaustauschapparat umgestellt und andere Atemsysteme (Lungenatmung) entwickelt werden. Interessanterweise entwickelten sich aber die ersten Anlagen der Lungen schon bei primitiven Knochenfischen (Polypterus; Carroll 1988, Welsch 1988). Hier stellt sich im Sinne des Darwinismus die Frage, welcher Selektionsdruck zu einer Entwicklung führt, die erst viel später »Adaptationsvorteile« bietet?

Betrachten wir die Entwicklung der Lunge und des Larynx im folgenden genauer. Bei kiemenatmenden Fischen sind Atemapparat und Verdauungsapparat noch ein einheitliches System (Abb. 2). Mund- und Nasenhöhle sind noch nicht getrennt, eine Nasenöffnung existiert nicht. Die Lungenanlage entwickelt sich phylogenetisch wie ontogenetisch als *ven-*

146

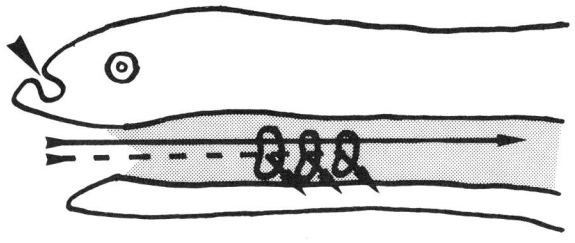

Abb. 2: Respirations- und Digestionssystem bei Fischen. Die Mundhöhle dient sowohl der Nahrungsaufnahme wie auch dem Gaswechsel. Das aufgenommene Wasser wird durch den Kiemenapparat wieder nach außen gepreßt (gestrichelte Linie), im Kiemenapparat findet der Gasaustausch statt. Für die Nahrungsaufnahme wird Wasser mit resorbierbaren Substanzen in den Darmschlauch geschluckt (durchgezogene Linie). Im dorsalen Kopfbereich befindet sich eine von der Mundhöhle isolierte Riechgrube (Pfeilspitze).

trale Ausstülpung aus dem Vorderdarm (Abb. 3). Die Anlage des Riechorgans, aus dem später die Nase hervorgeht, befindet sich jedoch auf der *Dorsalseite* des Kopfes. Die Nase leitet bei den luftatmenden Tetrapoden die Riechluft und die Atemluft. Durch die ventrale Anlage der Lunge und die dorsale Anlage der Nase ist also von vornherein eine Überkreuzung (Abb. 4) von Luft und Speiseweg angelegt. Hierdurch wird die Entwicklung eines Ventils (Kehlkopf, Larynx) erforderlich, damit Nahrungspartikel beim Schluckvorgang nicht in die Lunge gelangen (Portmann 1976). Bei den primitiven Reptilien waren Nasen- und Mundhöhle noch nicht vollständig voneinander getrennt, das heißt, es existierte ein großer gemeinsamer Luft-Speiseweg. Im Laufe der Wirbeltierentwicklung wurde dieser gemeinsame Luft-Speiseweg durch die Ausbildung eines Gaumens immer weiter eingeengt, so daß sich die Kreuzung auf den Bereich des Larynx konzentrierte. Gleichzeitig entwickelte sich aus der ventilartigen Öffnung

Abb. 3: Entwicklung der Lunge bei niederen Vertebraten
Bei Lampetra ist bereits ein ventraler Kiemensack entwickelt, der jedoch noch keine Lunge darstellt (Respirationsweg gestrichelte Linie und kleine Pfeile). Dorsal (Pfeilspitze) hat sich die Riechgrube so weit vertieft, daß zwischen der Riechgrube und der Mundhöhle keine Knorpelplatte mehr existiert.
Der Diggestionsweg ist mit der durchgehenden Linie und Pfeil gekennzeichnet.
1 = Gehirn; 2 = Chorda dorsalis; grob gerasterte Flächen = Knorpelplatte des Kopfes.

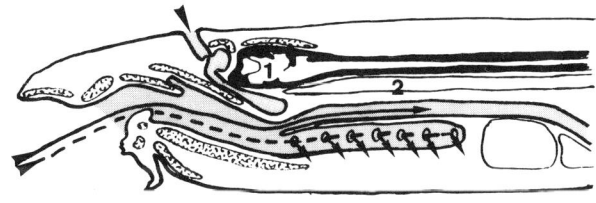

147

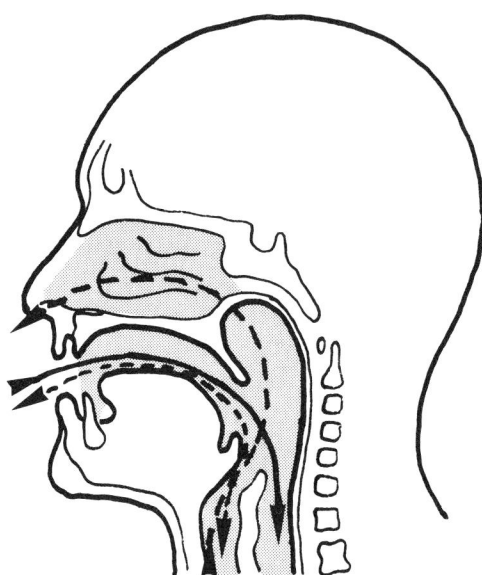

Abb. 4: Kreuzung von Luft- und Speiseweg beim Menschen
Der Diggestionsweg ist mit durchgehender Linie und Pfeilen gekennzeichnet. Der Respirationsweg (gestrichelte Linien) ist doppelläufig. Die Ein- und Ausatmung bei normaler Respirationslage erfolgt über die Nase, während zum Sprechen die Luft in die Mundhöhle zur Umformung der Stimmlaute zu Sprachlauten geleitet wird.

(Glottis) der Trachea im Pharynx die Stimmritze, die zum hochdifferenzierten Stimmbildungsorgan (Larynx) ausgebaut wurde. Die *Möglichkeit*, ein Stimmbildungsorgan wie den Kehlkopf zu entwickeln, wird also sehr früh schon bei den Lungenfischen angelegt, nämlich dann, wenn die Lungenanlage sich als ventrale Knospe aus dem Kopfdarm entwickelt und zur Überkreuzung von Luft- und Speiseweg führt. In seiner Vollendung tritt das Stimmbildungsorgan jedoch erst viel später, nämlich beim Menschen auf (Rohen et al. 1969).

Für eine differenzierte Stimmbildung im Kehlkopf sind zwei morphologische Gesichtspunkte von Bedeutung, einmal die Konstruktion der Stimmfalten (Stimmband = Lig. vocale) und zum anderen die Stellung des Kehlkopfes und des Kehldeckels (Epiglottis) zum Mundboden. Unsere Detailkenntnisse über diese beiden morphologischen Strukturen sind erstaunlich gering, dennoch lassen sich einige wesentliche Dinge aussagen. Bei den primitiven und auch den höheren Primaten steht der Kehlkopf und die Epiglottis relativ hoch. Die Epiglottis berührt teilweise den weichen Gaumen, so daß zum einen der Speisebrei an ihr vorbei in die Speiseröhre (Oesophagus) geleitet wird, auf der anderen Seite aber die Luft bei der Ausatmung *und* der Lautbildung in die Nase geblasen wird. Dadurch ist eine weitere Formung der Stimmlaute zu Sprachlauten, die in der Mundhöhle geschieht, nicht möglich. Vergleicht man neugeborene Menschen mit neugeborenen Affen so zeigt sich, daß beim neugeborenen Menschen der Kehlkopf vergleichsweise hoch steht und die Epiglottis fast den weichen Gaumen berührt (Abb. 5). Während der postnatalen Entwicklung kommt es vor allem im ersten Lebensjahr zu einem Descensus (Tiefertreten) des Kehlkopfes, so daß die Epiglottis nur noch den Zungengrund berührt (Abb. 5). Die ausströmende Luft kann nun in Nase und Mund gepreßt werden. In der Mundhöhle können jetzt die Stimmlaute zu Sprachlauten umgeformt werden. Der Descensus des Kehlkopfes wird von Portmann (1969, 1976) mit der *Aufrichtung des Menschen* in Verbindung gebracht. Durch die Aufrichtung des Menschen kommt es nämlich zu einer Veränderung der Balance des Schädels und einer dadurch bedingten Umformung der Halswirbelsäule (Halslordose vgl. Abb. 5), die zu einer Streckung des Halses mit dem damit verbundenen Descensus des Larynx führt.

Die Konstruktion des Stimmorgans der höheren Primaten (Pan, Pongo, Gorilla) unterscheidet sich grundlegend von der des Menschen. Zunächst einmal ist der Musculus vocalis bei höheren Primaten sehr differenziert und besteht aus zwei funktionellen Teilen (Portio thyreocervicalis und Portio thyreomuscularis), die unterschiedlich schwingen, wodurch eine Doppellautbildung möglich wird (Sonesson 1960, Starck und Schneider 1960, Kelemen 1948). Besonders ausgeprägt ist die Doppellautbildung bei niederen Affen wie z.B. beim Gibbon. Der menschliche Musculus vocalis ist in dieser Hinsicht wesentlich einfacher gebaut und besteht nur aus einer Muskelportion (Musculus vocalis). Die Feinstruktur des M. vocalis beim erwachsenen Menschen weist ein Zopfmuster auf, welches die vielfältigen funktionellen Belastungen ermöglicht (Tautz und Rohen 1967). Durch die Zopfbildung der einzelnen Muskelfasern bildet sich bei der Kontraktion der Muskelfasern kein einheitlicher Muskelbauch, der sich in den Larynx vorwölbt, sondern es wird lediglich die Spannung des Ligamentum vocale erhöht. Dadurch kommt es, ähnlich wie bei einem Saiteninstrument, bei dem die Spannung der Saite erhöht wird, zur Veränderung der Stimmlage.

Neben dem M. vocalis unterscheidet sich das Stimmorgan aller Primaten von dem des Menschen auch dadurch, daß sich an den Larynx der Affen ein komplexes System von Luftsäcken anschließt, die als Resonanzraum dienen und die relativ differenzierte Lautbildungen ermöglichen. Dadurch werden die sehr lauten und häufig auch sehr »melodisch« klingenden Lautäußerungen z.B. bei Hylobates (Symphalangus syndactilus) möglich.

149

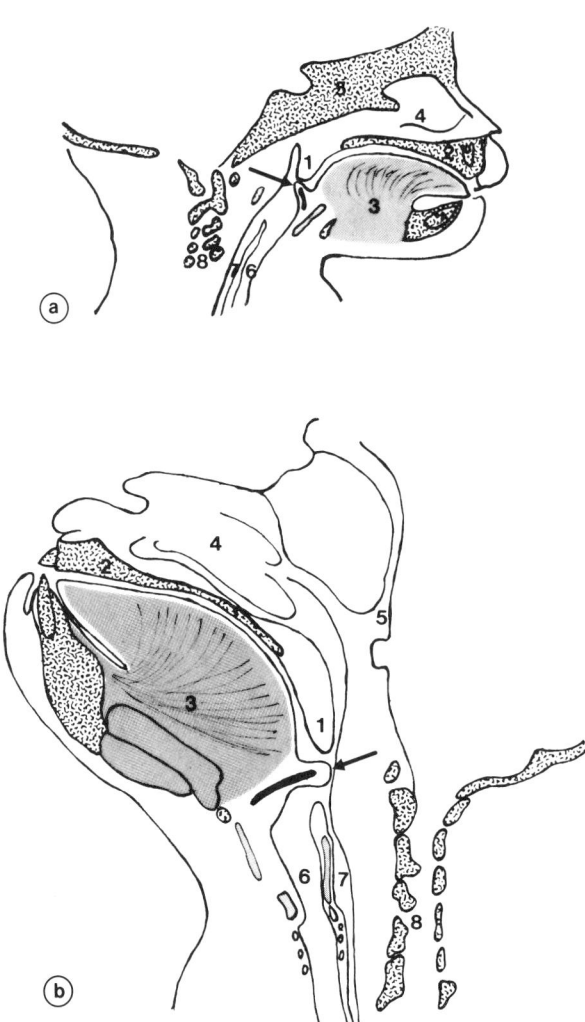

Abb. 5: Schematische Darstellung der Stellung des Kehlkopfes beim Menschen und Affen

a) Stellung des Kehlkopfes beim neugeborenen Affen (Maccaca fascicularis) Schemazeichnung nach Originalpräparat.

b) Stellung des Kehlkopfes beim erwachsenen Affen (Maccaca fascicularis) Schemazeichnung nach Präparat.

Die Epiglottis (Pfeil) stößt sowohl beim neugeborenen wie auch beim erwachsenen Affen am weichen Gaumen an, wodurch die Luft direkt beim Ausatmen in die Nase geleitet wird.

150

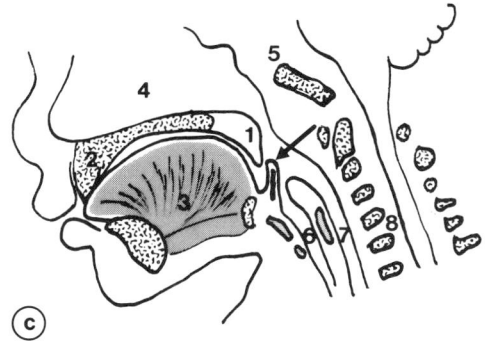

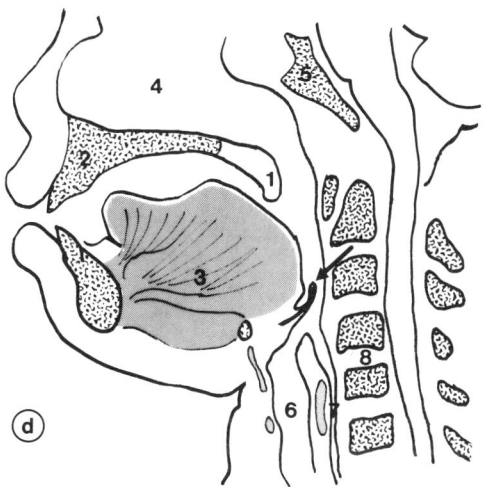

c) Stellung des Kehlkopfes beim neugeborenen Menschen.
   Schemazeichnung nach Präparat.
d) Stellung des Kehlkopfes beim erwachsenen Menschen.
   Schemazeichnung nach Präparat. Die Epiglottis beim Neugeborenen stößt nach am weichen Gaumen an, während durch den Descensus des Kehlkopfes beim Erwachsenen die
   Epiglottis sehr weit nach unten rutscht. Dadurch kann beim Ausatmen die Luft sowohl in
   die Nase wie auch in den Mund geblasen werden.
   Pfeil = Epiglottis; 1 = weicher Gaumen; 2 = harter Gaumen; 3 = Mundboden mit Unterkiefer und Zunge; 4 = Nasenhöhle; 5 = Schädelbasis; 6 = Trachea; 7 = Ösophagus;
   8 = Halswirbelsäule.

151

Faßt man die hier geschilderten morphologischen Befunde zusammen, so zeigt sich, daß die Stimmbildungsorgane der höheren Primaten hochdifferenzierte, komplexe Organsysteme sind, die an die spezielle Art der Stimmlautbildung angepaßt sind. Der menschliche Stimmapparat ist dagegen weniger komplex und morphologisch einfacher gebaut. Lenneberg (1986) bemerkt dazu, »daß in einem gewissen Sinne der menschliche Stimmapparat in mehreren Hinsichten einfacher ist als derjenige großer Affen«.

Entwicklung der Organe der Sprachlautbildung

Wie wir bereits gesehen haben, werden die Stimmlaute im Larynx und seinen, bei den Affen hochdifferenzierten, Anhangsorganen gebildet. Die Sprachlaute werden in der Mundhöhle in Verbindung mit den Lippen, Zähnen, der Zunge und dem Gaumen gebildet (vgl. Abb. 1). Welche einzelnen Strukturen bei der Bildung der Sprachlaute beteiligt sind, zeigt Tabelle 1. Bei der Wortbildung, die ja aus der raschen Aufeinanderfolge von Sprachlauten besteht, kommt noch die feindifferenzierte Beweglichkeit des Kiefergelenks und der Kaumuskulatur hinzu. Da die Morphologie der peripheren Sprachlautorgane sehr komplex und in ihren Einzelheiten noch nicht vollständig erforscht ist, sollen hier nur am Beispiel des Kiefergelenks und des Kauapparates sowie der allgemeinen Schädelentwicklung die Grundzüge der Entwicklung der Sprachlautbildungsorgane erläutert werden.

a) Kiefergelenk

Das Kiefergelenk ist bei Tieren so gebaut, daß bei der Nahrungsaufnahme, entsprechend der speziellen Art des Nahrungserwerbs und der Nahrungs-

Abb. 6: Kiefergelenk bei Carnivoren (Hauskatze)
a) Seitenansicht, man beachte die runde Gelenkpfanne, nach dorsal bildet sich eine Knochenleiste aus (Pfeil), die (im Extremfall z. B. beim Dachs) den Gelenkkopf umschließt.
b) Ansicht von unten, man erkennt die breite Gelenkpfanne und die dorsal gelegene Knochenleiste.
c) Ansicht des Kieferköpfchens von oben. Das Kieferköpfchen stellt eine quergestellte Rolle mit einer geraden Achse dar. Es handelt sich um ein reines Scharniergelenk.
Pfeil = Knochenleiste hinter dem Kieferköpfchen; 1 = Gelenkpfanne; 2 = Kieferköpfchen; 3 = Jochbogen; 4 = Öffnung des äußeren Gehörganges.

152

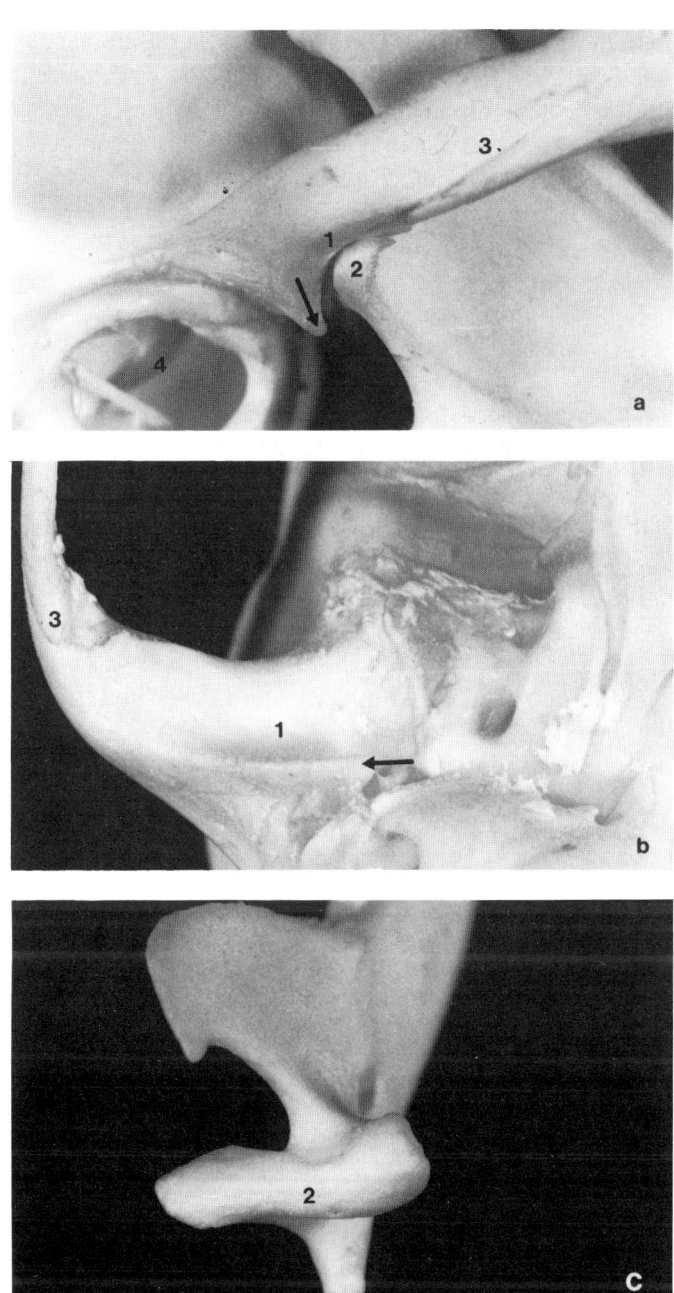

zerkleinerung, die Zähne in der richtigen Weise gegeneinander bewegt werden können. Carnivore haben eine andere Kiefermechanik als Nager oder als Herbivore. Bei Carnivoren herrscht die Scharnierbewegung vor, die das Öffnen und Schließen des Mundes ermöglicht. Durch diese Spezialisierung der Bewegung des Kiefergelenks kann die Beute wie mit einer Zange festgehalten werden (Abb. 6). Die Gelenkwalze des Unterkiefers ist stark abgerundet und steht quer zum Unterkiefer. Die Gelenkpfanne (Fossa mandibularis) ist so in das Felsenbein (Os temporale) versenkt, daß knöcherne Gelenklippen entstehen, die den Gelenkfortsatz (Proc. condylaris) umgreifen. Dadurch werden die Gleitbewegungen nach vorne verhindert. Durch das quer zur Schädelachse stehende, sehr breite Kiefergelenk werden die Mahlbewegungen größtenteils eingeschränkt.

Anders verhält es sich bei den Nagern. Hier steht die Gelenkwalze des Proc. condylaris in der Längsachse des Unterkieferknochens (sagittal; vgl. Abb. 7). Entsprechend ist die Gelenkpfanne so geformt, daß sie den Gelenkkopf von oben und der Seite bogenförmig umgreift (Abb. 7). Diese funktionell-anatomischen Gegebenheiten ermöglichen die typische schlittenförmige Kaubewegung der Nager.

Das Kiefergelenk der Herbivoren besitzt einen nahezu planen, sehr breiten Gelenkkopf (Abb. 8) und eine entsprechend plane »Gelenkpfanne«. Die Bezeichnung Gelenkebene ist hier wohl zutreffender. Diese funktionell-anatomische Konstruktion ist die Grundlage für die typische Mahlbewegungen des Kauapparates der Herbivoren (Starck 1979).

Das menschliche Kiefergelenk nimmt hier eine Sonderstellung ein. Es ist auf keine der drei Bewegungsmöglichkeiten spezialisiert, sondern ermöglicht alle drei Bewegungsarten in der gleichen Weise. Der Gelenkkopf ist ovoid geformt, so daß sowohl Scharnierbewegungen als auch Gleit- und Mahlbewegungen möglich sind (Abb. 9). Starck (1979) führt diese Bewe-

Abb. 7: Kiefergelenk eines Nagers (Kaninchen)
a) Ansicht von der Seite, man erkennt eine längsgerichtete schmale Knochenleiste (Pfeil) im Jochbogen, welche die Gelenkpfanne darstellt.
b) Ansicht von unten, die Gelenkachse ist längsgestellt, so daß die Gleitbewegungen begünstigt werden.
c) Ansicht des Kieferköpfchens von oben, das Kieferköpfchen ist in der Längsrichtung parallel zum Unterkiefer orientiert.
  1 = Gelenkpfanne; 2 = Kieferköpfchen; 3 = Jochbogen; 4 = Unterkiefer, aufsteigender Ast; 5 = Öffnung des äußeren Gehörgangs.

154

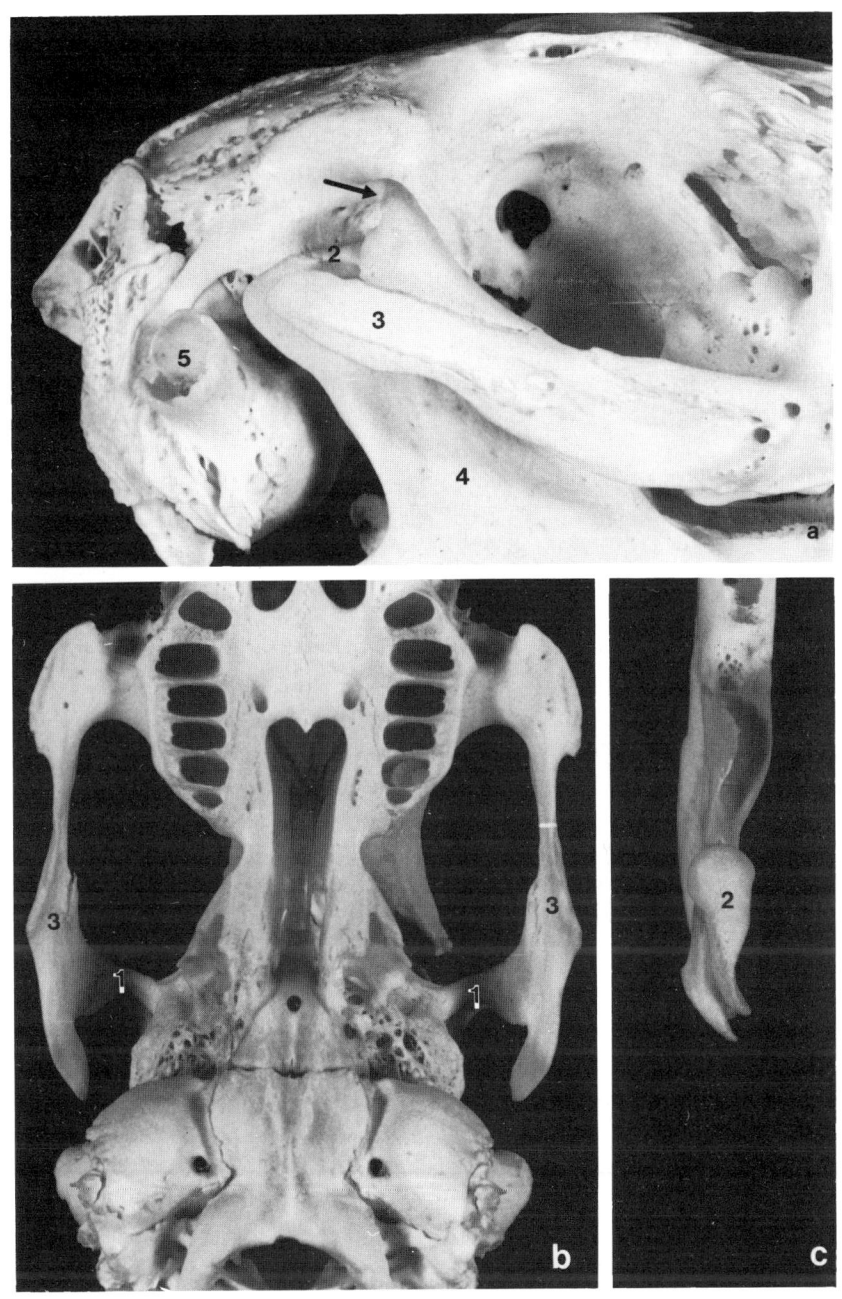

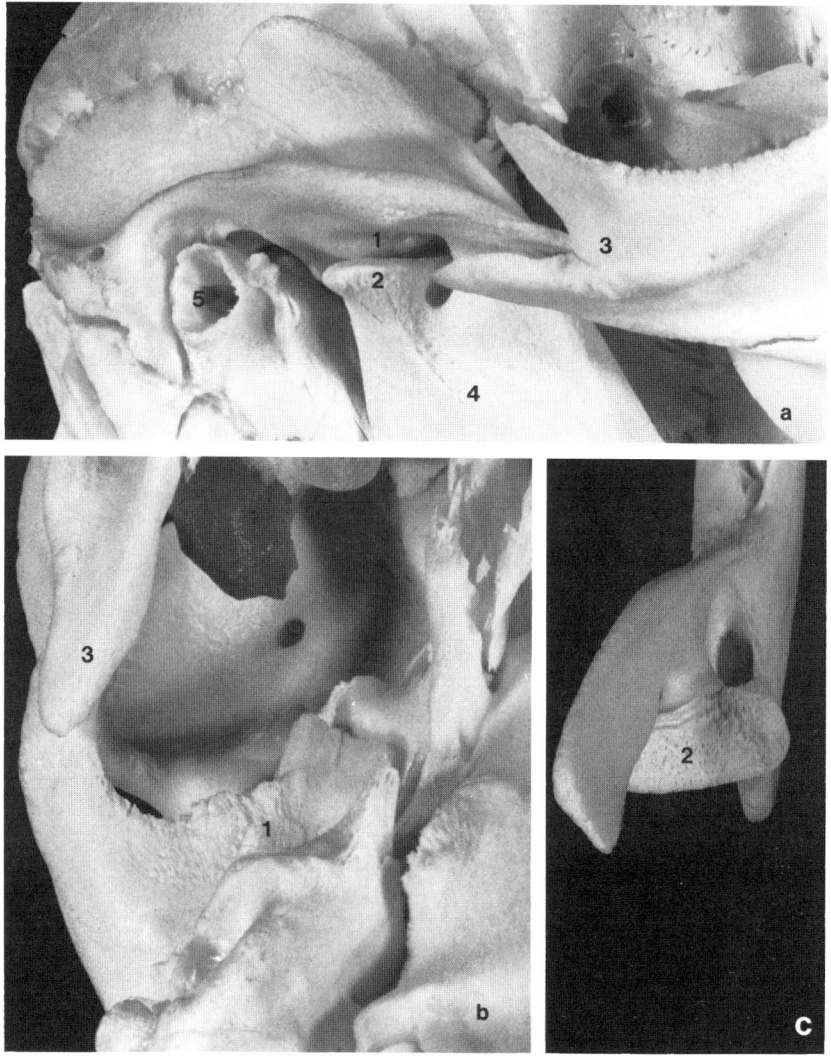

Abb. 8: Kiefergelenk eines Herbivoren (Ziege)

a) Ansicht von der Seite, man erkennt eine plane Gelenkfläche am Schädel sowie am Kieferköpfchen, wodurch die Mahlbewegungen begünstigt werden.

b) Ansicht von unten zeigt die plane Gelenkfläche des Os temporale.

c) Ansicht des Kieferköpfchens von oben, man erkennt die breite, plane Gelenkfläche des
Kieferköpfchens.

1 = Gelenkpfanne; 2 = Kieferköpfchen; 3 = Jochbogen; 4 = Unterkiefer, aufsteigender
Ast; 5 = Öffnung des äußeren Gehörgangs.

156

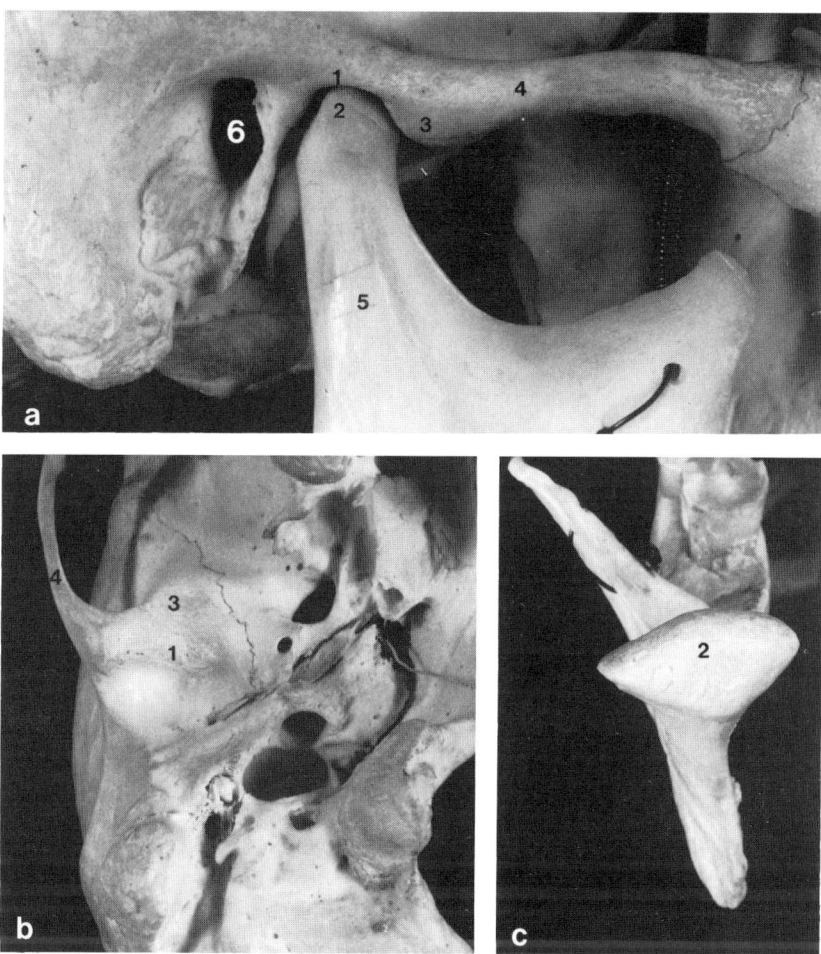

Abb. 9: Kiefergelenk des Menschen

a) Ansicht von der Seite; diese Ansicht zeigt eine tiefe Fossa articularis (1) und das Tuberculum articulare (3). Bei der Kaubewegung gleitet das Kieferköpfchen (2) aus der Fossa articularis auf das Tuberculum articulare, so daß die Bewegung freigegeben wird.

b) Ansicht von unten, die Gelenkpfanne ist schüsselförmig und läuft zum Tuberculum articulare (3) hin aus.

c) Ansicht des Kieferköpfchens von oben. Das Kieferköpfchen des Menschen ist biconvex in der Quer- und in der Längsachse geformt, so daß die Bewegungen in allen Richtungen des Raumes möglich sind.

1 = Gelenkpfanne (Fossa articularis); 2 = Kieferköpfchen; 3 = Tuberculum articularis; 4 = Jochbogen; 5 = Unterkiefer, aufsteigender Ast; 6 = Öffnung des äußeren Gehörganges.

157

gungsmöglichkeiten auf eine omnivore Nahrungsaufnahme zurück, da diese Gelenkform auch bei Schweinen, Bären und allen Primaten vorkommt. Jedoch weist die Kaumuskulatur und die Stellung des Unterkieferastes (R. mandibularis) im Vergleich zu der der genannten Arten beim Menschen Besonderheiten auf. Der Winkel zwischen dem Mandibularbogen und dem R. mandibularis ist beim erwachsenen Menschen relativ steil (etwa 120 Grad), so daß der R. mandibularis fast senkrecht in der Gelenkpfanne steht. Bei omnivoren Tieren ist der Kieferwinkel wesentlich flacher, damit die Kaumuskulatur am Kiefer eine breite Ansatzfläche findet und beim Kauen größere Kraft entwickeln kann. Beim Menschen ist die Kaumuskulatur nicht so kräftig ausgebildet und in einem Muskelschlingensystem so angeordnet, daß sie beim Sprechen ein freies Schwingen des Unterkiefers ermöglicht. Zusammenfassend zeigt sich, daß das menschliche Kiefergelenk weniger auf eine bestimmte Kaufunktion »spezialisiert« ist, sondern einen »universalen Gelenktyp« (Starck 1979) darstellt, der alle Bewegungsmöglichkeiten offen läßt und damit wesentlich zur Sprachbildung beiträgt.

b) Zähne

Das menschliche Gebiß unterscheidet sich von dem der höheren Primaten durch die geschlossene Zahnreihe, das Zahngehege, die gleiche Höhe der Zähne und die frontale Stellung der vorderen Zähne (bei den Primaten herrscht eine prognathe Frontzahnstellung vor). Beim Menschen kommt eine Spezialisierung einzelner Zähne wie z.B. des 3. Zahnes (Caninus) nicht vor. Der Caninus bei den Affen und vor allem aber auch bei allen Carnivoren ist zu einem kräftigen Reißzahn herangebildet. Darüberhinaus findet man bei Affen zwischen dem 2. Zahn (Incisivus) und dem Caninus immer eine mehr oder weniger große charakteristische Lücke, die auch als »Affenlücke« bezeichnet wird (Abb. 10). Der Zahnbogen (Alveolarbogen) ist beim erwachsenen menschlichen Gebiß parabolisch geformt, während er beim Affen langgestreckt und gerade ist (Abb. 10). Anders verhält es sich mit den Jugendformen. Hier ist der Alveolarbogen sowohl beim menschlichen Milchgebiß als auch beim Milchgebiß des Affen parabolisch geformt, die Zähne sind noch nicht spezialisiert und stehen ähnlich wie beim menschlichen Milchgebiß lückenlos zusammen (vgl. Abb. 10). Beim Affen streckt sich dann der Kiefer während des Zahnwechsels nach vorne und hinten, so daß im Alveolarfortsatz viel Platz entsteht und sich mäch-

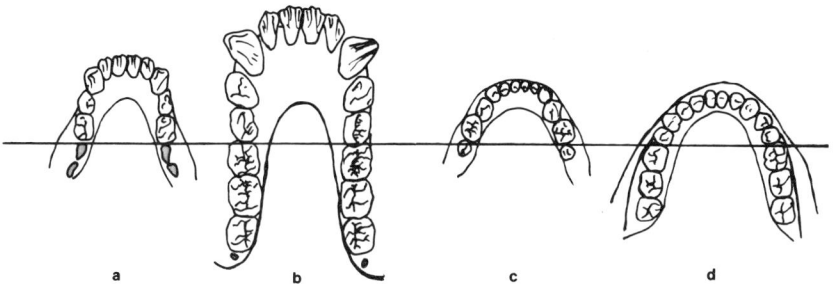

Abb. 10: Vergleichende Entwicklung des Oberkiefers (nach Selenka 1898, wiedergegeben im Kipp F. A. 1980)

a) Milchgebiß des Orang Utan (Pongo)
b) Erwachsenes Gebiß des Orang Utan
c) Milchgebiß des Menschen
d) Erwachsenes Gebiß des Menschen

Die Linie ist hinter dem 2. Milchmolaren, der durch den 2. Prämolaren des erwachsenen Gebisses ersetzt wird, gelegt. Der Unterkiefer des Orang Utan streckt sich nach vorne und nach hinten, so daß viel Raum im Alveolarfortsatz entsteht. Zwischen dem Incisivus und dem Caninus entsteht eine relativ große Lücke. Der Caninus ist als »Reißzahn« ausgebildet und überragt die restlichen Zähne des Gebisses. Der menschliche Kiefer verlängert sich nur nach hinten. Ein Wachstum nach vorne unterbleibt. Die Zähne stehen lückenlos in einem geschlossenen Zahnbogen. Der Caninus ist in die Zahnreihe integriert.

tige, auf bestimmte Kaufunktionen spezialisierte Zähne entwickeln können. Im menschlichen Gebiß bleibt der ursprüngliche Kieferbogen erhalten, es kommt also nicht zu einem Wachstum nach vorne, sondern der Alveolarfortsatz verlängert sich nur wenig nach hinten und schafft hier nur Raum für die Zuwachszähne. Besonders deutlich wird dies am Beispiel des 3. Molaren. Während beim Affen regelmäßig 3 Zuwachszähne vorhanden sind, wird beim Menschen der 3. Zuwachszahn (Weisheitszahn) zwar angelegt, aber er bricht erst nach der Pubertät durch (3. Dentition). Häufig ist der Raum im menschlichen Kiefer so beengt, daß der Weisheitszahn sich nicht in das Zahngehege einfügt und schief steht. Manchmal wird der dritte Molar bei den heute lebenden Menschen nicht mehr angelegt und fehlt ganz. Interessanterweise ist bei praehistorischen hominiden Schädeln der 3. Molar noch regelmäßig ausgebildet und steht hier mit den anderen Zähnen in der Zahnreihe. Es zeigt sich also, daß beim rezenten Menschen das Gebiß mehr und mehr reduziert wird und darüberhinaus auch nach der zweiten Dentition eine größere Ähnlichkeit mit der »Jugendform« des Milchgebisses behält, als dieses beim Affen der Fall ist.

159

Entwicklung des Schädels

Betrachtet man den Schädel eines neugeborenen Menschen, so fällt der große Hirnschädel (Neurocranium) auf im Vergleich zum relativ kleinen Gesichtsschädel (Splanchnocranium), der sich *unter* dem Neurocranium befindet (Abb.11). Der ganze Schädel nähert sich der Form einer Kugel. Das gleiche gilt auch für den Schädel des neugeborenen Affen (Abb. 11). Auch hier findet man beim Neugeborenen eine ausgeprägte Stirn, das Splanchnocranium befindet sich unter dem Neurocranium.

Beim Schädel des erwachsenen Menschen haben sich die Proportionen gegenüber dem kindlichen Schädel nur unwesentlich verändert. Das Splanchnocranium befindet sich immer noch *unter* dem Neurocranium und die hohe Stirn bleibt erhalten. Beim erwachsenen Affen ist dagegen das Splanchnocranium im Vergleich zum Neurocranium stark gewachsen und befindet sich nun *vor* dem Neurocranium. Die Stirn fehlt. Das Gebiß ist mächtig entwickelt (Abb. 12) und dem speziellen Nahrungserwerb bzw. der Nahrungsaufnahme angepaßt.

Eine genaue vergleichende Untersuchung des menschlichen – und des Affenschädels zeigt weitere interessante Details. Für das Größenwachstum der Schädelknochen ist das Bindegewebe, welches sich in den Zwischen-räumen (Suturen) zwischen den Schädelknochen befindet, im wesentli-chen verantwortlich. Von hier aus wird ständig Knochenmaterial angela-gert, so daß die Schädelknochen wachsen können. Sobald die Schädelkno-chen zusammentreffen, bilden sich die charakteristischen stark verzahnten Suturen des erwachsenen Schädels, und das Wachstum ist beendet, da das Bindegewebe nun nicht mehr regenerationsfähig ist.

Vergleicht man die Suturen von menschlichen Schädeln und von Affen-schädeln, dann fällt beim Neugeborenen auf, daß die Sutur zwischen den beiden Unterkieferknochen beim Menschen bereits bei der Geburt ver-schwunden ist und beide Knochen fest miteinander verwachsen sind. Beim Affen ist diese Sutur noch vorhanden, so daß von vornherein die Möglich-keit besteht, daß der Unterkiefer durch Anlagerung von Knochenmaterial nach vorne weiter wächst und Raum für die Zähne geschaffen wird. Das gleiche gilt auch für den Oberkiefer. Beim Menschen ist der sogenannte Zwischenkieferknochen (Os incisivum) bereits bei der Geburt mit dem ei-gentlichen Oberkieferknochen fest verwachsen und eine Sutur zwischen dem Os incisivum und dem Gaumenanteil der Maxilla ist nur schwer zu erkennen. Ein raumschaffendes Wachstum nach vorne (Schnauzenbil-

160

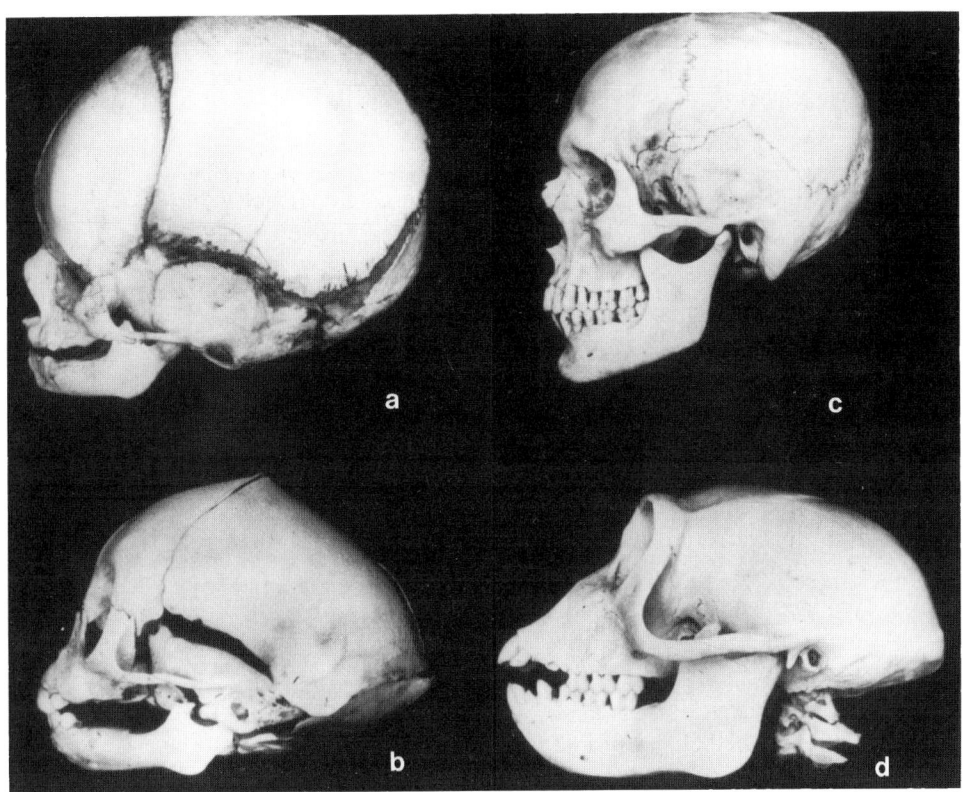

Abb. 11: Entwicklung des Schädels als Ganzes

a) Schädel eines neugeborenen Menschen
b) Schädel eines neugeborenen Affen (Maccaca fascicularis)
c) Schädel eines erwachsenen Menschen
d) Schädel eines erwachsenen Affen (Maccaca fascicularis)

Die Schädel des neugeborenen Menschen und des neugeborenen Affen sind sehr ähnlich, es dominiert das Neurocranium, das Splanchnocranium sitzt unter dem Neurocranium. Auch beim Schädel des Affen ist eine Stirnbildung zu erkennen. Das Gesicht steht frontal. Beim Wachstum des menschlichen Schädels dominiert die konzentrische Vergrößerung, wobei die ursprüngliche Form weitgehend beibehalten wird. Der Gesichtsschädel bleibt unter dem Neurocranium, hat sich jedoch etwas nach vorne und unten gestreckt. Es bleibt die frontale Stellung des Gesichts erhalten. Beim Affen dominiert das longitudinale Wachstum, wobei die frontale Gesichtsstellung verloren geht. Ober- und Unterkiefer dominieren im Gesichtsschädel und sind nun vor dem Neurocranium.

161

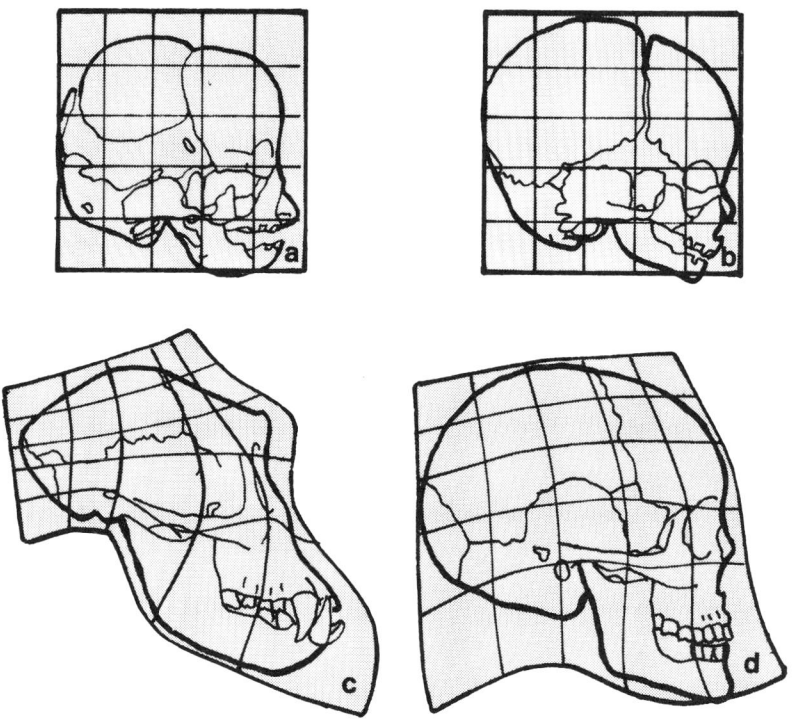

Abb. 12: Schematische Darstellung des Schädelwachstums anhand von normierten Koordinaten (nach Richard C. Lewontin)
a) neugeborener Gorilla
b) neugeborener Mensch
c) erwachsener Gorilla
d) erwachsener Mensch

dung) ist also auch im Oberkiefer nicht möglich. Darüber hinaus verknöchern auch die beiden Stirnbeine (Ossa frontalia) so miteinander, daß beim Erwachsenen nur noch ein einziges Stirnbein vorhanden ist. Nur selten bleibt beim Menschen eine frontale Sutur zwischen den beiden Ossa frontalia erhalten.

Insgesamt gesehen verknöchern beim menschlichen Kopfskelett die *frontalen* Suturen sehr früh, welche ein Wachstum fördern würden, das zur stärkeren Differenzierung und damit Spezialisierung des Gesichtsschädels

162

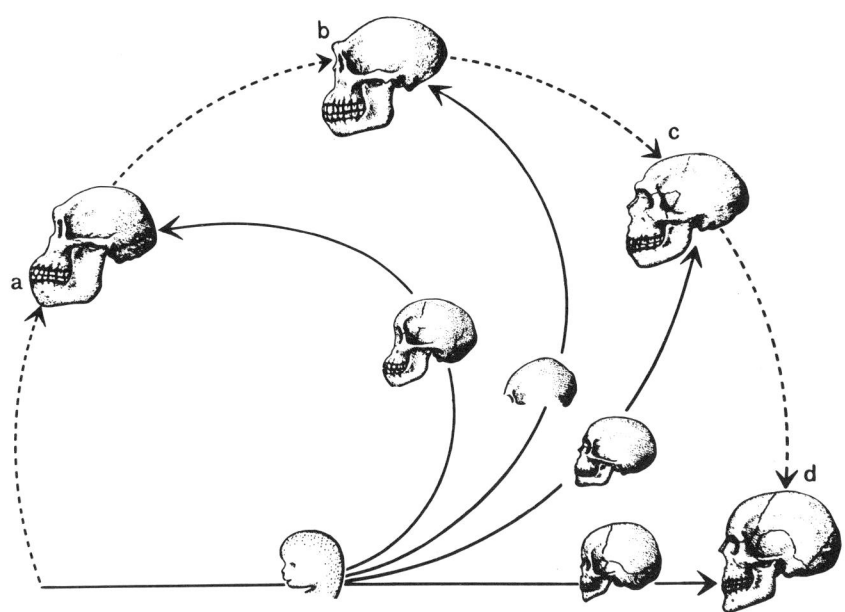

Abb. 13: Entwicklung der Schädelform, wie sie sich aus paläontologischen Befunden ergibt. Dabei spiegelt die kindliche Form die zukünftige Schädelform von weiterentwickelten Formen wieder. Der gestrichelte Kreisbogen von links nach rechts gibt die phylogenetische Entwicklung der Schädelform des Menschen wieder, während die durchgezogenen Kreisbögen im inneren die ontogenetische Entwicklung darstellen.
a) Astralopithecus africanus
b) Homo errectus
c) Homo neandertalensis
d) Homo sapiens
(Mit freundlicher Genehmigung von W. Schad, aus Anthropologie Band 4, Freies Geistesleben Stuttgart 1985; S. 128)

und des Kauapparates führen würde. Es zeigt sich, daß der menschliche Schädel ein mehr *konzentrisches* Wachstum aufweist, was dazu führt, daß die ursprüngliche, weniger differenzierte Jugendform weitgehend erhalten bleibt (vgl. Abb. 12), während das Kopfskelett des Affen sich longitudinal streckt und zugunsten eines sehr differenzierten Kauapparates weiter entwickelt.

Schindewolf (1972) und Schad (1985) haben das postnatale Wachstum des menschlichen Schädels in der Ontogenese und der Phylogenese ge-

163

nauer untersucht. Dabei fanden sie heraus, daß in der Evolution des Schädels prinzipiell zwei Tendenzen auftreten. Betrachten wir zuerst die ontogenetische Entwicklung. In der Ontogenese entwickeln sich alle Individuen von mehr oder weniger undifferenzierten Jugendformen zu hochdifferenzierten Erwachsenenformen. Der Schädel der Erwachsenenform ist wesentlich differenzierter, viele Spezialisierungen, vor allem im Kauapparat, sind zu erkennen. Es zeigt sich, daß bei niederen Entwicklungsstufen der Unterschied zwischen den Jugendformen und den Erwachsenenformen wesentlich größer ist als bei höher evoluierten Formen. Bei genauer Betrachtung fällt auf, daß bei den in der Entwicklung früh auftretenden Hominiden die erwachsene Schädelform sich mehr der der Affen annähert als bei den später auftretenden hominiden Formen (vgl. dazu Abb. 13). In der Ontogenese finden wir also in Bezug auf die Morphologie des Schädels einen nach rückwärts gerichteten Zeitstrom (vgl. auch W. Schad in diesem Band). Betrachtet man dagegen die phylogenetische Entwicklung, so zeigt sich das Gegenteil. Interessanterweise spiegeln sich nämlich in den Jugendformen schon die Erwachsenenform von Arten wieder, die in der Evolution erst später auftreten (Abb. 13; Schad 1985). Das heißt aber, daß in den Jugendformen die progressiven, auf die Zukunft hinweisenden Formen repräsentiert werden. An ihnen läßt sich gewissermaßen der Lauf der Evolution ablesen. Die Jugendformen sind die Träger der Phylogenese. Beim Homo sapiens sapiens sind die Jugendformen des Schädels der der Erwachsenenform am ähnlichsten, sie erfahren also während der postnatalen Entwicklung die geringste Veränderung.

Entwicklung des zentralen Nervensystems

Neben den morphologischen Voraussetzungen für die Sprachfähigkeit entwickeln sich parallel dazu auch die höheren Koordinationszentren. Zur Sprachbildung gehört eine äußerst fein abgestimmte Motorik der mimischen Muskulatur, der Zunge, des Gaumens und des Larynx. Darüber hinaus müssen die sensorischen Systeme für das Sprachverständnis ausgebildet sein, das heißt der Sinn gesprochener Worte muß erfaßt werden können und gelesene Schriftzeichen in Sprache umgesetzt werden können. Dies setzt eine äußerst komplexe Hirnfunktion voraus.

Die Evolution des zentralen Nervensystems ist gekennzeichnet durch drei morphologisch darstellbare Prozesse. Erstens entwickeln sich im

164

Abb. 14: Phylogenetische Entwicklung des zentralen Nervensystems (Nach Rohen »Funktionelle Anatomie des Nervensystems« 4. Auflage, Schattauer 1987). Die paläoenzephalen Anteile entwickeln sich zurück, dafür dominieren schrittweise im Laufe der Evolution die plastischen mehr oder weniger frei verfügbaren neoenzephalen Anteile.
a) Igel b) Halbaffe c) Mensch
1 = primär motorische Areale; 2 = primär sensorische Areale; 3 = Sehrinde; 4 = Hörrinde; 5 = Riechhirn; weiß = neocorticale Großhirnanteile.

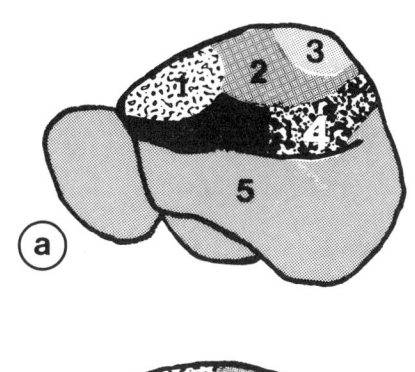

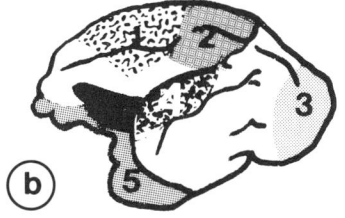

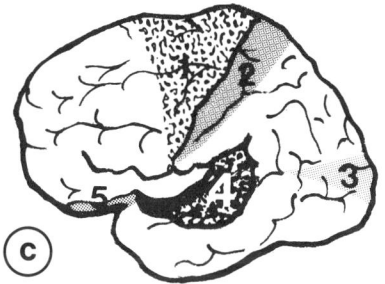

Laufe der Stammesgeschichte neue Hirnrindenabschnitte (Neocortex), zweitens werden die älteren Rindengebiete (Paleocortex) immer mehr zurückgedrängt und drittens werden die alten Rindengebiete nach innen verlagert (Abb. 14), während die neuen Rindenabschnitte den größten Teil der Hirnoberfläche bilden.

Die paleocorticalen Abschnitte der Hirnoberfläche erfüllen einfache Funktionen und stehen entweder im Dienste der Sinneswahrnehmung, als sogenannte primäre Sinneswahrnehmung, oder der einfachen motorischen

165

Regulation (Abb. 14). Die sich neu entwickelnden neozerebralen Anteile der Hirnoberfläche übernehmen dagegen immer komplexere Leistungen im Sinne von Gedächtnis- und intellektuellen Leistungen. Dabei sind die neocorticalen Hirnabschnitte weniger festgelegt als die paleocorticalen Anteile und die primären Hirnrindenzentren (z. B. das primäre motorische Zentrum zur Steuerung der Motorik, das primäre akustische Zentrum und das primäre optische Zentrum usw.). Störungen in den primären Zentren führen immer zu definierten neurologischen Ausfallerscheinungen, während Störungen höherer neocorticaler Zentren häufig kompensiert werden können und nicht immer zu eindeutigen neurologischen Symptomen führen. Das heißt, daß nach einiger Zeit ausgefallene Funktionen, die an bestimmte Hirnabschnitte geknüpft sind, von anderen Hirnteilen übernommen werden können. Man sagt, daß die neocorticalen Rindenabschnitte »plastisch« sind (Springer und Deutsch 1987). Es zeigt sich, daß in der Evolution der Gehirnstrukturen immer mehr frei verfügbare, plastische, weniger festgelegte Areale entstehen, die komplexe Funktionen übernehmen können. In der Biologie wird dieser Vorgang als Cerebralisation bezeichnet. Neben der zunehmenden Cerebralisation, die sich in der Evolution ganz allgemein nachweisen läßt (Portmann 1976), zeigt sich in der Evolution der rezenten Primaten, vor allem beim Menschen, auch eine zunehmende funktionelle Asymmetrie (Lateralisation des Gehirns). Neurophysiologische Untersuchungen (eine zusammenfassende Darstellung findet sich bei Springer und Deutsch 1987) haben gezeigt, daß die linke Hirnhälfte im allgemeinen analytische Funktionen hat, während die rechte synthetische Aufgaben übernimmt. Die Lateralisation betrifft vor allem auch die Sprachzentren, welche sich bei etwa 97% der westlichen Bevölkerung auf der linken Hirnhälfte befinden, egal welche Händigkeit vorliegt. Das sogenannte Brocasche Sprachzentrum kontrolliert die Sprachmotorik, während das sogenannte Wernicksche Sprachzentrum für das Sprachverständnis verantwortlich ist. Das Brocasche Sprachzentrum ist für die Koordination der muskulären Abläufe während des Sprechens verantwortlich. Es steuert die Spannung der Kehlkopfmuskulatur, der Rachenmuskulatur und der mimischen Muskulatur. Alle Muskelkontraktionen müssen bei der Sprachbildung sehr fein aufeinander abgestimmt werden. Ein Ausfall des Brocaschen Sprachzentrums hat zur Folge, daß man nicht mehr sprechen kann, aber gesprochene Sprache noch verstehen kann. Anders verhält es sich mit dem Wernickschen Sprachzentrum. Es ist ein wichtiges Zentrum für das Sprachverständnis. Ein Ausfall hätte zur Folge, daß der Patient

166

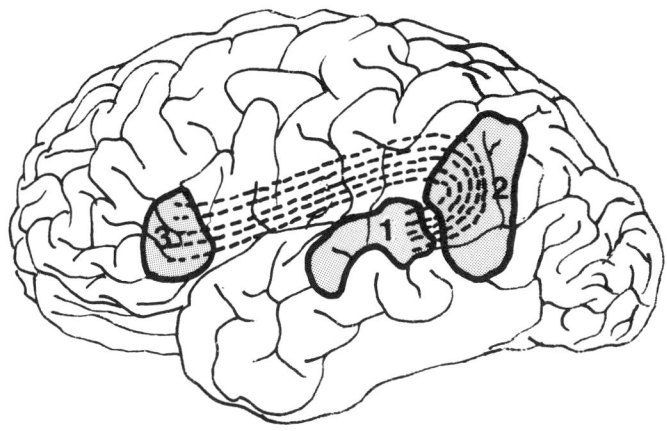

Abb. 15: Darstellung der wichtigsten funktionellen Areale, die für die Sprachfunktion zuständig sind und deren Verbindung.
(Umgezeichnet nach Geschwind, N., Language and the Brain. Wiedergegeben in: Linkes Gehirn, Rechtes Gehirn. S. P. Springer und G. Dantsch, Spektrum Heidelberg 1987).
1 = Wernicksches Areal; 2 = Gyrus Angularis; 3 = Brockasches Areal.
Die gestrichelten Linien stellen den Fasciculus arcuatus dar, der die genannten Zentren miteinander verbindet.

zwar die Sprache hört, aber mit ihr nicht viel anfangen kann, etwa so, wenn wir eine Fremdsprache hören, die wir nicht gelernt haben. Beide Zentren sind über spezielle Nervenfaserbündel miteinander verbunden (Abb. 15). Differenziertere Untersuchungen des Sprachverständnisses haben jedoch gezeigt, daß das Wernicksche Areal für das Sprachverständnis nicht allein von Bedeutung ist, sondern daß große Teile der Großhirnrinde (vor allem auch der übergeordneten Areale der Sehrinde und der Hörrinde) sowie Abschnitte des Zwischenhirns und des Mittelhirns notwendig sind, so daß sich *ein* Zentrum nicht eindeutig abgrenzen läßt. Auch morphologisch lassen sich bis heute keine Hinweise auf derartige spezialisierte Funktionen der genannten Hirnabschnitte nachweisen (das Gleiche hat man inzwischen auch für andere Funktionen wie das Sehen und Hören festgestellt. Es handelt sich hier um ein ganz allgemeines Phänomen in der Neurophysiologie). Duus (1983) faßt die Kenntnisse wie folgt zusammen: »Wir erkennen also, daß bei der Zwiesprache praktisch das Gehirn insgesamt beteiligt und die Unversehrtheit des Gehirns notwendig ist, damit man reibungslos andere verstehen und seine eigenen Gedanken in Sprache umsetzen kann.

Wenn auch bestimmte Hirngebiete der dominanten Hemisphäre mit dem Verstehen von Sprache und andere mit dem Sprechen selbst von größter Wichtigkeit sind, so ergibt sich doch, daß es keine isolierte ›Sprachzentren‹ gibt, sondern daß diese wichtigen Gebiete nur im Zusammenwirken mit den übrigen Hirngebieten ihrer Aufgabe gerecht werden können«.

Es läßt sich zusammenfassend feststellen, daß die Hirnfunktion des Menschen bezüglich der Sprachleistungen (und auch anderer Leistungen) also offensichtlich nicht eindeutig festgelegt ist, sondern daß große Teile der Hirnrinde, die funktionell freibleiben, hier eine wesentliche Rolle spielen. Die zunehmende Cerebralisation im Laufe der Evolution geht *nicht* einher mit einer Zunahme der Spezialisierung, sondern mit einer Zunahme von frei verfügbaren und daher universeller einsetzbaren Funktionen im ZNS.

Adaptation und Emanzipation

Zweifellos existieren in der Natur Adaptationsmechanismen. Sie führen dazu, daß Organismen sich in ihre Lebensumgebung so eingliedern, daß sie möglichst geringen selektionierend wirkenden Kräften ausgesetzt sind. Das bedeutet aber, daß die Adaptation immer von *allgemeinen* Fähigkeiten oder Formen zu *besonderen* – zu Spezialisierungen führt. Daraus ergibt sich, daß die Adaptation immer mit einem Verlust von Fähigkeiten bzw. Entwicklungsmöglichkeiten verbunden ist. Auf der anderen Seite müssen auch angepaßte Organismen in gewisser Weise veränderbar sein, sonst wäre die Evolution frühzeitig zum Stillstand gekommen und würde sich selbst in Frage stellen. Es muß also Prinzipien geben, die Organismen freihalten von einer absoluten Adaptation. Man könnte solche Prinzipien emanzipatorische Prinzipien nennen. Rohen (1983) bezeichnet sie als *antiadaptive* Kräfte, die eine Spezialisierung der Organismen bis zur totalen Anpassung verhindern. Eine extreme Spezialisierung und Festlegung würde bei geringer Veränderung der Lebenswelt zum Aussterben der Art führen, was im Laufe der Evolution ja auch mehrfach auftrat (Stanley, 1988)

Karl Popper (1987) erklärt das Auftreten von Neuem auf der Basis der Mutationstheorie durch Präadaptationen. Das heißt, er geht davon aus, daß in der Evolution sich die Organismen (vor allem der genetische Apparat) ständig verändern, ohne daß diese Veränderungen wirksam werden. Erst wenn sich entsprechende Umstände ergeben, kommen die Präadaptationen zur Geltung. Ein solches Beispiel wäre die Entwicklung der Lunge

168

bei den Fischen. Die Annahme von Präadaptationen setzt jedoch voraus, daß zahlreiche sinnlose Mutationen auftreten, die niemals irgendeinen Selektionsvorteil bieten. Zufällig paßt dann eine der Mutationen in eine veränderte Umweltsituation, so daß diese als Praeadaptation wirksam wird und zur Adaptation des Organismus an die neue Situation führt. Betrachtet man die Komplexität der Evolution, bei der, wie am Beispiel der Sprachorgane ausgeführt, sich verschiedene Organe und Organsysteme einerseits parallel andererseits aber auch synchron entwickeln müssen, um zu einer komplexen Funktion zu gelangen, so wird die Annahme der Präadaptation unsinnig. Es erscheint sinnvoller, bestimmte Veränderungen von Organen und Organsystemen unter dem Gesichtspunkt der prospektiven Bedeutung für eine Entwicklungsrichtung zu betrachten.

In der menschlichen Entwicklung lassen sich sowohl die Adaptation als auch die Emanzipation (Antiadaptation) anhand zahlreicher morphologischer und funktioneller Details belegen und die prospektive Bedeutung bestimmter Evolutionsschritte für die weitere Entwicklung aufzeigen. Die körperliche Entwicklung des Menschen ist ganz wesentlich geprägt durch die Aufrichtung. Hier löst sich der Mensch einerseits in der körperlichen Gestik vom Eingebundensein in die Umwelt und stellt sich ihr *gegenüber*. Auf der anderen Seite kommt es durch die Aufrichtung in der oben-unten Dimension zu einer Polarisierung der Funktionen. Nach unten zu weist der menschliche Organismus deutlich spezialisiertere – festgelegte Strukturen auf, nach oben tauchen die freiheitlichen Elemente auf. Zum Beispiel ist das Skelett der unteren Extremität ganz an den aufrechten Gang *angepaßt*. Die obere Extremität ist wesentlich freier und unspezialisierter. Die menschliche Hand ist kein spezialisiertes Greiforgan, sondern ein universell verwendbares Organ für ganz unterschiedliche Zwecke (z. B. zum Führen von Werkzeug; zum Schreiben; als Ausdrucksorgan in der Gestik usw.). Bei den Affen sind die Verhältnisse anders. Sowohl die obere als auch die untere Extremität sind gleichermaßen als Greiforgane ausgebildet und spezialisiert. So ist z. B. beim Fuß des Affen die große Zehe genauso wie der Daumen opponierbar, was eine wichtige Grundlage für die Greiffunktion ist. Beim Affen kommt es also nicht zu der Polarisierung der Funktionen. Des weiteren gelangt der Kopf durch die Aufrichtung in eine räumliche Beziehung, die sich von der aller anderen Wirbeltiere unterscheidet. Wir wissen heute, daß die Erlangung des aufrechten Ganges bei den Hominiden der Entwicklung des ZNS vorausging (Schad 1985, Johanson 1981, Walker und Leakey 1983). Beim aufrecht gehenden Menschen wird der Kopf in seinem Schwerpunkt auf der Wirbelsäule *balanciert* und damit gewissermaßen der Wirkung des Schwerefeldes der Erde weitgehend entzogen. Der Kopf *ruht* auf der Wirbelsäule. In dieser besonderen räumlichen Orientierung konnte sich dann das ZNS weiter entwickeln. Die Besonderheit der Entwicklung des ZNS liegt, wie oben ausgeführt, eben darin, daß sich auch hier immer mehr nicht festgelegte, »freiheitliche« Elemente herausbilden.

Ähnliches, was für die physische Evolution gilt, gilt auch für die seelisch-geistige Entwicklung. So zeichnet sich das menschliche Verhalten dadurch aus, daß es nicht instinktgebunden ist. Instinkte sind ja gewissermaßen »Verhaltensreflexe«. Sie werden dadurch charakterisiert, daß ein bestimmter Reiz eine Kette von Reaktionen auslöst, die immer in der gleichen Weise ablaufen und normalerweise auch nicht mehr unterbrochen werden können. Tierisches Verhalten wird fast ausschließlich durch Instinkte gesteuert, das heißt, das Tier hat nicht die Möglichkeit der freien Entscheidung. Menschliches Verhalten wird durch das Bewußtsein und das Denken gesteuert und ist damit frei von instinktgesteuerten Verhaltenszwängen.

Durch den Erwerb eines selbsterkennenden Bewußtseins und der Denkfähigkeit, also durch die Entwicklung des Ich, distanziert sich der Mensch gewissermaßen von seinen Sinneseindrücken. Unsere Sinne vermitteln uns Eindrücke der Umwelt. Sie verbinden uns mit der Welt. Das, was uns herauslöst, ist das Denken. »Unser Denken ist nicht individuell wie unser Empfinden und Fühlen. Es ist universell« (R. Steiner 1978). Indem der Mensch denkend mit seinen Sinneswahrnehmungen umgeht, erlangt er das hohe Maß an Freiheit. Seinen Ausdruck findet das Denken in der Sprache. Daher sind die Sprachorgane des Menschen nicht, wie vielfach angenommen wird, einfach an die Sprachfunktion adaptiert. Wie wir gesehen haben, gehen die Sprachorgane des Menschen aus Organen hervor, die bei Tieren ganz unterschiedliche spezialisierte Funktionen haben. Beim Menschen treten diese spezialisierten Funktionen in den Hintergrund zugunsten der freien Verwendbarkeit in der Sprachbildung.

Im Tierreich sind die Laute, die hervorgebracht werden, artspezifisch, instinktgebunden und interindividuell gleichartig. Es gibt nur ganz geringe individuelle Unterschiede in der Lautbildung. Die artspezifische Lautbildung ist zudem angeboren und wird nicht wie die menschliche Sprache erlernt. Menschliche Sprache ist nicht nur differenzierte Lautbildung, sondern bei der Sprache steht die semantische Bedeutung im Vordergrund.

170

Sprache ist in zweierlei Hinsicht universell. Erstens, weil alle Gedanken prinzipiell durch die Sprache geäußert werden können. Der Sprache sind also die Grenzen nur durch das Denken gesetzt. Zweitens ist sie universell, weil sie nicht angeboren, sondern erlernbar ist. Auf diese Weise kann der Einzelne Zugang zu unterschiedlichen Kulturkreisen und deren Gedankengut erlangen.

Die durch Charles Darwin eingeführten Evolutionsprinzipien der Mutation und Selektion, bzw. Adaptation sind wichtige Evolutionsfaktoren. Aber sie sind nur eine Facette des ganzen Evolutionsgeschehens. Als weiteres wirksames Prinzip kommt die Emanzipation – die Herauslösung aus der Anpassung hinzu. Adaptation und Emanzipation sind in unterschiedlichem Ausmaß wirksam und durchdringen sich. Die menschliche Evolution ist dadurch gekennzeichnet, daß sich ein selbsterkennendes, denkendes Wesen entwickelt, welches einerseits an die Naturzusammenhänge gebunden ist, sich andererseits aber auch von ihnen löst. Die Adaptation und die Emanzipation scheinen sich in der Evolution des Menschen so auszugleichen, daß neue Kräfte die Bewußtseinskräfte und das Ich wirksam werden können.

Tabelle 1

Anatomische Strukturen, die bei der Sprachlautbildung von Bedeutung sind

Gruppen häufig vorkommender Sprachlaute	Für ihre Erzeugung wichtige anatomische Strukturen
p, b, m	Muskelrand in den Lippen; Backenmuskulatur naso-pharyngaler Sphinkter
f, v, w	Vertikale Stellung der Schneidezähne; rückgebildete Eckzähne; Lippenmuskeln
t, d, n	Stellung der Zähne und des Alveolarfortsatzes
k, g	Zunge, Motorik der Zungenbinnenmuskulatur (ausbauchen, zurückheben)
l, v	Zunge, Motorik der Zungenbinnenmuskulatur (abflachen, Änderung des Querschnitts)
Vokale	Mundwinkelmuskulatur; kleiner Mund; Verdrehung der Stimmfalten in adduzierter Stellung (Kehlkopf)

Literatur

Carroll, R. L. (1988): Vertebrale Paleontology and Evolution. W. H. Freeman, New York.

Darwin Ch. (1968) The origin of species. ed. by J. W. Burrow Penguin Books Harmondsworth

Duus P. (1983) Neurologisch-topische Diagnostik. Thieme Stuttgart

Kelemen G. (1948) The anatomical basis of phonation in the chimpansee. J. Morphol. 82: 229-256

Kelemen G. (1938) Comparative anatomical studies on the junction of larynx and resonant tube. Acta-oto-laryngologica 26: 276-283

Kipp F. A. (1980) Die Evolution des Menschen. Freies Geistesleben Stuttgart

Lenneberg E. H. (1986) Biologische Grundlagen der Sprache. Suhrkamp Frankfurt a. M.

Lewontin, Richard C. (1983) Anpassung. In: Evolution. Heidelberg.

Müller H. M. (1987) Evolution, Kognition und Sprache. Parey Berlin, Hamburg

Popper K. (1987) Die erkenntnistheoretische Position der Evolutionären Erkenntnistheorie. In: Die Evolutionäre Erkenntnistheorie. Hrsg. R. Riedel, F.M. Wuketits Parey Berlin, Hamburg 29-39

Portmann A. (1976) Einführung in die vergleichende Morphologie der Wirbeltiere. Basel, Stuttgart

Portmann A. (1969) Biologische Fragmente zu einer Lehre vom Menschen. Basel, Stuttgart

Radnitzky, G. (1987) Erkenntnistheoretische Probleme im Lichte der Evolutionstheorie und konomie: Die Entwicklung von Erkenntnisapparaten und epistemischen Resourcen. In: Die Evolutionäre Erkenntnistheorie. Hrsg. R. Riedel, F. M. Wuketits Parey Berlin, Hamburg; 115-131

Rohen J.W., Ch. Tautz und R. Heckemann (1969): Neue Befunde über die anatomischen Grundlagen der Sprache. Med. Welt 19: 3–12.

Rohen J. W. (1983) The Evolution of the Primate Eye in Relation to the Problem of Glaucoma. In: Basic Aspects of Glaucoma Research ed. by E. Ltjen-Drecoll Schattauer Stuttgart 1983, pg. 3-34

Schad W. (1985) Gestaltmotive der fossilen Menschenformen In: Anthropologie Hrsg. W. Schad. Freies Geistesleben Stuttgart pg. 57-152

Schindewolf O.H. (1972) Phylogenie und Anthropologie aus palaeontologischer Sicht. In: Gadamer/Vogler (Hrsg.): Neue Anthropologie Bd. I, S. 230-292 Stuttgart

Sonesson B. (1960) On the anatomy and vibratory pattern of the human vocal folds. Acta oto-laryngologica Suppl. 156

Steiner R. (1978) Die Philosophie der Freiheit; Steiner Dornach 14. Aufl.

Springer S. P. und Deutsch G. (1987) Linkes – Rechtes Gehirn Spektrum Heidelberg

Stanley S. M. (1988): Krisen der Evolution, Spektrum Heidelberg.

Starck D. und Schneider R. (1960) Larynx. In: Primatologica – Hdbk. of Primatology Vol III, Part 2 Karger Basel

Starck D. (1979) Vergleichende Anatomie der Wirbeltiere. Springer Heidelberg, New York

Tautz Chr. und Rohen J. W. (1967) Über den konstruktiven Bau des Musculus vocalis beim Menschen. Anat. Anz. 120: 409-429

Walker A. und Leakey E.F. (1983) Die Hominiden der Ostturkana. In: Evolution Spektrum Heidelberg

Welsch U., Lechleuthner A. (1988): Intercellular junctions of the pulmonary epithelium of Polypterus. Anat. Anz. im Druck.

Andreas Knapp

Leben ist mehr als überleben

*Von den Grenzen des Versuchs, alle Phänomene des Lebendigen
als »Anpassungen« zu erklären*

Seit den Tagen von Ch. Darwin erlagen immer wieder Biologen und Philosophen der Versuchung, die Evolutionstheorie zur Totalerklärung und damit zur Weltanschauung zu erheben. Die einfachen Grundgesetze der Evolution wie »Kampf ums Dasein« oder »Überleben des Tüchtigsten« verlokken anscheinend dazu, mit ihrer Hilfe alle Welträtsel zu lösen. Von Versuch und Irrtum eines jüngsten Unternehmens in dieser Richtung handelt der folgende Beitrag.

1. Eine neue Synthese

Die gegenwärtigen Wissenschaften sind geprägt von ständig zunehmender Aufspaltung und Spezialisierung bei gleichzeitiger Suche nach immer einfacheren und basaleren Gesetzen, die für die Gesamtwirklichkeit gelten sollen. Es scheint, daß der Evolutionsgedanke dabei die Rolle einer Art von Weltformel spielt. Man spricht von einer Evolution des Kosmos, des Lebens, der Kultur, der Kunst usf. Auf der Basis der Evolutionstheorie unternahm auch E. O. Wilson mit seinem 1975 erschienenen voluminösen Werk »Sociobiology. The New Synthesis« einen Versuch, verschiedene Wissenschaften wieder zu vereinen. Er definiert seine neue Synthese als die systematische Erforschung der biologischen Grundlagen allen Sozialverhaltens in seinen unterschiedlichsten Ausprägungen. Die Soziobiologie ist nicht so sehr eine neue Theorie, sondern eine »Mischdisziplin« (Wilson), die Ergebnisse und Ansätze von Evolutionstheorie, Populationsgenetik, Verhaltensforschung, Biometrik, Ethnologie und Anthropologie zusammenfaßt mit dem Ziel, soziales Verhalten biologisch zu erklären. Die Biologie soll damit als Grundlagenwissenschaft der Sozialwissenschaften installiert werden und die bisherigen Aussagen der Psychologie, Soziologie oder Philosophie teils überflüssig machen und teils als Spezialsätze in die Biologie integrieren. Schließlich soll so-

175

gar die Ethik den Philosophen aus der Hand genommen und biologisiert werden.[1]

Der Ausgangspunkt der soziobiologischen Erklärungsstrategie liegt im Begriff der »inclusiven Fitness«. Im Unterschied zur individuellen Fitness wird diese »Gesamtfitness« definiert als die Summe aus dem persönlichen Fortpflanzungserfolg und dem Fortpflanzungserfolg von Verwandten, wobei der Fitness-Zuwachs, den ein Individuum durch den Fortpflanzungserfolg von Verwandten erfährt, zusätzlich vom Verwandtschaftsgrad abhängt. Mit Hilfe des Konzepts der inclusiven Fitness kann beispielsweise das Problem gelöst werden, wie der Altruismus sich in der Evolution herausgebildet haben kann. Der »selbstlose« Warnruf eines Vogels war bislang mit den Darwinschen Kategorien, nach denen der Egoist am besten überlebt, nicht zur Deckung zu bringen. Nun aber kann festgestellt werden: »Wohl vermindert der warnende Vogel seine eigenen Aussichten auf Nachwuchs, indem er die Aufmerksamkeit des Raubtiers auf sich lenkt, doch steigert sein aufopferndes Verhalten die Fortpflanzungsaussicht der Tiere im Schwarm, die unmittelbar mit ihm verwandt sind, und verstärkt damit seine ›Gesamteignung‹ (inclusive fitness) für die Rolle eines in der Gesellschaft lebenden Tieres.«[2] Diese Theorie der Verwandschaftsselektion (kin selection) kann beispielsweise auch erklären, warum Löwenmännchen, die einen Harem erobern, häufig die frischgeborenen Löwenkinder töten. Nach dem Tod der Neugeborenen, deren Vater der vorherige Haremsbesitzer war, werden die Weibchen nämlich wieder brünftig und können nun vom neuen Männchen begattet werden. Sonst würde dies erst 20 Monate später – nach der Aufzucht der Jungen – wieder eintreten. Nicht die Arterhaltung steht dabei im Vordergrund (sonst würden die Kinder nicht umgebracht werden), sondern das Interesse der Ausbreitung der individuellen Gene. Ein Löwe, der so »programmiert« ist, wird sich und damit sein »Programm« stärker vermehren als einer, der die Kinder seines Vorgängers am Leben läßt.[3]

Mit Hilfe dieser kin selection werden von den Soziobiologen möglichst viele soziale Verhaltensweisen bei Tieren und auch beim Menschen erklärt.

1 Vgl. E. O. Wilson, Sociobiology. The New Synthesis, Cambridge/Mass. (Harvard Univ. Press) 1975, 4; 562
2 G. S. Stent, Ethische Dilemmas der Humanbiologie, Mannheimer Forum 82/83, 13.
3 Vgl. A. Knapp, Biologie und Moral (Hg. von der Evang. Zentralstelle für Weltanschauungsfragen) Stuttgart 1986,5

Mehr noch, manche Soziobiologen meinen, mit diesem Grundprinzip den Schlüssel gefunden zu haben, der in alle Schlösser paßt.

2. Dr. Pangloß und die Soziobiologie

Nun scheinen aber Soziobiologen allzu schnell davon auszugehen, daß es sich bei einem bestimmten Merkmal oder Verhalten um eine Darwinsche Anpassung (Adaptation) handelt. Paläontologe St. J. Gould und der Genetiker R. Lewontin halten dies für eine »panglossische« Weltsicht. Sie erinnern an den optimistischen Dr. Pangloß in Voltaires Candide, der für jedes Ereignis einen positiven Zweck fand und damit bewies, daß unsere Welt die beste aller möglichen Welten sei.[4] Die neuen »Panglossianer« in der Soziobiologie gehen ebenfalls davon aus, daß *alle* Merkmale und Verhaltensweisen der natürlichen Selektion unterworfen sind. Und so wie Dr. Pangloß die Form der menschlichen Nase durch ihre Funktion erklärt, eine Brille tragen zu können, so hat nach den »Adaptationaltisten« die natürliche Selektion die beste aller möglichen Welten konstruiert.[5]

Dabei gehen die Soziobiologen wie folgt vor: Ein Organismus wird in alle seine Merkmale zerlegt und diese dann erklärt als Strukturen, die von der natürlichen Selektion optimal für ihre Funktion angepaßt wurden. Wenn ein Organismus nicht *jedes* Merkmal optimieren kann (wegen der verschiedenen, wettstreitenden Bedürfnisse des Organismus, bei dem die Optimierung eines Merkmals andere Merkmale zu stark behindern würde), so haben die Organismen doch die besten Kompromisse zwischen den verschiedenen Anforderungen erzielt. Fast alle organismischen Formen, Funktionen und Verhalten werden als Ergebnis dieses Anpassungsprozesses gedeutet. Ihr genauer Entstehungsgrund kann somit durch eine »adaptive Geschichte« aufgezeigt werden.

Gould und Lewontin nennen diese Erklärungsversuche der Soziobiologen das »adaptive storytelling«. In der soziobiologischen Literatur findet sich eine Überfülle solcher »just-so-stories«, d. h. von Spekulationen über die Entstehung von Merkmalen und Verhaltensweisen durch das Wirken

4 Vgl. St. J. Gould, Sociobiology and Human Nature: A Postpanglossian Vision, in: A. Montagu (Hg.), Sociobiology Examined, Oxford (Oxford Univ. Press) 1980, 283-290, R. C. Lewontin, Caricature of Darwinism, in: Nature 266 (1977), 283
5 Vgl. A. Rosenberg, Adaptionalist Imperatives and Panglossian Paradigms, in: J. H. Fetzer (Hg.), Sociobiolgoy and Epistemology, Dordrecht (D. Reidel) 1985, 162.

einer totipotenten natürlichen Selektion. Selbst für Aberrationen, für die wahrscheinlich die Gegenselektion zur Ausmerzung einfach nicht ausgereicht hat, bemüht man sich, den Nachweis der Eignung zu erbringen. Es gibt daher sogar Erklärungsversuche für Infantizid und Vergewaltigung bei Tier und Mensch. Dazu werden ad-hoc-Geschichten erfunden – und wenn man die natürliche Selektion als ein a priori Prinzip akzeptiert, so kann man sich für *jedes* Merkmal irgendeine Geschichte ausdenken, die dessen adaptiven Wert zeigt und daher seine Entstehung durch die natürliche Auslese erklärt. Für R. Lewontin stellt diese Erklärungsstrategie eine Karikatur des Darwinismus dar und er bemerkt ironisch, daß man solche adaptiven Geschichten auch erfinden könnte für die Entstehung bestimmter Felsarten, politischer Parteien, Witze, Stars und Trinkbehälter.[6]

a) Das Prinzip »Eignung« hat aber schon aus genetischen Gründen nur einen begrenzten Erklärungswert. Zunächst gibt es nämlich genetische Mutationen, die nicht zur Eignung beitragen, sondern neutral sind. Daher können auch Merkmale und Verhaltensweisen vorkommen, die weder die Eignung erhöhen noch sie übermäßig mindern und die folglich nicht als Anpassung an irgendeinen selektiven Zwang zu verstehen sind. Die »Neutralitätstheorie der molekularen Evolution« geht sogar davon aus, »daß die meisten Änderungen im Genotyp nicht durch eine mehr oder weniger große ›Lebenstüchtigkeit‹ erhalten oder ausgeschaltet werden, sondern daß es sich um selektionsneutrale oder nahezu selektionsneutrale Mutationen handelt, die ›zufällig‹ zustande kommen«.[7] Es bedarf beispielsweise keiner adaptiven Erklärung, warum in Afrika ein zweihörniges und in Indien ein einhörniges Nashorn existiert. »Wir brauchen keine kluge Erklärung zu erfinden, warum zwei Hörner im Westen besser sind als ein Horn im Osten.«[8]

Manche Eigenschaften können sodann als neutrale Nebenerscheinungen von ganz andern Anpassungszwängen »mitgeliefert« worden sein; eine Funktion für diese Eigenschaften ergab sich dann erst in einer veränderten Umwelt. Nicht jede Angepaßtheit eines Merkmals, die vielleicht nur gemäß *unseren* Maßstäben existiert, läßt unmittelbar auf das Wirken der natürli-

---

6 Vgl. R. C. Lewontin, Sociobiology – A Caricature of Darwinism, in: F. Suppe/P. Asquith (Hg.), PSA 1976, Vol. 2, East Lansing, Mich., 22.

7 G. Masuch/H. Staudinger (Hg.), Geschöpfe ohne Schöpfer? Der Darwinismus als biologische und theologisches Problem, Wuppertal 1987, 63; Vgl. M. Kimura, Die Neutralitätstheorie der molekularen Evolution, Hamburg 1987.

8 S. Rose/R. C. Lewontin / L. Kamin, Not in Our Genes: Biology, Ideology and Human Nature, New York (Panthenon) 1984, 263.

chen Selektion schließen. Das wäre ein post hoc – propter hoc Trugschluß. Von Anpassung sollte daher nur gesprochen werden, wenn man empirisch eine genetische Variante belegen kann, gegenüber der sich das in Frage stehende Merkmal tatsächlich als das besser angepaßte durchgesetzt hat.[9]

Neben dem Mechanismus der Anpassung gibt es auch andere Ursachen für die Entstehung von Merkmalen und Verhalten. Viele Veränderungen bei Merkmalen sind z.B. das Ergebnis von »Pleiotropie«, d.h. es gibt Gene, die für mehrere ganz verschiedene Merkmale zuständig sind. Daneben gibt es Merkmale, die auf das Zusammenwirken mehrerer verschiedener Gene zurückgehen, was zu einem »multiple selective peak« (Lewontin) führt, d.h. derselbe Druck führt zu verschiedenen Ausbildungen eines Merkmals (man denke an das Beispiel der Nashörner).[10] Weiterhin führt auch die natürliche Selektion nicht unbedingt zu besserer Angepaßtheit: Eine Mutation, die die Nachkommenschaft verdoppelt, wird sich sofort durchsetzen, ohne deshalb schon adaptiv zu sein. Auch stochastische Prozesse spielen bei der Fixierung einer Mutation in einer Population eine Rolle, so daß selbst ein vorteilhaftes Gen nur eine geringe Chance hat, sich in einem Genpool durchzusetzen. Dazu kommt die biochemische Einsicht, daß Proteine in ihrer Struktur variabler sind, als man bisher angenommen hatte. Das könnte auf eine größere Variabilität der Genstruktur schließen lassen.[11] Gegen das simplifizierende Modell der Soziobiologie wird weiterhin eingewendet, daß man in allen Tierpopulationen eine große Anzahl von genetischen Polymorphismen beobachten kann, daß also viele verschiedene Allele (genetische Varianten) die gleichen biochemischen Funktionen erfüllen können. Außerdem wird die Veränderung der Häufigkeit von bestimmten Genen innerhalb eines Genpools oft nicht von der Selektion, sondern durch Migration oder genetische Drift bewirkt und durch den Prozeß der Rekombination oder auch von Naturkatastrophen beeinflußt.[12]

Alle diese Faktoren werden in der Soziobiologie kaum berücksichtigt. Wilson gesteht zwar zu, daß die natürliche Selektion nicht der einzige Fak-

---

9 Vgl. H. Markl, Introduction, in: Ders. (Hg.), Evolution of Social Behavior, Weinheim 1980, 5.
10 Vgl. R. C. Lewontin, Sociobiology as an Adaptionist Program, in: Behavioral Science 24 (1979), 13.
11 Vgl. W. Etkin, A Biological Critique of Sociobiological Theory, in: E. White (Hg.), Sociobiology and Human Politics. Lexington (D. C. Heath) 1981, 56.
12 Vgl. A. L. Caplan, A Critical Examination of Current Sociobiological Theory: Adequacy and Implications, in: G. W. Barlow / J. Silverberg (Hg.), Sociobiology: Beyond Nature / Nurture?, Boulder/Colo. (Westview Press) 1980,110

tor der Evolution sei und daher nicht jedes Verhalten als Darwinsche Anpassung erklärt werden könne[13], vergißt aber diese Einsicht ganz schnell wieder, um dann doch für praktisch *jedes* Verhalten nach einer Anpassungsgeschichte zu suchen.[14]

Eine weitere Anfrage ist an die »Atomisierung« einzelner Merkmale und Verhaltensweisen zu richten. Es dürfte methodisch sehr problematisch sein, bestimmte Verhaltensweisen herauszugreifen und dann nach ihrem Anpassungswert zu fragen. Denn die natürliche Selektion arbeitet am gesamten Phänotyp, so daß die Analyse einer einzelnen Eigenschaft den selektiven Interaktionen zwischen Umwelt, Organismus und dessen Genotyp nicht gerecht wird. Besonders bei Verhaltensweisen ist es sehr fraglich, ob man so etwas wie Altruismus oder Aggression »reifizieren«, d. h. aus der komplexen sozialen Interaktion herauslösen und als eine abstrakte Qualität isoliert betrachten kann. Die soziobiologische Erklärungsstrategie scheint vielfach mit solchen Reifikationen zu arbeiten, welche aber rein theoretische Konstrukte bleiben.

Darüber hinaus muß auch am Konzept der »Optimierung« durch die natürliche Selektion Kritik angemeldet werden. Wie schon gezeigt, kommen manche Merkmale durch neutrale Mutationen zustande. Sodann gibt es viele Zufallsmomente in der Entwicklung des Phänotyps, dessen Entstehung nicht streng durch Genotyp und Umwelt determiniert ist. Die Variationen der Haare bei der Fruchtfliege sind in gleichem Maß dem Zufall wie den Variationen von Genen und Umwelt zuzuschreiben.[15]

Aus dem bisher Gesagten ergibt sich folgender Schluß: Die meisten Lebewesen sind nicht maximal oder optimal angepaßt, sondern gerade ein bißchen besser als ihre Konkurrenten. »Die Natur läßt eine Menge von Unvollkommenheiten zu, wenn diese sich nicht allzu dramatisch auswirken.«[16] Die panglossische Sicht der Welt ist somit falsch: Die Evolution ist nicht der beste aller möglichen Architekten![17]

---

13 Vgl. E. O. Wilson, Sociobiology, 144.
14 Vgl. Ph. Kitcher, Vaulting Ambition. Sociobiology and the Quest for Human Nature, Cambridge/Mass. (The MIT Press) 1985, 237.
15 Vgl. S. Rose / R. C. Lewontin / L. Kamin, Not in Our Genes, 263
16 H. Markl, Biologie und menschliches Verhalten, in: M. Gruter / M. Rehbinder (Hg.), Der Beitrag der Biologie zu Fragen von Recht und Ethik, Berlin 1983, 71.
17 Vgl. Ph. Kitcher, Vaulting Ambition, 226; zum Optimierungskonzept innerhalb der Evolutionstheorie vgl. besonders P. Koslowski, Evolution und Gesellschaft, Tübingen 1984, 34-45.

b) Eine weitere Grenze des »Adaptationalismus« wird in den Hinweisen vieler Biologen auf »Luxusbildungen« der Evolution, auf »Hypertrophie« der »hypertelische Organe« sichtbar. Diese Begriffe weisen auf Merkmale oder Verhalten hin, die über alles Zweckmäßige hinaus geformt sind und vom bloßen Überlebensvorteil ihrer Träger her nicht mehr erklärbar scheinen. Der Biologe J. Illies hat etwa auf die Schönheit des Pfauengefieders aufmerksam gemacht. Mit Hilfe der Selektion scheint die Entstehung solcher Schönheit nicht erklärlich, denn was sollte der Selektionsdruck für diese überschwengliche Farbenfülle gewesen sein?[18] Ähnliches gilt nach A. Portmann für die Schwanzfedern des Argusfasans, die nicht einfach von einem Überlebensvorteil her erklärt werden können. Vielmehr scheint sich darin das Lebendige selber darstellen zu wollen: Tiere und Pflanzen treiben nicht nur Stoffwechsel und sind nicht als bloße Gefüge von lebenserhaltenden Strukturen erklärbar. Sondern der Organismus baut »über das bloße Fristen des Lebens hinaus, über alles nur Notwendige hinaus eine Form (auf), welche das Besondere gerade dieser Art darstellt«[19]. Es sei hier auch an den Gesang vieler Singvögel erinnert, der reichhaltiger ist, als die biologischen Funktionen es erfordern würden.[20]

Aus diesen Überlegungen folgt, daß nicht alle Merkmale oder Verhaltensweisen dem Überleben dienen. Es wird nicht in Frage gestellt, daß ein Lebewesen zuerst überlebenstüchtig sein muß, um selber leben zu können. Aber nicht alle Merkmale der Lebewesen dienen nur der Überlebenssicherung, d. h. letztlich der Weitergabe der Gene in die nächste Generation. Es gibt auch Verhalten und Merkmale, die nicht dem »Überleben der Gene« dienen, sondern dem lebenden Individuum *dieser* Generation. Die Gene »betreiben« eine Strategie ihrer Weitergabe; das Individuum aber *will selber leben*.

18 Vgl. Illies, Der Jahrhundert-Irrtum. Würdigung und Kritik des Darwinismus, Frankfurt a. M. 1983, 142-154.
19 A. Portmann, An den Grenzen des Wissens. Vom Beitrag der Biologie zu einem neuen Weltbild, Frankfurt a. M. 1976,138
20 Vgl. D. G. Beer, Study of Vertebrate Communication – Its Cognitive Implications, in: D. R. Griffin (Hg.), Animal Mind – Human Mind, Berlin 1982, 265.

3. Zur Soziobiologie des Menschen

3.1 Die Taktik der Gene

Der soziobiologische Zugang zum Sozialverhalten der Tiere, der dieses als eine in der Evolution entstandene Anpassung betrachtet, wird auch auf den Menschen ausgedehnt. Auch das menschliche Verhalten soll vom zentralen Lehrsatz der Soziobiologie her interpretiert werden, daß wir nämlich zu einem Verhalten neigen, das zur Maximierung unserer persönlichen »Gesamteignung« beiträgt. Mit Hilfe der soziobiologischen Methoden – den Theorien und Techniken der Genetik, der Ökologie und der Populationsbiologie- »kann der Inhalt der Sozialwissenschaften neu gedeutet, können neuartige und oft tiefgreifende Erklärungen von Territorialverhalten, Polygamie und Religion geliefert werden. Dadurch hat die Biologie Grundfragen der Ethik einer materialistischen Untersuchung erschlossen und somit die Forderung erhoben, die Grenzen der wissenschaftlichen Forschung neu zu überdenken.«[21]

Die Soziobiologie versucht von daher, das menschliche Sozialverhalten von den Funktionen her zu erklären, derentwegen es von der natürlichen Selektion geformt worden sei: Nur ein im darwinistischen Sinn erfolgreiches Handeln, das zur Erhöhung der eigenen Nachkommenschaft im Verhältnis zu der anderer Individuen (unter Berücksichtigung der Nachkommen der Verwandtschaft) führt, konnte sich in der menschlichen Evolution durchsetzen. Wir können demnach definieren, daß das Verhalten eines menschlichen Individuums dann adaptiv ist, wenn es das Überleben seiner Gene im Genpool wahrscheinlich macht.

Verhalten und soziale Strukturen sind nach Wilson wie »Organe« studierbar und somit einer soziobiologischen Erklärung zugänglich, auch wenn auf den ersten Blick gar keine erkennbare Verbindung zur Biologie besteht: Inzestverbot, Gruppenbildung, Eltern-Kinder-Konflikt, geschlechtsabhängiger Infantizid, primitive Kriegsführung, Territorialität und sexuelle Praxis.[22] Besonders Verhaltensweisen, die stark emotionsgebunden sind und nur wenig rational kontrolliert werden, seien bis ins Detail

---

21 E. O. Wilson, Biologie als Schicksal. Die soziobiologischen Grundlagen menschlichen Verhaltens, Frankfurt 1980, 8.
22 Vgl. ders., Foreword, in: A. L. Caplan (Hg.), The Sociobiology Debate. Readings on the Ethical and Scientific Issues Concerning Sociobiology, New York (Harper & Row) 1978, X.

182

mit der soziobiologischen Theorie konsistent und deshalb wohl auch von einer genetischen Prädisposition abhängig. Dabei nimmt Wilson nicht unbedingt eine streng genetische Determination an, sondern vielmehr eine Neigung, die der Mensch auch unterdrücken oder in andere Bahnen lenken kann. Wenn aber Verhalten auch nur in gewisser Weise genetisch bedingt ist, kann auch für Verhalten als Produkt der Evolution gelten, daß diejenigen Muster sich am ehesten durchgesetzt haben, die die genetische Tauglichkeit am meisten förderten.

Wenn beispielsweise aufgrund eines bestimmten Gens ein besonderes Sozialverhalten auftritt und dieses gesteigerte Tauglichkeit vermittelt, dann wird dieses Gen in der nächsten Generation stärker vertreten sein. Die Soziobiologie untersucht daher, inwiefern das menschliche Verhalten adaptiv ist, d. h. die individuelle Gesamteignung maximiert. Besondere Aufmerksamkeit gilt dabei dem Altruismus, dem uneigennützigen Verhalten, das ja per definitonem die Überlebenschancen des Altruisten verringert und die des Nutznießers vergrößert. Wie kann sich ein solches Verhalten in der Evolution herausgebildet und erhalten haben? Wie soll sich das tugendhafte Verhalten eines Mannes, der eher bereit ist zu sterben, als seine Kameraden zu verraten, oder der sich vor die explodierende Granate wirft, weitervererben, wo er doch oft keine Nachkommen hinterläßt?

Neben der Erklärung des Altruismus durch das Prinzip der Gegenseitigkeit (reziproker Altruismus) wird das Phänomen der Uneigennützigkeit von den meisten Soziologen mit Hilfe der Verwandtschaftsselektion erklärt. R. Dawkins macht dies an einem simplen Beispiel klar: Die mütterliche Fürsorge wird durch die natürliche Selektion begünstigt, weil deren positiver Nutzen auf die inclusive Fitness der Mutter zurückwirkt. Gene, die dafür sorgen, daß die Mutter sich um ihren Nachwuchs kümmert, überleben in den Körpern der umsorgten Kinder. Daher werden die Gene, die zu mütterlicher Brutpflege anleiten, im Genpool häufiger werden.[23] Aus diesem Grund neigt der Mensch auch zur Begünstigung von Verwandten und zu Nepotismus. »Wenn wir die Möglichkeit anerkennen, daß das Selektionskriterium für menschliche Verhaltensweisen die Maximierung der Gesamteignung ist, dann ist es keine Überraschung, daß wir der genetischen Verwandtschaft verhaftet bleiben und entsprechend auf sie reagieren.«[24] Wilson denkt sogar an von der Evolution geschaffene Gehirn-Struk-

---

23 Vgl. R. Dawkins, In Defence of Selfish Genes, in: Philosophy 56 (1981), 558f.

24 D.P.Barash, Soziobiologie und Verhalten, Berlin 1980, 297 (im Original teilweise kursiv).

turen, die intuitiv Blutsverwandtschaft mit einem entsprechenden Altruismus verrechnen. Diese Theorie scheint von der Tatsache bestätigt zu werden, daß wir Menschen gegenüber Fremden grundsätzlich Mißtrauen verspüren und unsere Aggressivität zunimmt. Vielleicht haben sogar Rassenvorurteile und die Mafia hier biologische Wurzeln.[25]

Altruismus im eigentlichen Sinn kann es nach dieser Theorie kaum geben. Denn es sind ja letztlich die nach ihrer eigenen Durchsetzung strebenden »egoistischen« Gene, die beim Menschen das scheinbar altruistische Verhalten bewirken. »So gern wir auch etwas anderes glauben wollen, universelle Liebe und das Wohlergehen der Arten insgesamt sind Begriffe, die evolutionstheoretisch einfach keinen Sinn ergeben« (R. Dawkins[26]). Und D. P. Barash schreibt: »Ein echter, ehrlicher Altruismus kommt in der Natur einfach nicht vor. Wie sehr liebe ich dich? Laß mich deine Gene zählen.«[27]

In diesem Licht wird auch das menschliche Sexualverhalten als ein Konflikt gesehen, bei dem jeder Partner versucht, möglichst seinen eigenen reproduktiven Erfolg auf Kosten des andern zu vergrößern. Nach dieser Theorie werden sich auf die Dauer Männer durchsetzen, die dazu neigen, mehrere Frauen zu heiraten, um dadurch ihre eigenen Gene stärker zu vermehren. Promiskuität bei Männern und die Tendenz zur Monogamie bei Frauen scheint genetisch vorprogrammiert. Denn Männer investieren im Gegensatz zu Frauen nur wenig in eine Schwangerschaft; für sie ist folglich Promiskuität eine funktionale Reproduktionsstrategie, die die Chance der Weiterverbreitung des eigenen Genbestands erhöht. Männer unterstehen einem selektiven Druck zum Ehebruch; die »doppelte Moral« ist schon biologisch festgelegt.[28]

Auch die Hypergamie, die Tendenz von Frauen also, sich mit sozial und ökonomisch höher stehenden Männern fortzupflanzen, wird als adaptive Neigung erklärt. In China und Indien wurde dieser Theorie gemäß in höherstehenden Schichten der weibliche Nachwuchs getötet, weil man in das Aufziehen von Söhnen investieren wollte. (Bsp. Die Priesterklasse der

---

25 Vgl. R. D. Masters, Evolutionsbiologie, politische Theorie und die Entstehung des Staates, in: M. Gruter / M. Rehbinder (Hg.), Der Beitrag der Biologie, 26.

26 R. Dawkins, Das egoistische Gen, Berlin 1978, 3.

27 D. P. Barash, Das Flüstern in uns, Frankfurt 1981, 158.

28 Vgl. A. Knapp, Biologisches Menschenbild und Moral, in: Scheidewege 17 (1987/88), 126f.

Kuri-Mar = Töchtermörder im Pandschab, die alle weiblichen Nachkommen vernichteten). In China wurde die Tötung weiblicher Nachkommen in vielen Klassen praktiziert; da Frauen immer in die höhere Klasse heirateten und Mitgift mitbrachten, konzentrierten sich Frauen und Reichtum in der Oberschicht, während die ärmsten Männer von der Fortpflanzung ausgeschlossen blieben.[29]

Schließlich versuchte Wilson sogar, die Homosexualität als adaptives Verhalten zu erklären. Die Frage ist nämlich, wie sich homosexuelles Verhalten erhalten konnte, wo sich doch Homosexuelle nicht vermehren. Nach Wilson konnten in urtümlichen Gesellschaften die nahen Verwandten der Homosexuellen durch deren Anwesenheit mehr Kinder großziehen, so daß sich die Gene, die eine Tendenz zur Homosexualität hervorrufen, über verwandtschaftliche Seitenlinien weiterverbreiteten, obwohl die Homosexuellen selber keine Kinder hatten. »Man kann diese Konzeption als ›Verwandtschaftsauslese-Hyothese‹ von der Entstehung der Homosexualität bezeichnen.«[30] Ja, selbst Kindesmißhandlung und Vergewaltigung wurde in der Zwischenzeit einer soziobiologischen Analyse unterworfen: Die Mißhandlung von Kindern findet sich am meisten bei Kindern mit Stiefeltern, die eben keinen biologischen Grund haben, in ihre Stiefkinder zu investieren.[31] Die Vergewaltigung wird erklärt als eine evolvierende Alternative für Männer, die im Wettkampf um Zugang zu Frauen verloren haben und denen nur dieser Weg zur Verbreitung ihrer Gene verbleibt.[32]

3.2 Kultur und Freiheit

Gegen diese Versuche von Soziobiologen, eine möglichst große Anzahl menschlicher Verhaltensweisen als adaptiv und daher von der Evolution hervorgebracht zu erklären, wurden viele Einwände geltend gemacht:

Zunächst ist einmal zu berücksichtigen, daß die Evolution des Menschen ein Gehirn hervorgebracht hat, das vielerlei Verhaltensvariationen erlaubt. Das Gehirn wurde zwar von der natürlichen Selektion konstruiert, kann

29 Vgl. E. O. Wilson, Biologie als Schicksal, 44.
30 Ebd. 138.
31 Vgl. J. L. Lightcap / J. A. Kurland / R. L. Burgess, Child Abuse: A Test of Some Predictions from Evolutionary Theory, in: Ethology and Sociobiology 3 (1982), 61-67.
32 Vgl. R. Thornhill and N. Wilmsen-Thornhill, Human Rape: An Evolutionary Analysis, in: Ethology and Sociobiology 4 (1983),137.

aber enorm viel mehr Funktionen erfüllen als nur jene, die für die natürliche Auslese entscheidend waren. Die Evolution hat in der biologischen Geschichte noch keine Struktur mit einer derart enormen und verzweigten Ansammlung exaptiver Möglichkeiten hervorgebracht. Die Grundlage menschlicher Flexibilität liegt in den nichtselektierten Kapazitäten unseres Gehirns.[33] Somit ist der Mensch fähig, sich in kürzester Zeit auf dem Weg der Kultur und des Lernens an Umwelten anzupassen, ohne daß genetische Veränderungen dazu notwendig wären. Mit Hilfe seines Selbstbewußtseins ist der Mensch sogar fähig, die genetisch bedingten Neigungen zu überlagern. Wenn ein Mensch beispielsweise Hunger hat, muß er nicht essen: Er kann auch etwas anderes vorhaben wie etwa Fasten. Eine hungrige Katze hingegen »hat nichts Besseres vor«, sondern geht auf die Jagd.[34] Unter allen Lebewesen bringt es nur der Mensch fertig, nicht sexuell aktiv zu werden, auch wenn Bedürfnis und Gelegenheit dazu gegeben wären; nicht zu kämpfen, auch wenn er herausgefordert wird. Diese Fähigkeit des Menschen, seinen natürlichen Neigungen zuwiderzuhandeln, kann solche extremen Formen wie Hunger und Selbstmord annehmen.

Die konkreten Verhaltensweisen des Menschen werden zudem immer auch von seiner Kultur geprägt. Diese stellt ein System von Regeln und Riten, von Werten und Symbolen dar, das sich der Mensch mit Hilfe seines Bewußtseins aufgebaut hat. Die kulturell ausgebildeten Verhaltensweisen liegen damit auf einer neuen Systemebene und sind nicht mehr unbedingt als reproduktive Strategien erklärbar. Sie können ein Eigenleben führen und müssen nicht mehr als biologisch vorteilhafte Anpassungen verstanden werden. Dadurch wird die evolutionäre Dynamik völlig verändert.

Das Experiment mit dem großen Gehirn ist somit den Genen, die es einst gestartet hatten, mittlerweile davongelaufen: Kulturelle Evolution ist keine Fortsetzung der natürlichen Evolution nur mit andern Mitteln. Kultur ist nicht primär eine Mechanismus zur Maximierung der Darwinschen Fitneß. In der kulturellen Evolution zählen eher Optimierungskriterien als reproduktiver Erfolg. Dazu kommt, daß Reproduktion nicht mehr die einzige (auch unbewußte) Triebfeder des menschlichen Handelns ist, sondern der Mensch viele neue phänotypische Bedürfnisse kennt, die er zu befriedi-

---

33 St. J. Gould, Evolutionäre Flexibilität und menschliches Bewußtsein, in: P. Koslowski u. a. (Hg.); Evolution und Freiheit, Stuttgart 1984, 32.
34 Vgl. R. Löw, Ein Dogma wankt. Neue Thesen zur Teleologie, in: Deutsches Ärzteblatt 83 (1986), 3477.

gen sucht.[35] Daher bedürfen spezielle kulturelle Phänomene anderer Interpretationen und finden in der Soziobiologie keine hinreichende Erklärung. »Gegenüber der naturalistischen Reduktion des menschlichen Sozialverhaltens auf den Gesichtspunkt maximaler Genausbreitung enthält gerade die spezifisch menschliche Angewiesenheit auf die soziale Lebenswelt einen Hinweis auf das qualitativ Neue menschlicher Kulturbildung, die die biologischen Gegebenheiten in ganz unterschiedlicher Weise integrieren kann.«[36] Durch seine Kultur übersteigt der Mensch den biologischen Bereich; der Übergang von der vormenschlichen Evolution zur menschlichen Kultur erfordert eine neue Betrachtungsweise: »Culture is biology plus the symbolic faculty.«[37]

Daher sollte auch mit dem Erreichen der Ebene der Kultur nicht mehr von Evolution, sondern von *Geschichte* gesprochen werden: »Als die Evolution den Menschen hervorgebracht hatte, d. h. das Wesen, das sich seiner eigenen Existenz und seiner Freiheit bewußt ist und sich von einer gegebenen Situation her mit einer gewissen Freiheit seinen Ort wählt, nahm die Entwicklung der Wirklichkeit eine neue Form an, nämlich die Form der Geschichte. Der Prozeß, der sich bisher im Dunkel des Unbewußten abgespielt hatte, wurde zu einem teilweise bewußt gestalteten Geschehen. Wir können sagen: Die Evolution hat ein Wesen hervorgebracht, durch das die Evolution zur Geschichte erhoben wurde.«[38]

Gerade für das Phänomen der menschlichen Geschichte aber hält die Soziobiologie keinerlei Erklärung bereit. Der Mechanismus der natürlichen Selektion trägt zum Verständnis für den Fall des Römischen Reiches oder für die industrielle Revolution in Europa nichts bei. Die Überschreitung des Rubikon durch Caesar kann nicht von dessen aggressiven Neigungen her erklärt werden, sondern bedarf eines historischen Zugangs. Die »letzten Gründe« für menschliches Handeln, die die Soziobiologie zu ergründen sucht, können auf einer so tiefen Ebene liegen, daß sie bedeutungslos werden.[39] Der Mensch ist eben nicht nur ein Vehikel für biologisch

35 Vgl. R. D. Alexander, Darwinism and Human Affairs, Seattle (Univ. of Washington Press) 1979, 143.
36 W. Pannenberg, Anthropologie in theologischer Perspektive, Göttingen 1983, 156.
37 M. Sahlins, The Use and Abuse of Biology. An Anthropological Critique of Sociobiology, Ann Arbor (The Univ. of Michigan Press) 1976, 65.
38 R. C. Kwant, Glaube und Evolution, in: H. van der Linde / H. Fiolet (Hg.), Neue Perspektiven nach dem Ende des konventionellen Christentums, Freiburg 1968, 241.
39 Vgl. K. Bock, Human Nature and History. A Response to Sociobiology, New York (Columbia Univ. Press) 1980, 144; 185.

produzierte Replikatoren, deren einziges Ziel die Steigerung ihrer eigenen Reproduktion ist, sondern er ist ein Wesen, das *selber* Geschichte *macht*. Er ist dazu befähigt, weil er bewußt und intentional zu handeln vermag. Der Bau einer gotischen Kathedrale unterscheidet sich genau darin von einer Mutation, daß die Bauenden sich einen Zweck gesetzt haben und intentional handeln können. Diese Differenz verfehlen viele Soziobiologen und unterscheiden nicht zwischen menschlichem Handeln und menschlichem Verhalten. Aus lauter Angst, eine *völlig neue* Systemebene anerkennen zu müssen, was für einen streng monistischen Darwinismus wohl auch unmöglich sei, wird eine Kontinuität zwischen dem Lidreflex und dem Verfassen von »On the Origin of Species« behauptet.

Mit diesen Überlegungen werden auch die adaptiven Geschichten von Soziobiologen für das menschliche Verhalten in Frage gestellt. Wenn sich alte Eskimos bei Nahrungsknappheit für die jüngeren aufopfern, indem sie nicht mehr mit der Sippe weiterziehen, sondern zum Sterben zurückbleiben, dann muß dies nicht unbedingt durch altruistische Gene und genetische Differenzen zwischen den Eskimofamilien erklärt werden. Dieses aufopfernde Handeln kann auch rein kulturell bedingt sein, indem nämlich diese Handlung in Liedern und Geschichten gefeiert wird und damit schon die Kinder zur Bereitschaft für ein solches Opfer erzogen werden.[40] Adaptives menschliches Verhalten kann sogar durch die Kulturgeschichte leichter erklärt werden, da diese – lamarckistisch – schneller arbeitet und daher günstige Handlungen sich sehr schnell ausbreiten können. Adaptives Verhalten beim Menschen bedarf aus diesem Grund keiner genetischen Grundlage und auch nicht der darwinistischen Selektion für seinen Ursprung und seine Verbreitung.

Schließlich jedoch können sogar Verhaltensweisen kulturell weitergegeben werden, die reproduktive Nachteile mit sich bringen und die aussterben würden, wenn sie auf genetische Weitergabe angewiesen wären. Phänomene wie Altruismus gegenüber Fremden oder Zuwendung zu Behinderten widersprechen dem biologischen Gesetz der genetischen Fitnessmaximierung. Solche Verhaltensweisen können und brauchen nicht durch die Soziobiologie erklärt werden, sondern sind ausschließlich kulturell bedingt.[41] Auch die ursprünglich rein biologisch funktionale Sexualität des

---

40 Vgl. St. J. Gould, Biological Potential vs. biological Determinism, in: A. L. Caplan (Hg.), The Sociobiology Debate, 347 f.

41 So R. N. Brandon, Phenotypic Plasticity, Cultural Transmission and Human Sociobiology, in: J. H. Fetzer (Hg.), Sociobiology and Epistemology, 71.

188

Menschen konnte kulturell überformt werden, einen Funktionswechsel erfahren und schließlich sogar von der Fortpflanzung abgekoppelt werden. Von daher erscheint der Versuch Wilsons, für die Homosexualität reproduktive Anpassungsvorteile zu (er)finden, sehr fragwürdig.[42]

Wilson vermag weder plausibel zu machen, daß die Träger von Genen für Homosexualität evolutionär fitter sind, noch daß Homosexuelle in einer Helfersrolle zum Überleben von Verwandten beigetragen haben. Schon die Berechnungen, wie ein solches Helfen die eigene Kinderlosigkeit wettmachen soll, sind unwahrscheinlich. Daß Homosexuelle auch verheiratet sein und Kinder zeugen können, wird außer acht gelassen. Überdies kann eine genetische Basis für die Homosexualität kaum evident gemacht werden. Die Abhängigkeit der Homosexualität von Geschichte und Kultur wird selten in Betracht gezogen. Eine kulturhistorische Erklärung könnte jedoch für das Phänomen der Homosexualität vollständig hinreichen. So bleiben Wilsons Spekulationen über den Anpassungswert und die genetischen Grundlagen der Homosexualität genau dies: Spekulationen.

Ähnlich können viele ander Verhaltensweisen sich beim Menschen rein kulturell und ohne evolutiven Vorteil entwickelt haben. »Die Behauptung, daß mädchenmordende Kulturen mehr Nachkommen haben als solche, die Mädchen aufziehen, wurde nie bewiesen, sondern kann sich lediglich auf spekulative Betrachtungen stützen.«[43] Daß solchen Spekulationen oft die Evidenz fehlt, zeigt sich beispielsweise auch an der These von R. Alexander, daß nämlich ein Mann, der sich eine Frau nimmt, die schon Kinder von einem anderen Mann hat, diese sofort umbringen müßte, um ein eigenes Kind zu zeugen und der Frau Energie zum Austragen und Aufziehen des Kindes zu geben. Eine solch erbliche Tendenz müßte sich sehr schnell durchsetzen. Alexander gibt auch tatsächlich Kulturen an, in denen Kindermord etwa bei kriegsgefangenen Frauen oder Sklavinnen, die den Besitzer wechseln, vorkommt. Er kann allerdings die Frage nicht beantworten, was die natürliche Auslese in all den anderen Kulturen getan hat, wo entsprechende Bedingungen vorliegen, ohne daß eine Tendenz zur Tötung fremder Kinder nachweisbar wäre.[44]

Aus diesen Beispielen wird ersichtlich, daß die Kritik am »adaptive storytelling« gerade auf die Soziobiologie des Menschen zutrifft. Für praktisch

42 Vgl. K. Bock, Human Nature and History, 85.
43 H. Hemminger, Der Mensch – eine Marionette der Evolution? Eine Kritik an der Soziobiologie, Frankfurt 1983, 37.
44 Vgl. ebd., 34f.

jedes Verhalten kann mit genügend Phantasie ein evolutiver Vorteil ausgedacht werden.« »Wenn man ausschließlich von der panglossischen Überzeugung ausginge, daß alles, was ist, doch wohl allein durch seine Existenz den Nachweis erbracht hat, daß es für etwas gut, adaptiv, fitnesserhöhend und somit wohl durch natürliche Selektion hervorgebracht worden ist, dann würde ein findiger Kopf immer imstande sein, selbst das ausgefallenste Verhalten als langfristig auf geheimnisvolle und wunderbare Weise für die Gesamtfitness der Erbanlagen der Ausführenden vorteilhaft und somit im Umkehrschluß für biologisch bedingt zu erklären.«[45] Gerade beim menschlichen Sozialverhalten, wo größte Sorgfalt angebracht wäre, haben sich Soziobiologen zu den wildesten Spekulationen verstiegen:[46] Sie versuchten, die unterschiedlichsten menschlichen Verhalten zu erklären, von der Scheidungsrate bei Männern in den Vereinigten Staaten bis zum Vietnam-Krieg, von der Aversion gegen Spinat bei Kindern bis zum Sexualverhalten der Mittelschicht.[47] Indem die Soziobiologie aber alles Verhalten zu erklären versucht, erklärt sie in Wirklichkeit nichts mehr.

Zusammenfassend kann festgehalten werden, daß die menschliche Kultur und die von ihr bedingten Verhaltensweisen im großen und ganzen auch dem Überleben des Menschen dienen. Andererseits jedoch kann es durch die evolutionäre Entwicklung des menschlichen Gehirns, das dem Menschen bewußtes Handeln ermöglicht, sogar zu Konflikten zwischen sozial angenommenen moralischen oder kulturellen Werten und den biologi-

45 H. Markl, Biologie und menschliches Verhalten, 73.
46 S. Rose / R. C. Lewontin, L. Kamin, Not in Our Genes, 238: »Into the sterile desert of sociological controversy has flowed the fertilizing stream of biological explanation, and a hundred flowers have bloomed.« Einige dieser Blüten finden sich in der folgenden Anmerkung.
47 Vgl. A. Leeds / V. Dusek, Editors' Note, in: The Philosophical Forum 13 (1981/82), IV: »Representatives of the ʼsofterʻ social sciences have uncritically applied sociobiology to such topics as female panhandlers, The Ocean Hill-Brownsville school conflict, the Vietnam war, the negative motivational effects of female participation in the work force, and ›male divorce‹ in the United States.« S. Rose / R. C. Lewontin / L. J. Kamin, Not in Our Genes, 258f referieren die soziobiologische Erklärung, warum Kinder keinen Spinat mögen. Denn dieser enthält Oxalsäure, die Calcium bindet. Da die Knochen von Kindern noch im Wachstum begriffen sind, brauchen sie Calcium, Erwachsenen schadet der Entzug von Calcium weniger. Ein Gen, das Kinder den Spinat ablehnen, Erwachsene ihn jedoch annehmen läßt, hat Durchsetzungschancen. R. C. Lewontin, Caricature of Darwinism, 283, berichtet schließlich von einer soziobiologischen Untersuchung, die Fellatio und Cunnilingus in der gehobenen Mittelschicht als eine adaptive Antwort auf die konstanten Ressourcen erklärt.

190

schen Zielen kommen. Man denke an die Geburtenkontrolle oder an die Bereitschaft von Menschen, für ihren Glauben zu sterben. Der Versuch der Soziobiologie, den Fitness-steigernden Wert menschlicher Verhaltensweisen aufzuzeigen, schlägt bei solchen Handlungen fehl.

Denn die spezifisch menschliche Fähigkeit der Vernunft bringt es mit sich, daß sich der Mensch Ziele setzen kann, die nicht mehr unbedingt mit der Maximierung der Gene konform sind. Die blinden Kräfte der Evolution haben Kreaturen mit Augen hervorgebracht. Der Mensch kann die bisherige Richtung der Evolution sehen, seinen Blick nun aber auch auf andere Ziele richten. Er kann gegen die eigenen Schöpfer rebellieren. Nicht mehr die Gene »lenken« nun die Evolution, sondern der Mensch kann mit Hilfe seiner Vernunft das Steuer selbst in die Hand nehmen.[48]

Die Soziobiologie kann nun zwar die Entstehungsbedingungen des menschlichen Biogramms rekonstruieren und von da aus Prognosen über bestimmte künftige Verhaltensformen machen, aber wichtige Teilbereiche des Verhaltens und der sozialen Struktur finden mit Hilfe der biologischen Gesetze keine Erklärung. Verhaltensformen wie Zölibat und Selbstopfer sind nicht durch Anpassungsgeschichten zu rekonstruieren, sondern treten dann beim Menschen auf, wenn einzelne Personen oder ganze Gruppen für sie zwingende Gründe haben oder zu haben glauben. Und diese Gründe entstehen durch ein kompliziertes Wechselspiel emotionaler, gewohnheitsmäßiger und geistig-kultureller Einflüsse auf das Verhalten. »Der Bedeutungszusammenhang menschlicher kultureller Aktivitäten läßt sich nicht auf Beweggründe reduzieren, die auf die numerische Repräsentation der Gene eines Menschen in der nächsten Generation zielen. Die Reduktion altruistischen Verhaltens oder gegenseitiger Hilfe auf die Rechenvorschriften genetischer Spielregeln bedeutet zu leugnen, daß die Art ›Mensch‹ sich durch die Vielfalt ihrer kulturellen Motive, Absichten und Ziele, die bewußt oder unbewußt sein können, selbst tiefgreifend beeinflußt.«[49]

Diese Überlegungen werfen auch ein Licht auf den menschlichen Altruismus, der nicht einfach durch Rekurs auf emotionale Neigungen, die genetisch bedingt sind, erklärt werden kann. Vielmehr muß zur Erklärung des Altruismus auch die geistige und kulturelle Ebene berücksichtigt werden, auf der menschliche Ideale und Freiheit zur Entscheidung eine Rolle spie-

48 Vgl. P. Singer, The Expanding Circle. Ethics and Sociobiology, New York (Farrar, Straus, Giroux) 1981,169.
49 K. Peter u. N. Petryszak, zit. bei H. Hemminger, Der Mensch, 95.

len. Während die Soziobiologie für echten, selbstlosen Altruismus blind ist, gehört gerade dieser zu den spezifischen Eigenschaften des Menschen. Denn der Mensch kann Fremden helfen, ohne Rückerstattung zu erwarten. Er wendet sich andern zu, hilft ihnen um ihrer selbst willen, ohne daß ihm dafür (und sei es auf der Ebene der Gene) Vorteile entstehen. »Die wirkliche Liebe beginnt, wo keine Gegengabe mehr erwartet wird« (A. de Saint-Exupéry[50]).

4. Das Schöne

Schon im Tierreich finden wir in Farbenpracht und Harmonie Phänomene der Selbstdarstellung, die den Rahmen des biologisch Nützlichen übersteigen. Unter Umständen gibt es sogar Vorformen von ästhetischer Empfindung im Tierreich. Ob freilich die »Tanzkunst« von Schimpansen oder das Singen von Liedern durch Wale und Vögel schon dem eigentlichen Bereich des Schönen zuzurechnen ist, bleibt umstritten. Das gilt auch für Malversuche mit Schimpansen. Die Schimpansin Moja malte 1979 eine Katze, eine Erdbeere und mehrmals einen Vogel, wobei es höchst unsicher ist, ob dieses von der Schimpansin mit Hilfe einer Symbolsprache selbst so Bezeichnete tatsächlich ein Bild ist. Dazu kommt noch der Umstand, daß nur menschliche Vorgabe den Affen zum Malen brachte; große Zweifel an der Bildfähigkeit von Schimpansen ergeben sich schließlich auch von daher, da selbst bei Homo sapiens, der sich seit 50.000 Jahren anatomisch, also auch in der Gehirngröße, nicht mehr vom heute lebenden Menschen unterscheidet, die Malerei erst spät auftrat, nämlich erst vor etwa 20.000 Jahren.

Daher ist die Fähigkeit zum Bild höchstwahrscheinlich etwas typisch Menschliches. Während tierische Artefakte direkte Funktionalität für vitale Zwecke haben, also der Ernährung, Fortpflanzung oder dem Verstecke dienen, so ist das Bild biologisch zunächst nutzlos. »Ein bildmachendes Wesen ist daher eines, das entweder dem Herstellen nutzloser Dinge frönt, oder Zwecke außer den biologischen hat, oder die letzteren noch auf andere Art verfolgen kann als durch die instrumentale Verwendung. Jedenfalls ist in der bildlichen Darstellung der Gegenstand in einer neuen, nichtpraktischen Weise angeeignet, und eben die Tatsache, daß das Inter-

50 A. de Saint-Exupéry, Die Stadt in der Wüste, in: Ges. Schiften, Bd. 2, München 1978, 196.

esse an ihm sich an sein Eidos heften kann, bezeugt eine neue Objektbeziehung.«[51]

Das Kunstwerk ist schließlich das Produkt eines Lebewesens, das »reflektierend und spielerisch zugleich die Rahmenbedingungen der natürlichen Selektion bereits überschritten hat«[52]. Selbst wenn das zuträfe, daß Michelangelo 1508 die Sixtinische Kapelle ausmalte, um seine inclusive Fitness zu steigern, so wäre dies kein Schlüssel zum Verständnis seines künstlerischen Tuns.

Letztlich entzieht sich das Phänomen des Schönen einer darwinistischen Erklärung. Denn das Schöne ist das Nutzlose, das um seiner selbst willen gesucht wird. Es dient keinen anderen Zwecken und schon gar nicht der Reproduktion, sondern l'art pour l'art. (Santayana: »What is most valuable about humanity, is most useless.«)

5. Das Gute

5.1 Moral als nützliche Illusion

E. O. Wilson versucht, auch das Phänomen der Ethik soziobiologisch zu erschließen. Da der Mensch mit Hilfe seines Bewußtseins nicht mehr streng an Instinkte gebunden bleibt, bedarf er einer Ethik, die ihn verpflichtet, das Überlebensnotwendige zu tun. Das Gefühl eines sittlichen Sollens bringt einen selektiven Vorteil für das Individuum mit sich: Diejenigen, die ein moralisches Gefühl entwickelt haben und sich ihm gemäß verhalten, haben eine größere Chance für Überleben und Reproduktion als unmoralische Individuen, die etwa aus der Sozietät ausgestoßen werden.[53]

Erforderlich wurde nach Barash eine »Ethik« vielleicht auch deshalb, weil das biologische Prinzip Eigennutz in den immer komplexeren menschlichen Gesellschaftsformen in Schranken gehalten werden mußte; Religion und Sittlichkeit üben in dieser Richtung Einfluß aus und spiegeln darin die Notwendigkeit wider, egoistischen Neigungen eine Grenze zu setzen, damit die Funktionstüchtigkeit komplexerer Gesellschaften nicht beeinträch-

---

51 H. Jonas, Organismus und Freiheit, Göttingen 1973, 228.
52 F. M. Wuketits, Ist menschliches Sozialverhalten genetisch vorprogrammiert?, in: Die Umschau 86 (1986), 445
53 Vgl. M. Ruse, Sociobiology: Sense or Nonsense?, Dordrecht (R. Reidel) ²1985, 196f.

tigt wird.[54] Eine soziale Gruppe, deren Mitglieder ihren Egoismus unterdrücken und ihr Verhalten an ethischen Regeln ausrichten, hat einen gewissen Überlebensvorteil gegenüber einer Gruppe egoistischer Individuen; dieser Vorteil würde sich durch individuelle Selektion langfristig in erhöhter Vermehrung der »ethischen« Individuen niederschlagen. Die Selektion bevorzugt diejenigen, die eine Neigung haben, Regeln zu gehorchen, die sich bei regelwidrigem Verhalten schuldig fühlen und die dazu disponiert sind, ihre sexuellen und aggressiven Tendenzen sozialen Regeln zu unterwerfen.

Wilson sieht das moralische Verhalten als eine Strategie menschlichen Wohlergehens. Dies führt zu der Annahme, daß Moral ein raffiniertes Mittel der Gene ist, den Menschen das tun zu lassen, was diese von ihm wollen, nämlich sie effektiv zu reproduzieren, auch wenn der Mensch sich nicht bewußt ist, daß er diesem Ziel dient. Der Mensch ist genetisch dazu geneigt oder sogar determiniert, seine Moral zu selektieren und moralische Normen nur zu erfüllen, um seine genetische Fitness zu steigern. Er ist eine Überlebensmaschine mit edlen Selbsttäuschungen über die wirklichen Ziele seiner sittlichen Bemühung und über die Freiheit seiner moralischen Entscheidung.[55]

»Präferenzen«, »Gründe« und »Motive« sind Täuschungen; die wahren Gründe für unser sittliches Verhalten liegen in der molekularen Welt unserer egoistischen Gene. Insofern die Entwicklung von sozialer Kooperation die Fitness der Mitglieder einer sozialen Gruppe erhöht und die Mitgliedschaft in einer Gruppe durch die gemeinsam eingehaltene moralische Überzeugung gestärkt wird, kann »Ethik« ein machtvoller Mechanismus sein, um die evolutionäre Fitness von Individuen und Gruppen zu erhöhen.

Seine ethischen Entscheidungen trifft der Mensch auf der Grundlage von moralischen Vorschriften, die von gefühlserregenden Reaktionen geleitet sind (»moralisches Gefühl«). Die begriffliche Reflexion über den Kanon der Sittlichkeit stellt also ein Befragen der gefühlserregenden Zentren des eigenen hypothalamisch-limbischen Systems dar. Diese Zentren durchfluten unser Bewußtsein mit Gefühlen wie Liebe, Haß, Schuld, Furcht usw. Die Tätigkeit dieser »emotiven« Leitstellen hat sich durch die natürliche Selektion entwickelt. Wenn nach Wilson der Kanon der Sittlichkeit also im

54 Vgl. D. P. Barash, Soziobiologie und Verhalten, 107; 300.
55 Vgl. H. S. Markl, Evolution of Morals?, Morals of Evolution?, in: G. S. Stent (Hg.), Morality as a Biological Phenomenon, Berlin 1978, 240. Man vgl. dazu besonders auch Löw, Leben aus dem Labor, München 1985,59f

letzten dem Überleben dient und in den Gehirnen von der natürlichen Selektion vorprogrammiert worden ist, so kann die Bedeutung dieses Kanons nur durch die Interpretation der gefühlserregenden Zentren als biologische Anpassung entschlüsselt werden.[56] Daher ist es jetzt an der Zeit, daß die Ethik den Biologen übergeben wird. Diese haben nun die Möglichkeit, dem wahren Ursprung und der Bedeutung der menschlichen Werte auf die Spur zu kommen.

Nach Wilson sind schließlich alle moralischen Urteile physiologische Produkte des Gehirns.[57] Und dessen Mechanismus ist der biologischen Forschung zugänglich: Gefühlsbewegungen und der Maßstab, den der Mensch beim Gebrauch von Werturteilen (gut, böse) anwendet, haben sich als adaptiv erwiesen. Dieser Mechanismus kann als »Internal Reward System« beschrieben werden. Wenn sich ein Individuum den Regeln gemäß verhält, wird es durch körpereigene Opiate (Endorphine, Enkephaline) belohnt, welche ein Gefühl des Wohlbehagens auslösen. Auch der Gerechtigkeitssinn ist ein solcher adaptiver Mechanismus: Wer sich ihm entsprechend verhält, wird durch endogene Opiate mit einem Wohlgefühl belohnt. Durch Erkenntnisse der Neurophysiologie kann nach Wilson die Soziobiologie sogar die Einsichten der alten Religionen in eine präzise Erklärung des evolutiven Ursprungs der Ethik umwandeln und daher die Gründe erklären, warum wir zu bestimmten Zeiten ganz bestimmte moralische Entscheidungen treffen.[58]

Aus dem bisher Gesagten leitet Wilson ab, daß die tiefsten menschlichen Werte unter *genetischer* Kontrolle sind. Das Konzept von »guten« und »bösen« Ideen wird genetisch bestimmt. »Regeln, für die man sich intuitiv aufgrund von Emotionen entscheidet, sind überwiegend biologischen Ursprungs und verstärken wahrscheinlich bloß die vorgegebenen sozialen Verhältnisse. Eine solche Moral wird unbewußt entwickelt, um den unantastbaren Wert der Gruppe, die Beispielhaftigkeit des Altruismus und die Verteidigung des Territoriums zusätzlich zu rationalisieren.« Wilson gesteht zwar einen möglichen kulturellen Einfluß durch Erkenntnisse und Vernunftgründe auf die Entwicklung von Werten zu; aber die kulturelle Evolution höherer ethischer Werte kann die genetische Evolution nicht ganz verdrängen: »Die Gene halten die Kultur im Zaum. Der Zügel ist sehr lang, aber die ethischen Werte werden unausweichlich bestimmten Zwän-

56 Vgl. E. O. Wilson, Sociobiology, 3.
57 Vgl. C. J. Lumsden / E. O. Wilson, Das Feuer des Prometheus, München 1984, 244.
58 Vgl. E. O. Wilson, Sociobiology, 129.

195

gen unterworfen, je nachdem, wie sie sich auf den menschlichen Genbestand auswirken.« Denn schließlich ist ja das gesamte Phänomen der Ethik mit seinen Mechanismen nur entstanden, um das menschliche Erbmaterial intakt zu halten.

»Eine andere nachweisbare Funktion hat die Moral letzten Endes nicht.«[59]

Nach dieser Theorie wurden unsere edelsten menschlichen Gefühle nur selektiert wegen ihres Beitrags zum Überleben: »Die nobelsten Antriebe scheinen sich bei näherer Untersuchung in eine biologische Aktivität zu verwandeln.«[60] Die Selektion hat den Menschen sogar dazu programmiert, unter Umständen sein Leben hinzugeben, wenn dies die Repräsentation der Gene in den nächsten Generationen begünstigen kann. »Die persönliche menschliche Sittlichkeit kann sich daher letzten Endes auf Erwägungen der Tauglichkeit gründen, wobei ein Verhalten, das die Tauglichkeit maximiert, allgemein höher bewertet wird als eines, das sie reduziert.«[61]

So kann zusammenfassend gesagt werden, daß nach der soziobiologischen Theorie das »Sollen« und das »Pflichtgefühl« sich im Laufe der Evolution als Selektionsvorteil »natürlich« entwickelt haben: »Das Gelten von Normen selbst ist entstanden.«[62] Die Soziobiologie genetisierte damit das *Gelten selbst.* Auf der Basis der Evolutionstheorie werden schließlich auch die einzelnen Normen untersucht: Auch die moralischen Leitlinien wie die Goldene Regel oder die Zehn Gebote sind von der natürlichen Selektion her interpretierbar. Sie richten sich nämlich zumeist gegen »Versuchungen« (Neigungen, die von der biologischen Evolution hervorgebracht wurden), die aber jetzt irgendeinem Optimum des Soziallebens und damit letztlich auch wieder der biologischen Evolution zuwiderlaufen. Somit dienen auch die Verhaltensnormen, die in der Evolution entstanden sind, letztlich der inclusiven Fitness der Individuen, die sie beachten.

---

59 Ders., Biologie als Schicksal, 159.
60 Ebd., 11.
61 D. P. Barash, Das Flüstern in uns, 237.
62 R. Löw, Evolution und Erkenntnis – Tragweite und Grenzen der evolutionären Erkenntnistheorie in philosophischer Absicht, in: K. Lorenz / F. M. Wuketits (Hg.), Die Evolution des Denkens, München 1983, 350. Vgl. auch R. Spaemann / R. Löw, Die Frage Wozu?, München 1981, 258.

5.2 Die Frage nach dem guten Leben

Aus Grabfunden wissen wir, daß schon die Neandertaler Kranke und Krüppel gepflegt haben und sie am Leben erhielten. Schimpansen hingegen verhielten sich behinderten Artgenossen gegenüber feindselig, indifferent oder sympathetisch, taten aber nichts, um den Behinderten zu helfen. »Selbst für die höchsten nichtmenschlichen Primaten konnten bisher keine eindeutigen Belege für ein handlungsbestimmendes mitleidendes Sich-Einfühlen in einen Gruppengenossen gefunden werden.«[63] Nur der Mensch dürfte daher die Fähigkeit haben, sich in den Zustand und die Gefühle anderer Personen hineinzuversetzen. Das Selbstbewußtsein und das hierdurch bedingte Einfühlungsvermögen in den Mitmenschen bilden eine Grundlage für die Entwicklung der Moral. Mit dem Selbstbewußtsein taucht schließlich auch Verantwortung auf: »Selbsterkenntnis und Voraussicht haben (...) die furchtbare Gabe der Freiheit und Verantwortlichkeit erbracht. (...) Der Mensch weiß, daß er für sein Handeln verantwortlich ist: er hat die Erkenntnis des Guten und Bösen erworben.«[64]

Erst der Mensch hat, wie wir schon gesehen haben, die Freiheit, seine Instinkte zu überlagern. Ein Wolf kann sich nie innerlich zuflüstern: »Du sollst nicht töten.« Er ist einfach unfähig zuzubeißen, um den lästigen Rivalen für immer auszuschalten. Er verhält sich, wie es ihm seine Natur vorschreibt. Demgegenüber kann sich der Mensch selbst biologischen Neigungen wie Angst, Müdigkeit und Hunger aufgrund seines Willens entgegenstellen. Er verfügt über eine gewisse Entscheidungsfreiheit. Er kann damit sein Verhalten an ethischen Maßstäben ausrichten. Mit dieser seiner Fähigkeit, bewußt und konsequent nach moralischen Normen und Werten zu entscheiden, ist in der Evolution ein Novum aufgetreten, das dem Menschen eine einzigartige Stellung verleiht. Tiere kennen keine Moral; sie wissen nichts von einem Sündenfall und können im Gegensatz zum Menschen nicht schuldig werden. Der Mensch hingegen kennt nicht nur ein »sogenanntes Böses«, sondern ein wirklich Böses.

Weiterhin spricht die Soziobiologie von moralischen Gefühlen des Menschen, die ihm sagen, was richtig ist. Doch diese moralischen Urteile sind

63 Ch. Vogel, Evolution und Moral, in: H. Maier-Leibnitz (Hg.), Zeugen des Wissens, Mainz 1986, 497.
64 Th. Dobzhansky, zit. bei F. Rauh, Das sittliche Leben des Menschen im Lichte der vergleichenden Verhaltensforschung, Kevelaer 1969, 332. Vgl. bes. F. J. Avala, The Biological Roots of Morality, in: Biology and Philosophy 2 (1987), 235-252.

letztlich »physiologische Produkte des Gehirns«, die dem Menschen von der natürlichen Selektion mitgegeben wurden, um seine inclusive Fitness zu steigern. Wenn sich die Menschen nur auf ihre moralische Intuition verlassen, auf jenes zuinnerst befriedigende Gefühl, das ihnen sagt, was Gut und was Böse ist, so bleiben sie nach Wilson Sklaven ihrer Gene und ihrer Kultur. Andererseits muß jedoch zugestanden werden, daß die Soziobiologie keine Methode bereitstellen kann, »mit der wir definieren könnten, was richtig ist, ohne uns dabei auf die moralischen Gefühle zu berufen, die es zu untersuchen gilt«[65]. Hier zeigt sich ein Dilemma des soziobiologischen Zugangs zur Ethik: Sie versucht zwar, die moralischen Gefühle als Anpassungsvorteile zu verstehen. Damit aber entlarvt sie die Moral als eine Illusion des Menschen. Gleichzeitig muß sie anerkennen, daß nur diese moralischen Intuitionen dem Menschen letztlich sagen können, was gut und was böse ist. Ein weiterer Widerspruch wird offenbar, wenn Soziobiologen ihre Leser auffordern, die Gene zu transzendieren: »Laßt uns verstehen lernen, was unsere eigenen egoistischen Gene vorhaben, und wir haben dann vielleicht eine Chance, ihre Pläne zu durchkreuzen, etwas, das keine andere Art bisher jemals angestrebt hat.«[66] Einerseits also wird die Moral als überlebensdienliche Illusion dargestellt, andererseits aber werden sittliche Forderungen erhoben wie Appelle zur Bevölkerungskontrolle oder zum wahren Altruismus. Man kann aber nicht gleichzeitig die Rolle des Skeptikers und des Reformers spielen. Und konsequenterweise müßte man auch diese Appelle der Soziobiologen soziobiologisch erklären, das heißt als Strategie ihrer Gene: Moralische Appelle im Vorwort steigern den Absatz der Bücher und damit letztlich die Reproduktionskapazität der soziobiologischen Autoren.[67]

Aus diesem Dilemma folgt, daß das Phänomen der Moral den soziobiologischen Erklärungsrahmen sprengt. Die Soziobiologie kann zwar von den biologischen Grundlagen handeln, die das sittliche Tun des Menschen bedingen; dieses aber überschreitet seine biologischen Grundlagen. Zwar ist das menschliche Gehirn ein Produkt der Evolution und die Fähigkeit des Menschen, unter Alternativen intentional auszuwählen, ist biologisch entstanden. Die Evolution spezifiziert aber nicht mehr, welche Formen sozialen Handelns das sittliche Verhalten regeln. Die Biologie des Menschen bereitet zwar die Strukturbedingungen, ohne die es weder Intention noch

---

65 C.J. Lumsden/E.O. Wilson, Das Feuer des Prometheus, 255.
66 R. Dawkins, Das egoistische Gen, 3.
67 Vgl. auch R. Löw, Leben aus dem Labor, 52; F. J. Ayala, La Naturaleza Humana a la Luz de la Evolucion, in: Estudios Filosoficos 31 (1982), 433-439.

freie Wahl geben kann, aber sie legt noch nicht die Entscheidungen fest, die dann gefällt werden. Die Biologie kann uns etwas sagen über perzeptuelle und motivationelle Ausgangspunkte, nicht aber über den Denkprozeß, durch den jene Ausgangspunkte transzendiert werden. Biologische Grenzen für das menschliche Verhalten anzunehmen heißt noch nicht, die Ethik biologisch zu fundieren. Vielmehr wird anerkannt, daß die Ethik – wie auch andere Prozesse kultureller Entwicklung – mit ihren Ausgangspunkten und mit der Natur des Materials, das sie zu transformieren sucht, rechnen muß. Durch seine Bewußtseinsstufe vermag der Mensch sogar manche biologischen Gegebenheiten in gewisser Weise zu korrigieren. Er kann etwa das nackte Überlebensprinzip, nach dem sich nur der Stärkere durchsetzt, überschreiten zur sittlichen Forderung nach Rücksicht auf Kranke, Schwache und Behinderte. Eine vernünftige Ethik wird zwar keine naturwidrigen Normen aufstellen, wohl aber Forderungen, die über die Natur und damit auch über das für die inclusive Fitness förderliche Verhalten hinausgehen. Dazu zählt beispielsweise das biblische Gebot der Feindesliebe.

So kann Ethik schließlich auch als eine Art »Luxusbildung« in der Evolution verstanden werden: Die menschliche Sittlichkeit ist nicht mehr unbedingt von evolutionärem Nutzen. Und es gibt ethische Gebote, die nicht mehr als Anpassungsprodukte verstanden werden können.

Wilson gesteht der Moral nur die Funktion zu, das genetische Material intakt zu halten. Aber echte Sittlichkeit transzendiert die »Moralität« der Gene: Selbst wenn die Moral als Mechanismus entstanden sein sollte, die Fitness einer Gruppe im Wettstreit mit andern zu steigern, so kann durch die Ebene der Vernunft ein Weg eröffnet worden sein, die Fitness als letztes Ziel zu transzendieren. Der Mensch kann sich somit für eine Sache oder eine andere Person unter Preisgabe des eigenen Lebens einsetzen. Dabei kann der biologische Nutzen nicht nur für sich selbst gleich null sein, sondern auch für die andere Person mag keinerlei biologischer Nutzen in Sicht sein. Das gute Leben ist mehr als das bloße Überleben.* Eine vernünftige Moral ist zwar immer im großen und ganzen auch nützlich, etwa für die Aufrechterhaltung eines sozialen Systems. Aber sie ist auch dann noch vernünftig, wenn die Nützlichkeit einmal entfällt. Nützlichkeit ist nicht der letzte Maßstab für Sittlichkeit.

---

* Der platonische Sokrates stellt darum die feierliche Frage: »Bedenke aber, o Kallikles, ob es nicht etwas Besseres gibt als erhalten und sich erhalten lassen!«[68]

68 Zit. nach R. Spaemann / R. Löw, Die Frage Wozu?, 291.

Nach Platon und Aristoteles entsteht auch der Staat aus der Notwendigkeit des bloßen Lebens. Aber wenn er einmal entstanden ist, besteht er um des *guten* Lebens willen. Was aber das gute Leben sei, das läßt sich aus den Entstehungsbedingungen nicht mehr herleiten.[69] Das Gute ist nicht mehr funktional, also gut für irgend etwas, sondern muß als einfachhin gut verstanden werden. Gut im sittlichen Sinn meint somit einen frei anerkannten Wert, der um seiner selbst willen gesucht wird.

Und eigentlich ist ja Sittlichkeit dort am höchsten verwirklicht, wo sie nicht irgendwelcher Vorteile wegen und auch nicht um des Überlebens willen, sondern um ihrer selbst willen gesucht wird. So ist für Aristoteles das gute Handeln selbst ein Ziel und bedarf keines Zieles außer seiner selbst.[70] Und für Spinoza ist der Lohn der Tugend die Tugend selbst.[71]

6. Das Göttliche

Da die Soziobiologie *alle* menschlichen Verhaltensformen zu erklären versucht, wendet sie sich schließlich auch dem Phänomen der Religion zu, welche nach Wilson die größte Herausforderung für die Humansoziobiologie darstellt.[72] Auch hier wird wieder nach dem Anpassungswert des Verhaltens gefragt: Welchen Überlebensvorteil vermochte die Religion in der Evolution des Menschen zu bieten?

Wilson stellt fest, daß schon der Neandertaler seinem Glauben an ein Fortleben nach dem Tod durch Grabbeigaben Ausdruck gab. Seitdem sind ca. 100 000 Religionen entstanden. Aus der Sicht der Soziobiologie konnte aber religiöser Glaube nur entstehen und sich ausbreiten, weil er die Überlebensfähigkeit seiner Anhänger zu steigern vermochte. Zunächst einmal kann Religion als psychischer Ausgleichsmechanismus dienen. Der zum Bewußtsein erwachte Mensch wird mit seiner eigenen Ohnmacht, mit Leid und Tod konfrontiert. Der Glaube an ein Weiterleben nach dem Tod kann die Erfahrung von Ungerechtigkeit, Unglück usf. erträglicher machen. Ein

---

69 Vgl. R. Spaemann, Sein und Gewordensein. Was erklärt die Evolutionstheorie?, in: Ders.
   u.s. (Hg.), Evolutionstheorie und menschliches Selbstverständnis, Weinheim 1984, 82.
70 Vgl. Aristoteles, Eth. Nic. VI, 1140b 6ff.
71 Vgl. B. de Spinoza, Die Ethik. u. dt., Stuttgart 1977,699.
72 Vgl. E. O. Wilson, Biologie als Schicksal, 145f.

Glaube an die ausgleichende Gerechtigkeit wirkt sich stabilisierend für das Sozialsystem aus: Der Mensch verzichtet leichter zugunsten von Sozialpartnern, wenn er an einen himmlischen Lohn glaubt. Zudem kann die religöse Gruppe durch starke Bindung, die gemeinsame Religion und Ritus herstellen, an Überlebenschancen gewinnen. »Die Funktion all dieser Erscheinungen besteht darin, eine soziale Gruppe abzugrenzen und ihre Mitglieder in bedingungsloser Treue aneinander zu binden.« Religiöse Rituale können den Menschen zu heroischem Altruismus, ja sogar zum Selbstopfer vorbereiten: Der Gläubige ist willig, Nächstenliebe zu üben, sein Leben zu weihen und schließlich für Gott und Vaterland zu sterben: »Wenn den Göttern gedient wird, ist letzten Endes, obwohl unerkannt, die biologische Tauglichkeit der Stammesangehörigen der Nutznießer.«[73]

Diese funktionale Interpretation des Glaubens, welcher durch die Kategorien von Belohnung und Bestrafung im Jenseits als sozialer Sanktionsmechanismus dient, widerspricht aber dem Selbstverständnis vieler Religionen. Für Wilson ist die selbstlose Liebe, die im Christentum gepredigt wird, im letzten egoistisch: Mutter Teresa in Kalkutta würde sich nur deshalb »selbstlos« aufopfern, weil sie einen Lohn im Jenseits erwartet. Diese Interpretation läßt aber jedes Verständnis der christlichen Gnadentheologie vermissen. Schon für Jesus selber bleibt aller Lohn ein von Gott geschenkter *Gnadenlohn*. Man soll Gott dienen, ohne an einen Lohn dafür zu denken. Jesus verdeutlicht dies am Gleichnis von den Arbeitern im Weinberg (Mt 20,1–15) und am Gleichnis von den Knechten (Lk 17,7–10), wo es am Schluß heißt: »Wenn ihr alles getan habt, was euch befohlen wurde, sollt ihr sagen: Wir sind unnütze Sklaven; wir haben nur unsere Schuldigkeit getan.« Daß der Mensch Gott und den Nächsten lieben soll um seiner selbst und nicht um Lohnes willen, ist von daher in der geistlichen Tradition tief verwurzelt. Gott ist »das Ziel an sich und nicht ein Mittel zur Befriedigung menschlicher Bedürfnisse, auch nicht des Bedürfnisses nach Erlösung; wir müssen bedingungslos und von vornherein Seinen Willen akzeptieren und bewundern, auch wenn er unsere Verdammnis einschließt (*resignatio ad infernum*)«[74] Angelus Silesius schreibt: »Mensch, dienst du Gott um Gut, um Seligkeit, um Lohn, so dienst du ihm noch nicht aus Liebe wie ein Sohn.« Der griechische Schriftsteller N. Kazantzakis schließlich läßt seinen Franz von Assisi sagen: »Mein Gott, wenn ich dich liebe, weil ich möchte,

---

73 Vgl. E. O. Wilson, Biologie als Schicksal, 145 f.
74 L. Kolakowski, Falls es keinen Gott gibt, München 1982 104.

daß du mich ins Paradies bringst, dann schicke deinen Engel mit dem Flammenschwert und er schließe mir die Tür! Wenn ich dich liebe, weil ich die Hölle fürchte, dann wirf mich in die Hölle! Wenn ich dich aber um deinetwegen liebe, nur um deinetwillen, dann nimm mich in deine Umarmung auf!«[75]

Als Liebe darf demgemäß im Unterschied zum Eigennutz nur die uneigennützige Liebe bezeichnet werden. Wilson scheint nur eine sehr oberflächliche Kenntnis von christlicher Spiritualität zu haben und sein funktionaler Erklärungsversuch für die christliche Gottes- und Nächstenliebe schlägt schon aus diesem Grunde fehl. Das Phänomen von echter Hingabe und selbstloser Liebe um des andern willen paßt nicht in sein Weltbild, das alle Phänomene als letztlich funktional für das eigene Überleben zu verstehen sucht. Sein Weltbild erweist sich als Prokrustesbett, das die Wirklichkeit um wesentliche Phänomene verkürzt. Zu diesen gehört auch die Gottes- und Nächstenliebe. Ähnlich wie das Gutsein schon seine eigene Belohnung darstellt, so ist auch Liebe um des andern selbst willen möglich und muß nicht als letztlich egoistische Befriedigung gedeutet werden.

Evolutionstheoretisch kann man auch das Phänomen der Religion als eine Art »Luxusbildung« in der Evolution verstehen, die keinen direkten Anpassungsvorteil mehr vermittelt. Die funktionale Erklärung, religiöser Glaube würde den Gedanken an den Tod erträglicher machen, wird auch insofern fraglich, als der Mensch im Jenseits einer ewigen Strafe verfallen kann. Zudem ist die Angst vor dem Tod gar nicht immer der Ausgangspunkt religiöser Erfahrung, sondern beispielsweise auch Dankbarkeit. »Es gibt Menschen, die kommen zur Religion, weil sie einen herrlichen Frühlingsmorgen erleben und sie möchten ihr Gefühl der Dankbarkeit irgendwie adressieren und finden, der Kirschbaum selber sei keine hinreichende Adresse dafür.«[76] Schließlich ist zu bezweifeln, ob der christliche Glaube wirklich einen Überlebensvorteil vermittelt; Märtyrer und Religionskriege sprechen eher dagegen. Sie weisen darauf hin, daß es den Gläubigen um die *Wahrheit* ihres Glaubens geht und nicht um dessen Überlebenswert. Hiob will von Gott eine Antwort, will die Wahrheit erfahren, selbst falls Gott ihn dafür umbringen sollte.[77] Das Herzstück des christlichen Glaubens ist das Kreuz, das mit Überlebenskalkulationen nichts mehr gemein hat.

75 N. Kazantzakis, Mein Franz von Assisi, Reinbek bei Hamburg 1981, 116.
76 R. Spaemann, in: R. Riedl / F. M. Wuketits (Hg.), Die Evolutionäre Erkenntnistheorie, (Parey) Berlin 1987, 233.
77 Vgl. Hiob 13,15.

Nun soll einmal angenommen werden, daß der religiöse Glaube auch funktional erklärt werden könnte. Von einer solchen psychohygienischen Funktion des Glaubens wird dann freilich von Soziobiologen oft ein funktionalistischer Fehlschluß begangen. Man kann nämlich von der Funktion einer Aussage nicht auf deren Wahrheitsgehalt schließen. Ein Beispiel zeigt dies: Wenn ein Vater seinem arbeitsscheuen Sohn mitteilt, daß er kein Geld mehr auf dem Konto habe, so kann diese Aussage die pädagogisch nützliche Funktion haben, den Sohn zur Arbeit zu bewegen. Diese Funktion sagt allerdings noch nichts über den wahren Kontostand aus.[78] Selbst wenn Religion also eine nützliche Funktion für das Überleben haben sollte, so sagt dies noch nichts darüber aus, ob es Gott wirklich gibt oder nicht. Die Wahrheit einer Aussage ist logisch unabhängig von den Motiven, aus denen eine Aussage gemacht wird. Noch weniger abhängig ist sie von deren biologischem Vorteil.

So schlägt Wilsons Versuch, den Inhalt der Religionen zu ignorieren und sie nur auf ihren Überlebenswert hin zu befragen, fehl; denn seine eigenen wissenschaftlichen Konzepte wie »inclusive Fitness« und »biologischer Vorteil« sind Ergebnisse von Wahrheitssuche. Will sich die Soziobiologie nicht selber als funktional für das Überleben verstehen und damit ihren eigenen Wahrheitsspruch aufheben, so muß sie auch die Inhalte der Religion auf ihren möglichen Wahrheitsgehalt untersuchen. Das aber unterläßt sie und schließt von der Funktionalität auf den illusorischen Charakter der religiösen Inhalte. Dieser Schluß gilt dann aber auch für den eigenen Wahrheitsanspruch. Daraus folgt, daß auch die Religionskritik der Soziobiologie nicht mehr wahr sein kann, sondern in einem funktionalen Interesse steht.[79]

7. Der Logos des Lebens ist reicher als das Biologische

Der Versuch der Soziobiologie, eine Totalerklärung aller Phänomene des Lebendigen zu liefern, muß als gescheitert betrachtet werden. Die darwinistischen Gesetze können wohl Bedingungen erhellen, die für das Überleben der Organismen von Bedeutung sind. Denn zunächst und grundlegend

---

78 Vgl. R. Spaemann, Die Frage nach der Bedeutung des Wortes Gott, in: Internationale Katholische Zeitschrift 1 (1972), 54-72.
79 Vgl. R. Trigg, The Shaping of Man. Philosophical Aspects of Sociobiology, New York (Schocken) 1983, 130f; R. Löw, Leben aus dem Labor, 58f.

muß das Überleben gewährleistet sein, damit Leben überhaupt möglich ist und weitergegeben werden kann. Aber Leben erschöpft sich nicht in den Überlebensbedingungen. Leben ist mehr als Überleben.

Nach der darwinistischen Erlärung hätte auch ein technisch hochbegabter Australopithecus entstehen können, der mit allen technischen Fähigkeiten zum erfolgreichen Überleben (einschließlich Computerbau) begabt ist, »jedoch ohne jeden Sinn für Kunst, für Philosophie, für das große Staunen vor dem Wirklichen, ohne Empfänglichkeit für das Schöne, ohne Bewußtsein einer unbedingten sittlichen Verpflichtung, ohne Sensorium für differenzierte persönliche und gesellschaftliche Beziehungen und Wertsysteme, für Religion und kollektive Riten«[80]. Zu all diesen Phänomenen hat eine darwinistische Erklärung keinen Zugang. Denn das ästhetische Erleben, das Staunen vor dem Geheimnis der Welt, das Erschauern vor dem Numinosen, die Frage nach dem Guten und nach dem letzten Sinn des Lebens auf der Welt, das Erlebnis der Unausweichlichkeit einer sittlichen Pflicht, all dies hat nicht direkt mit Überlebenschance und Nützlichkeitsgründen zu tun. Diese Phänomene aber gehören zum Wesen des Menschen. Sie erst qualifizieren sein Leben.

A. de Saint-Exupéry schreibt einmal: »Denn gewiß muß der Mensch essen, da er aufhört Mensch zu sein, wenn er nicht mehr ernährt wird, und dann stellen sich keine Probleme mehr. Doch die Liebe und der Sinn für das Leben und das Erfüllen Gottes sind wichtiger.«[81]

80 W. Neidhard / H. Ott, Krone der Schöpfung?, Stuttgart 1977, 47.
81 A. de Saint-Exupéry, Die Stadt in der Wüste, 98.

Peter Koslowski

Soziobiologie als Ontologie und als Theorie der Gesellschaft[1]

I. Begriff und Programm der Soziobiologie

Die Soziobiologie stellt an der Grenze zwischen den Sozial- und Naturwissenschaften eine Neuentwicklung unter den Wissenschaftsdisziplinen dar. Nach dem Programm ihres Begründers, E. O. Wilson, von dem auch der Begriff Soziobiologie stammt, soll sie eine neue Synthese zwischen der Biologie und den Sozialwissenschaften leisten. So wie die Physik der Chemie und diese der Biologie als vorgelagerte Grundwissenschaften dienen, wird nach Wilson die naturwissenschaftliche evolutionstheoretische Biologie zur Grundlagenwissenschaft der Sozialwissenschaften und liefert ihnen in Genetik und Verhaltensforschung die Erklärungsschemata und Grundlagentheoreme sozialen Verhaltens. Aus den einfachen, beobachtbaren Verhaltensphänomenen der Tierwelt, die als durch natürliche Selektion entstandene, überlebensmaximierende Strategien angesehen werden, werden die komplizierten Formen menschlichen Sozialverhaltens erklärt und auf Grundfunktionen der Überlebensmaximierung zurückgeführt.[2]

Eine Theorie des Verhaltens, die von der Annahme ihren Ausgang nimmt, daß alle Lebewesen dem Imperativ der Reproduktion und der Maximierung von inklusiver genetischer Tüchtigkeit folgen, greift natürlicherweise auf den Bereich menschlichen Verhaltens über. Unter der Annahme eines einheitlichen Evolutionsprozesses und der Gültigkeit genetisch-physiologischer Gesetze auch beim Menschen muß sich die Veterinärsoziobiologie zur Humansoziobiologie erweitern. Eine solche Übertragung wird in zwei unterschiedlich radikalen Ansätzen vertreten.

---

1 Diese Arbeit beruht in einigen Teilen auf meinem Buch *Evolution und Gesellschaft. Eine Auseinandersetzung mit der Soziobiologie*, Tübingen (J. C. B. Mohr) 1984 und auf meinem Aufsatz »Evolutionstheorie als Soziobiologie und Bioökonomie. Eine Kritik ihres Totalitätsanspruchs«, in: Robert Spaemann, Reinhard Löw, Peter Koslowski (Hrsg.): *Evolutionismus und Christentum,* Weinheim (VCH/Acta humaniora) 1986, S. 31–56.
2 Wilson (1975) und (1980), Lumsden/Wilson (1981).

Der erste und weitestgehende Ansatz einer Humansoziobiologie (Wilson, Lumsden/Wilson und Trievers)[3] nimmt an, daß in menschlichen Gesellschaften dieselben Gesetze gelten wie in tierischen. Alle menschlichen Gesellschaften folgen nach diesem Ansatz dem Imperativ der Reproduktion und der Maximierung einschließender genetischer Fitneß. Soziale Institutionen können vollständig als zweckdienliche Mittel auf diesen Zweck zurückgeführt und durch ihn erklärt werden (Reduktionismus). Phänomene des Geistigen und Sozialen sind nur Epiphänomene der genetisch-physiologischen Basis der Genmaximierung. Die Bereiche des Sozialen und Kulturellen werden durchgängig funktional auf die biologischen Zwecke bezogen. Die kulturellen und sozialen Normen sind als Produkt einer biologischen Evolution zu begreifen.

Der zweite Typus von Soziobiologie, wie ihn die meisten empirisch orientierten Forscher vertreten, ist in seinen theoretischen Ansprüchen zurückhaltender. Seine Vertreter räumen eine Differenz von tierischer und menschlicher Soziobiologie ein und gehen von einer Pluralität der Phänomenbereiche, von einer Differenz zwischen den genetisch-physiologisch bedingten Phänomenen und den durch die begrifflichen und sprachlichen Fähigkeiten des menschlichen Geistes bestimmten Phänomene aus.[4]

Die Abgrenzung zwischen einer »weltanschaulichen«, monistischen Soziobiologie als Forschungshypothese und -strategie einer umfassenden Verhaltenserklärung ist aus zwei Gründen nicht immer einfach. Einmal explizieren nur wenige Autoren wie Wilson und Lumsden ausdrücklich ihre ontologischen Grundlagen und ihre Ansprüche auf Totalität der Erklärung und vertreten explizit die monistische Ontologie eines einheitlichen Evolutionsprozesses. Die meisten Autoren verzichten auf ontologische Fundierung und den Anspruch auf Totalerklärung. Sie beschränken sich auf Partialmodelle der soziobiologischen Erklärung bestimmter menschlicher Verhaltensformen wie Sexualität oder Territorialität. Zum anderen wird von einigen Autoren die These der Identität von tierischem und menschlichem Sozialverhalten und die Einheit der soziobiologischen Erklärung nur indirekt durch den Gebrauch von Metaphern aus dem menschlichen Sozialbereich für die soziobiologische Beschreibung und Erklärung von tierischem Verhalten eingeführt.

3 Nach Trivers (zitiert in *Time* 110 (1976), S. 54) wird die Soziobiologie einmal die Fächer »political science, law, economics, psychology, psychiatry and anthropology« übernehmen.
4 Markl (1980), S. 8. Vgl. auch Markl (1976), S. 25 und 36 und Buckley (1977).

Der Verzicht auf das Offenlegen und Begründen der Analogien zwischen Veterinär- und Humansoziobiologie ist ontologisch und epistemologisch unbefriedigend. Er hat aber auch soziologisch-ideologische Nebenwirkungen, weil Sozialtheorien immer zugleich legitimatorische Funktionen in einer Gesellschaft ausüben und eine Weise der Selbstinterpretation und des Selbstentwurfs einer Gesellschaft sind. Sozialtheorien sind nie bloße Beschreibungen, sondern zugleich Interpretationen und Definitionen der sozialen Welt, die selbstrealisierend im Sinne einer *self-fulfilling prophecy* sind oder sein können.[5] Wenn sich die menschliche Gesellschaft nach dem Modell der Soziobiologie interpretiert und dem Reproduktionsimperativ zum Endzweck ihrer Sozialteleologie macht, so bleibt dies nicht ohne Folgen für das Bewußtsein der Mitglieder und den Charakter der Gesellschaft.

II. Soziobiologie als Bioökonomie

Die Evolutionsökologie und Soziobiologie sehen die lebendige Natur als einen sich ständig wandelnden Anpassungs- und Interaktionszusammenhang an, in welchem die Lebewesen um knappe Ressourcen zur Lebenserhaltung und Fortpflanzung konkurrieren und einen möglichst effizienten Gebrauch von diesen Ressourcen machen müssen. Die Ökologie wird als eine Ökonomie der Natur begriffen. In dieser Bioökonomie gelten dieselben Gesetze wie in der menschlichen Wirtschaft: »One universe, one economy, one economics«.[6] Daher können und müssen Theoreme und Gesetze der ökonomischen Theorie, vor allem der Mikroökonomie, zur Erklärung der Evolution und der Ökologie tierischen und pflanzlichen Verhaltens herangezogen werden. Für M.T. Ghiselin ist die Ökonomie der Natur durchgängig eine Wettbewerbsökonomie marktwirtschaftlicher Art. Die natürliche und sexuelle Selektion ist Manifestation des Wettbewerbs um knappe Ressourcen wie z.B. fortpflanzungsfähige Weibchen.

Das Gesetz des abnehmende Grenzertrages aus einer Aktivität und die Produktivitätssteigerung durch Spezialisierung bewirken, daß sich die Geschlechter differenzieren und unterschiedliche Formen der Fortpflanzung entstehen. Die Ökonomie der Natur ist keine Ökonomie linearer Optimierung oder einfacher Maximierung von Genreplikaten, keine Ökonomie der

5 Vgl. Thomas (1928), S. 81 und Merton (1957).
6 Ghiselin (1974), S. 212. Vgl. Rapport/Turner (1977) für einen Überblick über die Anwendung ökonomischer Gesetze in der Ökologie.

Sparsamkeit, sondern eine Ökonomie der Innovation und des verschwenderischen Wandels. Denn geschlechtliche Fortpflanzung, d. h. die Rekombination der Erbinformation der DNS aus dem Erbgut zweier Individuen, ist zunächst Verschwendung. Sie verbraucht Energie, Material und Zeit für die Jagd nach einem Geschlechtspartner und stört Nahrungsaufnahme und Wachstum der Individuen. Aber sie ist ein Mittel für die Mobilisierung genetischer Variabilität und Anpassungsfähigkeit an wechselnde Umwelten. Die durch geschlechtliche Fortpflanzung ständig sich verändernde Kombination der DNS ermöglicht die Anpassung an die Umwelt und das Ausbeuten neuer Ressourcen. Der Strom der Gene in der rekombinierten DNS ist nach Ghiselin[7] dem Strom von Kapital und technischem Wissen vergleichbar, einem Strom, welcher Kapital und Know-how in immer neue produktive Verwendungen führt und innovative Umschichtungen des bestehenden Kapitalstocks ermöglicht.

Vor dem kategorischen Imperativ des Genüberlebens werden alle anderen Imperative zu hypothetischen Imperativen. Konsequenterweise würde dies bis zur Rechtfertigung des Kannibalismus führen, wie ihn Jünger als Folge jedes monistisch-ökonomischen Ansatzes befürchtet: »Vorstufen, Übergänge zum intelligenten Kannibalismus deuten sich an, oft sogar unverhüllt. Jede rein ökonomische Anschauung muß notwendig darauf zuschreiten.«[8] Die optimale Nutzung von Nahrungsquellen erfordert nach der Soziobiologie, daß Tiermütter den Teil ihrer Jungen, der nicht dem Überleben der Gene dient, weil er das Überleben der Geschwister hindert, zugunsten der durchsetzungsfähigeren Geschwister auffressen.[9] Die Übertragung dieser Art von Bioökonomie scheuen zwar Autoren wie Dawkins und Wilson.[10] Diese Konsequenz müßte jedoch von der Soziobiologie gezogen werden, wenn Kannibalismus in Familien das Überleben von Genen fördert. Wilson hält an Menschenrechten fest, aber seine Begründung dafür geht über sein eigenes soziobiologisches Konzept hinaus.[11]

Dawkins' Ansatz billigt den Genen Begehrungsvermögen, Intentionalität und Bewußtsein zu. Er fällt damit in einen genetischen Animismus, der

7 Ghiselin (1974), S. 54.
8 Jünger (1958), S. 160.
9 Dawkins (1978), S. 158 ff., Ghiselin (1974), S. 231.
10 Dawkins (1978) ist hier besonders inkonsequent: Wir sind einerseits blinde Roboter, deren sich die egoistischen Gene bedienen (S. VIII), andererseits können wir aber die Pläne der Gene durchkreuzen (S. 3) und Ethik daher nicht aus der Evolution ableiten.
11 Wilson (1980), S. 187.

den Genen Wahrnehmung und Entscheidung zumißt und die Leistungsfähigkeit und die Geschwindigkeit darwinistischer Selektionsmechanismen weit überzeichnet. Ein solcher Animismus führt zu einer Ontologisierung der Ökonomie und des Konzepts der rationalen Zielverfolgung. Die Gene werden als »Kapitalanleger an einer Börse« gesehen, deren Aktien bzw. Unternehmen die Überlebensmaschinen sind, in die diese Gene investieren. Die Gene verhalten sich wie Gewinnmaximierer bei der Programmierung des Baus ihrer Überlebensmaschinen, sie optimieren wie Unternehmer in ihren Strategien den Gewinn, messen ihre »Anlagepolitik« am »Goldstandard der Evolution, dem Genüberleben«. [12] Entsprechend verfügen die Gene bei Dawkins auch über eine Lernfähigkeit, die derjenigen von nutzenmaximierenden Individuen entspricht. Die Differenz der Zeithorizonte von genetischem und geistigem »Lernen« wird von Dawkins in animistischer Weise vermischt und aufgehoben. [13]

III. Zur Ontologie der Evolutionstheorie

1. Programmerhaltung als Entelechie

Dawkins führt den Supernominalismus der Auflösung des Individuums zu einem Aggregat von Überlebensmaschinen ad absurdum: vielleicht sind wir gar keine Individuen, sondern multiple Organismen, deren Gene sich unseres Identitätsbewußtseins bedienen, um in einer Symbiose ihre Erhaltung in uns zu sichern. [14] Der genetische Supernominalismus, nach welchem weder Arten noch Individuen, sondern kleine Einheiten genetischer Infor-

12 Dawkins (1978), S. 67 und S. 146 f.
13 Dawkins (1978), S. 56, 145 und öfter entschuldigt seinen Gebrauch anthromorpher Kategorien als abkürzenden Sprachgebrauch, der es erlaube, die komplizierten Zusammenhänge einfacher darzustellen: »So ist es häufig ermüdend und unnötig, beständig die Gene heranzuziehen, wenn wir das Verhalten von Überlebensmaschinen diskutieren. In der Praxis ist es gewöhnlich zweckmäßig, den einzelnen Körper annäherungsweise als Subjekt zu betrachten, das die Zahl aller seiner Gene in zukünftigen Generationen zu vergrößern ›sucht‹«. Dagegen ist einzuwenden, daß die Metaphern der Sache nicht äußerlich sind. Sie verbergen vielmehr die Tatsache, daß die genannten anthromorphen Fähigkeiten und Theoremen nicht zu rekonstruieren sind. Sie erlauben es vielmehr, mit teleologischen Begriffen zu arbeiten, und dennoch den Anschein aufrechtzuerhalten, es handle sich um ein konsequent mechanistisches Modell. Vgl. für eine Kritik des Gebrauchs von Metaphern und Anführungszeichen in der modernen Biologie Löw (1980), S. 283.
14 Dawkins (1978), S. 39.

mation die letzten ontologischen Bestimmungen des wirklichen und Lebendigen sind, schlägt dialektisch in einen abstrakten Essentialismus oder Super-Idealismus pseudoplatonischer Art um. Das Sein und Überleben kleiner Informationseinheiten, die sich ihre leiblichen Träger suchen und diese »ausbeuten«, machen nach Dawkins das Wesen des Lebendigen aus. Das körperliche, gestalthafte Sein der Individuen wird dagegen zu einem Epiphänomen des eigentlichen Seins der Gene. Gegen einen solchen genetischen »Idealismus« drängt sich das Argument auf, warum überhaupt etwas gestalthaft wird und Sein annimmt, wenn sein theologischer Zweck nur das Überleben von etwas ganz anderem, Unsichtbaren und Nicht-Gestalthaften ist. Wenn das Überleben der Gene Zweck ist und dieses Überlebensprogramm die Wirklichkeit des Lebendigen steuert, dann ist die von uns wahrnehmbare Wirklichkeit in hohem Maße nicht funktional oder luxurierend, weil sie ja gestalthaft ist und auch wir Menschen auf Gestaltverwirklichung und nicht auf abstrakten Idealismen aus sind. Es wäre für die Gene ökonomischer, ewig in einer Ursuppe zu schwimmen und ihren Informationsgehalt im Zustand der Möglichkeit zu bewahren, ohne diese Information je in gestalthafte Wirklichkeit umzusetzen. Die *Verwirklichung* der Information der DNS in der Gestalt des Individuums ist ontologisch überflüssig, wenn nur die Erhaltung dieser Information Zweck ist.

Die reduktionistische Definition von Leben als Replikation genetischer Information bei Dawkins führt dazu, daß seine Theorie optimierungstheoretisch unplausibel ist. Leben und Information könnten weniger aufwendig erhalten werden, weil die Replikation von Information zweckmäßiger und ökonomischer ohne Organismen vollzogen wird. Warum zeugt der Mensch oder zeugen die Gene durch ihn einen Menschen, und nicht die kleinen Stücke Chromosomen ebensolche? Der Zeugungsbegriff ist seit Artistoteles gestalthaft und artbezogen gedacht und darum auf Gene nicht anwendbar. Dawkins müßte so übersetzt werden: der Mensch zeugt einen Menschen, damit ein Gen sich repliziert: das Gen repliziert sich, indem es einen Menschen veranlaßt, einen anderen Menschen zu zeugen, der zur Hälfte dieselben Gene aufweist. Es ist dies kein wirtschaftliches Verfahren. Es entspricht einer Kopieranstalt, die zur Anfertigung von Kopien den Kopierapparat immer gleich mitkopiert und dabei Kopien erhält, die nur zur Hälfte mit dem Original übereinstimmen. Replikation und Kopieren sind nicht nur Zeugung. Die Kinder sind nicht die Kopien oder Replikate der Eltern, sondern deren Abkömmlinge, d. h. sie sind nicht identisch mit, aber auch nicht völlig verschieden von den Eltern. Die Abstammungsbeziehung ist keine Beziehung der Identität. Sie ist aber auch keine Beziehung von Besonderem und Allgemeinem oder von Element und Klasse, weil sie zeit- und ortsabhängig ist. Sie ist eine einzigartige Beziehung der Identität und Nichtidentität. Durch Zeugung wird die Allgemeinheit einer Spezies mit der Einzigartigkeit jedes Organismus vermittelt. Der Organismus ist singulär und Spezimen eines Typus zugleich. Die Sprache unterscheidet daher auch die Zeugung von Machen, Schaffen oder Kopieren. Identische Kopien, identisch bis auf das materielle Substrat, sind machbar und schaffbar, aber nicht zeugbar. Sie sind als bloße Imitate oder Duplikate daher auch wenig wertvoll und »ontologisch steril«.

Nach den von Freud so genannten drei Kränkungen der naiven Eigenliebe der Menschheit, nach der Kränkung durch die kopernikanische Wende, nach der Kränkung durch die darwinische Deszendenztheorie und der Kränkung durch die psychoanalytische Depotenzierung des Ichs, wäre die Dawkins'sche die vierte und letzte Kränkung. Sie würde den Menschen nicht nur aus der Mitte des Kosmos vertreiben, ihn seiner Einzigkeit unter den lebenden Arten und seines Ich-Bewußtseins berauben, sondern auch noch seinen leiblichen Individuumcharakter und seine Selbsterhaltung als falschen Schein entblößen. Dawkins' Theorie ist die letzte Form des ontologischen Nihilismus. Sie ist Nihilismus, weil das Sein des Menschen nicht einmal mehr als es selbst als erhaltenswert gilt. Das Leben dient nur mehr der Erhaltung von etwas, das selbst nicht wirklich, sondern nur möglich ist. Der Sinn von Sein ist die Erhaltung eines Programms.

Dawkins' Theorie ist innerhalb der Biologie nicht unwidersprochen geblieben. So ist kritisiert worden, daß nicht das Gen, sondern der gesamte Organismus die Grundeinheit ist, an der die Selektion ansetzt. Der Organismus oder das soma ist das Objekt der Selektion, weil das Gen für ein bestimmtes Organ, z. B. für die Leber, wenig Überlebenschanchen hat, wenn es sich einzeln gegen den Organismus durchsetzen will.[15] Das egoistische Gen, das mit anderen Genen desselben Organismus im Wettbewerb steht, bleibt Konstrukt. Der ontologische Nihilismus Dawkins' widerspricht zu sehr der biologischen Bedeutung des Leibes, des soma, um in der Biologie plausibel zu sein.

15 Vgl. Ghiselin (1981), S. 305, 309 und (1984).

2. Kritik optimierungstheoretischer Rekonstruktionen der Evolution

Das Modell des egoistischen Gens vereinigt Biologie und Ökonomie, indem es alle Handlungen von Lebewesen funktional auf die Maximierung einschließender genetischer Tüchtigkeit bezieht. Gegen Optimierungsmodelle in der Evolutionsökologie muß der Einwand erhoben werden, daß Rekonstruktionen oder Als-ob-Erklärungen der Optimierung den Charakter von Ad-hoc-Erklärungen haben. Sie sind insofern Ad-hoc-Erklärungen, als der Erklärungszusammenhang mehr oder weniger »ad hoc« und willkürlich definiert wird. Die Komplexität der Situation, der sich ein ökonomisches Gen gegenübersieht, muß notwendig in der optimierungstheoretischen Rekonstruktion so stark vereinfacht werden, daß die Beschreibung der Situation als Antezedensbedingungen der Erklärung mit der Wirklichkeit nur noch entfernte Ähnlichkeit besitzt. »Eine einfache Theorie über Phänomene, die ihrer Natur nach komplex sind, ist wahrscheinlich notwendigerweise falsch, jedenfalls ohne spezifische ceteris paribus-Klauses, nach deren vollständiger Formulierung die Theorie nicht mehr einfach wäre.«[16] Für die Rekonstruktion der genetischen Selektion als eines Prozesses, der Genüberleben optimiert, gelten dieselben Kritikpunkte wie für ökonomische Maximierungsmodelle. Diese Modelle erfordern, wenn sie die Wirklichkeit abbilden sollen, ein Wissen, das meist nicht verfügbar ist. Damit ein Optimierungs- bzw. Maximierungsmodell die Wirklichkeit zutreffend beschreibt, sind folgende Bedingungen zu erfüllen:

Erstens: die Ausgangssituation muß zutreffend beschrieben sein.

Zweitens: Anzahl und Art, das »Set«, der möglichen Strategie müssen bekannt sein.

Drittens: das Optimierungskriterium, d. h. die Größe, die maximiert werden soll, muß wohldefiniert sein.

Viertens: die einschränkenden Nebenbedingungen sind genau zu bestimmen.

Diese Bedingungen sind nur für »wohlkonstruierte«, klar abgrenzbare Entscheidungsprobleme, etwa diejenigen der technischen Optimierung in den Ingenieurwissenschaften, erfüllt. Schon für komplexe wirtschaftliche Zusammenhänge, wie die der Unternehmensführung, kann das Maximierungsmodell aufgrund von Unsicherheit über die Strategien anderer und wegen der Komplexität der Umweltbedingungen und Nebenwirkungen

---

16 Hayek (1972), S. 16.

212

von Strategien in der Zukunft keine eindeutige Lösung oder Handlungsanweisung mehr geben.

Entweder gilt das Selektionsmodell, dann kann nicht von Optimierung bei quasi vollständiger Voraussicht ausgegangen werden; oder es gilt das Optimierungsmodell, dann müssen Gene als intentional und voraussehend und die Natur als teleologisch zu Optima führend gedacht werden. Die Selektion würde in einem konsequent optimierungstheoretischen Modell nur sichern, daß ein Gleichgewicht zwischen den Optimierungsstrategien der Arten in der Weise zustande kommt, wie es der Markt zwischen den eigensüchtigen Strategien rationaler Wirtschaftssubjekte nach der Theorie des allgemeinen Marktgleichgewichts der ökonomischen Theorie bewirkt.

Es ist nicht möglich, optimale Lösungen für den Universalzusammenhang der Natur anzugeben. Als Theorie der transspezifischen Gesamtevolution des Lebendigen ist die der Soziobiologie zugrunde liegende Theorie des egoistischen Gens nicht anwendbar. Schon das Optimierungskriterium ist unklar. Wird der Bestand von Chromosomenteilen (wie bei Dawkins) oder von ganzen Chromosomen optimiert?[17] Wird der Gegenwartsbestand oder ein intertemporaler Bestand von Genen maximiert? Wir können aufgrund des fehlenden Wissens und der exponentiell wachsenden Komplexität größerer Systeme nur für regionale Zusammenhänge Optima, sogenannte lokale Optima, angeben. Die Entstehung einer gesamten Art kann nicht als Optimierung gefaßt werden.

3. Die Unmöglichkeit einer Totalrekonstruktion der Evolution

Wilson und Lumsden/Wilson[18] sehen die Leistungsfähigkeit einer wissenschaftlichen Theorie darin, daß sie die größtmögliche Anzahl von Phänomenen auf einfache Zusammenhänge in einer ästhetisch befriedigenden Weise zurückführt. Die Erfahrung der Naturwissenschaft habe gezeigt, daß dies am besten in der Weise geschehe, daß die reale Welt in einer Matrix möglicher Welten gesehen wird.[19] Dawkins macht sich dieses Programm möglicher Welten zu eigen, indem er seine evolutionär stabilen Strategien am Modell der besten aller möglichen Verhaltensweisen rekonstruiert. Die Soziobiologie erhebt den Anspruch, eine monistische Theorie der Gesamtwirklichkeit als Resultat eines einheitlichen Evolutionsprozesses und in

17 Vgl. Alexander (1974), S. 374: »What is it, after all, that selection is maximizing?«
18 Wilson (1980), S. 18; Lumsden/Wilson (1981), S. 346.
19 Lumsden/Wilson (1981), S. 2.

Rekonstruktion nach dem Modell möglicher Welten zu schaffen. Der wichtigste Einwand dagegen ist folgender:

Es macht keinen Sinn, von möglichen Welten zu sprechen, wenn nach der Erklärung eines per definitionem einmaligen Prozesses, der Evolution als Geschichte des Universums, gefragt ist. Für die Antwort auf die Frage, wie dieser einmalige Prozeß rekonstruiert werden könne, ist es nicht zulässig auf mögliche Welten und Simulationen von Entwicklungspfaden bzw. Teilentwicklungen zu verweisen, weil uns nicht mögliche Welten, sondern eine einzige, nämlich die wirkliche Welt und ihre Entwicklung interessieren. Eigen/Winkler[20] räumen ein, daß »nur ausgewählte Ursprungsereignisse experimentell überprüft werden können, nicht aber die historische Ereigniskette der Evolution«. Die Gesamtentwicklung der wirklichen Welt bleibt in allen selektions-, optimierungs- und spieltheoretischen Erklärungen letztlich unerklärlich. Die Ausgrenzung von Antezedensbedingungen in Erklärungsmodellen, durch die Irrelevantes ausgesondert oder Bedingungen vorläufig vorausgesetzt werden, ist für die Untersuchung des Ganzen und der Totalität des Prozesses nicht statthaft. Wenn das Gesamtsystem der Welt erklärt werden soll, kann keine »Umwelt« mehr als irrelevant ausgegrenzt werden. Der Versuch, die Antezedensbedingungen einer Erklärung einzuholen und das System als ganzes zu definieren, führt jedoch in einen unendlichen Regreß.

IV. Arten als Individuen und die unendliche Bestimmtheit des Individuums

Der Einwand der fehlenden Rekonstruierbarkeit läßt sich nicht nur gegen die Optimierungstheorien erheben. Er gilt auch für andere Ansätze der evolutionstheoretischen Erklärung der Artbildung und des Ursprungs der Arten. Ghiselin hat die These vertreten, daß Arten nicht Klassen von Organismen oder Aggregate von körperlichen Individuen mit gleichen Eigenschaften oder Zügen sind. Sie können nicht Klassen sein, weil sie nicht zeit- und ortsunabhängig sind. Sie sind vielmehr Individuen im logischen Sinn von »particulars«, zusammengesetzte Ganzheiten oder »composite wholes«.

Wenn Arten als Individuen angesehen werden, müssen ihre Bezeichnungen Eigennamen für ein besonderes Ding sein. Eigennamen und Aus-

---

20 Eigen/Winkler (1975), S. 195.

drücke für natürliche Arten sind aber, wie die neuere analytische Philosophie gezeigt hat, starre Designatoren (*rigid designators,* S. Kripke u. a.). Ein Designator ist starr, wenn er sich auf dasselbe Ding oder dieselben Dinge in jeder möglichen Welt bezieht, in der er eine Referenz hat. Ein starrer Designator hat dieselbe Referenz in jeder kontrafaktischen Situation, in der er überhaupt eine Referenz hat.[21] Namen werden mit Individuen gleichsam durch eine kausale, unauflösliche Kette verbunden, die nicht das Gemeinsame eines Begriffs oder einer Klasse bezeichnet, sondern die Verbindung von Name und Gegenstand darstellt und sich nur auf diesen Gegenstand bezieht. Es ist beinahe unmöglich, eine Spezies durch allgemeine Eigenschaften zu bestimmen. Es können nur Kombinationen von Eigenschaften angegeben werden, und schließlich bleibt oft nur die ostentative Identifikation, das Hinzeigen als Nachvollzug einer starren Designierung des Namens auf den Gegenstand.[22]

Die Bestimmung der Arten als Individuum mit Eigennamen, ihre Darstellung als starre Designatoren, entspricht der Schilderung des *Genesis* berichtes, daß es Aufgabe des Menschen ist, die Lebewesen zu benennen. Nach *Gen.* 2,19 brachte »Gott die Tiere zum Menschen, um zu sehen, wie er sie benennen würde. Und ganz wie der Mensch jedes Lebewesen benannte, so lautete sein Name.« Die Benennung der Lebewesen durch den Menschen ist nach der Bibel zentrale Mitwirkung des Menschen an der Schöpfung.

Die Bestimmungen und Prädikate des unwiederholbaren Individuums sind nicht vollständig analysierbar. Die Existenz und Entität des Individuums sind nicht in ihre kausalmechanische Determinanten »auflösbar«. Das Individuum ist nur dann begreifbar, wenn neben den mechanischen Determinanten eine innere Kraft, eine Entelechie, Gestalt oder Monade als in dem Organismus wirksam scheinend angenommen wird. Ohne das entelechiale Prinzip bleibt die Einheit der Gestalt zwischen den Mitgliedern einer Art unbegreiflich.[23] Organismen wären in einer Wirklichkeit ohne Entelechien nur noch *petits moments,* qualitätslose Punkte des herakliteischen Stroms der Wirklichkeit. Eine Welt aus einmaligen Punkten wäre jedoch wie ein Bild, das aus einer Radikalisierung der Kunstphase des Pointilismus

---

21 Vgl. Schwartz (1981).

22 Jeder, der einmal versucht hat, unbekannte Pilzsorten mit Hilfe eines Bestimmungsbuches zu identifizieren, kann das nachvollziehen.

23 Vgl. meine Diskussionen mit Hans Albert in dieser Frage in Koslowski (1985), S. 74, S. 57, Anm. 26 und S. 58, Anm. 27.

hervorgegangen sein könnte. Es wäre so pointilistisch, daß keine Konturen oder Gestalten mehr, überhaupt nichts mehr, auf ihm wahrnehmbar wären. Das entelechiale Prinzip des Organismus muß mit der Einmaligkeit der Raum-Zeit-Stelle eines Einzeldings zusammengedacht werden, damit der Organismus überhaupt erkennbar ist. Hieraus folgt, daß auch die Evolutionstheorie ohne das Entelechie-Prinzip die Wirklichkeit nicht zu erkennen und zu analysieren vermag, eine Einsicht, die sich auch in der Biologie ihre Bahn bricht: »In place of... ›Chance and Necessity‹ – it may be more accurate to characterize evolution as an interactional process that combines the attributes of ›change‹, necessity, and teleonomy.«[24]

V. Evolutionstheorie als Geschichte und narrative Theorie

Theorien über die Geschichte, auch über die Geschichte der Natur sind möglich, aber diese Theorien sind nicht analytische und intersubjektiv abschließend überprüfbare Theorien, sondern narrative und historische Theorien. Wenn die Evolutionstheorie als Theorie der Gesamtwirklichkeit und als Theorie der Evolution – im Gegensatz zur Theorie über Evolutionen – vorgetragen wird, ist sie eine spekulative Theorie wie andere (spekulative) Geschichtsphilosophien. Ihre »story« oder narrative Rekonstruktion hat eine gewisse Plausibilität, aber auch unvermeidlich große Lücken, weil eine Rekonstruktion der Gesamtwirklichkeit nach der kausaldeterministischen Methode immer »missing links« aufweisen wird. Missing links gehören zu ihrer Natur, weil ein endliches Bewußtsein die Kette der Geschichte nicht vollständig zu rekonstruieren vermag.

Das philosophische Problem der Soziobiologie liegt nicht auf der Stufe der Analyse tierischer und menschlicher Gesellschaften, sondern dort, wo diese Theorien ganzheitliche monistisch-metaphysische Ansprüche erheben. Nicht als Theorie ökologischer Populationen, wohl aber als Theorie der Gesamtwirklichkeit weist die Soziobiologie den außerwissenschaftlichen Charakter eines Weltbildes oder einer Weltanschauung auf. Sie ist als evolutionstheoretischer Monismus *eine* Form von *prima philosophia*, eine Form von Metaphysik. Ihre Argumente sind, soweit sie sich auf den Gesamtprozeß des Universums beziehen, ebensowenig bestätigbar wie widerlegbar. Wilson räumt ein, daß die Evolutionstheorie als Totaltheorie der

24 Corning (1981), S. 288.

216

Koevolution von Natur und Gesellschaft vom Urknall bis zur modernen Industriegesellschaft nicht eine wissenschaftliche Hypothese, sondern ein Epos, eine Geschichte ist: »Das evolutionäre Epos ist insofern Mythologie, als die Gesetze... Gegenstand des Glaubens sind, ohne daß sie je definitiv bewiesen werden können, so daß sich ein Ursache-Wirkungs-Kontinuum von der Physik zu den Sozialwissenschaften... ergeben würde.« Allerdings ist ihm zufolge »das Evolutionsepos der beste Mythos, den wir je haben werden«.[25] Nach welchen Kriterien entscheiden wir, welches der beste Mythos ist? Gibt es hier nur noch Willkür zwischen Glaubensannahmen und keine rationalen Kriterien mehr? Für den Theoretiker Wilson ist die Antwort eindeutig: dasjenige Epos ist das beste, das am meisten *erklärt*. Selbst wenn wir die größere Erklärungsleistung der Evolutionstheorie zugeständen, was hier aufgrund des Unvollständigkeitsproblems bestritten wird, bliebe die Frage, ob theoretische Erklärungsleistung das einzige Kriterium für die Entscheidung zwischen Weltbildern ist oder ob praktische und gesellschaftliche Gesichtspunkte in diese Entscheidung miteingehen müssen. Ist die Evolutionstheorie auch erfolgreicher in der Begründung eines guten Lebens in einer gerechten Gesellschaft und in der Antwort auf Sinnfragen? Die theoretische Funktion von Weltbildern ist nur eine neben der ebenso wichtigen praktisch-sittlichen Aufgabe. Nicht allein theoretische Erklärungen, sondern Weltbilder, in denen Theorie und Praxis sich zu einem Begriff vom richtigen Leben vereinigen, können die vier Aufgaben der Ersten Philosophie, nämlich der Erklärung der Welt, der Motivierung zum sittlichen Handeln, der Bewältigung der menschlichen Kontingenzerfahrung und der Selbstinterpretation des Menschen als eines leib-seelischen Wesens erfüllen.

Literatur

Alexander, R.D.: »The Evolution of Social Behavior«, *Annual Review of Ecology and Systematics*, 5 (194), S. 325–383
Buckley, W.: »Sociostructural Systems and the Challenge of Sociobiology«, in: H. Haken (ed.): *Synergetics, a Workshop,* Berlin (Springer) 1977.
Corning, P.A.: »Rethinking categories and life«, *The Behavioral and Brain Sciences*, 4 (1981), S. 286–288.
Dawkins, R.: *Das egoistische Gen,* Berlin (Springer) 1978. Original: *The Selfish Gene,* Oxford (Oxford University Press)

25 Wilson (1980), S. 181 und 189.

Eigen, M./Winkler, R.: *Das Spiel. Naturgesetze steuern den Zufall,* München (Piper) 1975

Ghiselin, M.T.: *The Economy of Nature and the Evolution of Sex,* Berkeley (University of California Press) 1974

Ghiselin, M.T.: »Categories, Life and Thinking«, *The Behavioral and Brain Sciences,* 4 (1981), S. 269–313

Ghiselin, M.T.: Review of P. Koslowski, *Evolution und Gesellschaft,* in: *Journal of Social and Biological Structures,* 7 (1984), S. 391–398.

Hayek, F.A.v.: *Die Theorie komplexer Phänomene,* Tübingen (J.C.B. Mohr (Paul Siebeck)) 1972.

Jünger, E.: *Jahre der Okkupation,* Stuttgart (Klett) 1958.

Koslowski, P. (Hrsg): *Economics and Philosophy,* Tübingen (J.C.B. Mohr [Paul Siebeck]) 1985.

Löw, R.: *Philosophie des Lebendigen. Der Begriff des Organischen bei Kant,* Frankfurt/M. (Suhrkamp) 1980.

Lumsden, Ch./Wilson, E.O.: *Genes, Mind and Culture. The Coevolutionary Process,* Cambridge Mass. (Harvard Univ. Press) 1981.

Markl, H.: *Aggression und Altruismus. Coevolution der Gegensätze im Sozialverhalten der Tiere,* Konstanz (Konstanzer Universitätsreden Bd. 46) 1976

Markl, H. (ed.): *The Evolution of Social Behavior. Hypotheses and Empirical Tests,* Weinheim (Verlag Chemie) 1980.

Merton, R.K.: *Social Theory and Social Structure,* Glencoe (Free Press) 1957

Rapport, D.J./Turner, J.E.: »Economic Models in Ecology«, *Science,* 195 (1977), S. 367–373.

Schwartz, S.P.: »Natural Kinds«, *The Behavioral and Brain Sciences,* 4, (1961), S. 301–302.

Thomas, W.I.: *Social Behaviour and Personality* (1928), deutsch: *Person und Sozialverhalten,* Neuwied (Luchterhand) 1965.

Trivers, R.L.: »The Evolution of Reciprocal Altruism«, *Quarterly Review of Biology,* 46 (1971), S. 35–57.

Wilson, E.O.: *Sociobiology. The New Synthesis,* Cambridge (Harvard University Press) 1975.

Wilson, E.O.: *Biologie als Schicksal. Die soziobiologischen Grundlagen menschlichen Verhaltens,* Berlin (Ullstein) 1980. Original: *On Human Nature,* Cambridge (Harvard University Press) 1978.

218

Robert Hettlage

Evolutionstheorien in der Soziologie zwischen Moderne und Postmoderne

I. Aktualität der Fragestellung

Man kann Theoriengeschichte um ihrer selbst willen betreiben, eben weil darin ein Stück theoria zum Einsatz und zum Vorschein kommt. Man kann Theoriegeschichte aber auch – und das schließt nicht aus – zum Anlaß nehmen, um hiermit Zeitprobleme zu analysieren, indem man diese damit konfrontiert, was man schon zu anderen Zeiten darüber gedacht hat. Meist zeigt sich eben, daß das vermeintlich Moderne schon seine Vergangenheit hat, von der sich das Denken herausgefordert fühlte.

Ein Blick auf die Inhalte macht zugleich auch klarer, was dem seinerzeitigen Denken entgangen war oder nicht zugänglich sein konnte. Und daran bemißt sich auch, worin das wirklich Eigentümliche, Moderne des zu betrachtenden Zeitphänomens denn besteht.

Übertragen auf unser Thema sehen wir folgendes: Wieder einmal ist das Evolutionsdenken in der soziologischen *Theorie* hoch im Schwange, sei es daß man auf diese Weise endlich den Anschluß an die naturwissenschaftlichen Meisterdisziplinen gewinnen oder wenigstens Verständigungsbereitschaft signalisieren will, sei es, daß man intradisziplinären Zwängen der Modernität und Verständigung huldigt, oder sei es schließlich, daß man in einer hoffnungsarmen Zeit wenigstens konzeptionell dem »Prinzip Hoffnung« noch frönen darf.

Was ihren Möglichkeitssinn anbetrifft, hat die Soziologie ja nie sonderliche Bescheidenheit zur Leittugend erklärt. Ob das Konzept der Evolution die Zeit aber noch auf den Gedanken bringt, scheint augenblicklich aber sehr in Frage zu stehen. Denn der *»Zeitgeist«* will heute von Evolution nichts wissen, weder von Evolution der Ratio, noch des Wohlstands, weder von der Lern- und Entwicklungsfähigkeit politischer Institutionen und Systeme, noch von der Gangbarkeit bisheriger lebenspraktischer Anweisungen, Tugenden und Ethiken.

Statt hochgestimmter Evolutionsvorstellungen scheinen wir uns heute im Wellental depressiver Niedergangsstimmung eines »fin de siecle« (wieder einmal) zu befinden. Oder verbirgt sich hinter der Rede von der Postmo-

219

derne, dem Postindustrialismus, der Posthistorie vielleicht doch ein, wenn auch noch versteckter Anspruch dem evolutionsmüden Zeitgeist wieder auf die Füße zu helfen?

Die Antwort hängt wesentlich damit zusammen, was man unter Evolution eigentlich zu verstehen hat. Gerade für eine Soziologie, die ihren Ansprüchen als ›Wirklichkeitswissenschaft‹ genügen will, ist es bedeutsam zu wissen, ob und in welchem Sinn mit dem Evolutionsbegriff gearbeitet werden kann, und was die bisherigen Evolutionsdiskussionen dazu beitragen können.

II. Zur Verständigung über Konzepte

Kaum ein Begriff war und ist für die soziologische Theoriebildung und das Verständnis des Soziologen als Gesellschaftsanalytiker und praktischen Gesellschaftspolitiker so zentral wie derjenige der Evolution. Da *Soziologie* nicht nur mit Beziehungsformen und deren institutioneller Sicherstellung, sondern auch mit der Dynamik dieser Beziehungen, also deren Entstehung und künftiger Entwicklung zu tun hat, bemißt sich ihr Erklärungsgehalt immer auch daran, inwieweit sie das Phänomen des sozialen Wandels verständlich machen kann.

So ist es nur zwingend, daß es eigentlich kaum eine wichtige Richtung soziologischen Denkens gibt, die sich nicht in der einen oder anderen Weise (und mit unterschiedlichem Tiefgang und Erkenntnisinteresse zwar) mit gesellschaftlicher »Evolution« auseinandersetzt, das Konzept beansprucht, deutet, umdeutet. Vielleicht kann man sogar sagen, *Soziologie* war immer auch *soziale Evolutionstheorie*. Eine solche Aussage ist aber faktisch nur möglich und der Realität nur angemessen, weil unter dem Evolutionskonzept sehr Unterschiedliches, ja Gegensätzliches gemeint war und gemeint sein kann:

Man kann völlig unterrichtet auf »sozialen *Wandel*« abheben und alle Veränderungen der quantitativen und qualitativen Verhältnisse und Beziehungen zwischen materiellen und normal-geistigen Zuständen, Elementen und Kräften in einer Sozialstruktur meinen. Man kann aber auch den gesellschaftlichen Wandel als Weg zu höheren, humaneren Lebensformen betrachten und ihn somit unter die *Modernitäts*-, Entwicklungs- oder Fortschrittsperspektive stellen; man kann aber auch die moralische Höherqualifizierung oder einfach die gesellschaftliche Anpassungsfähigkeit im Auge haben. Man kann schließlich nach einem *Generalnenner* für all diese Prozesse suchen, wie dies etwa *Max Weber* mit seinem Konzept der Rationalisierung getan hat, oder daraus abgeleitete speziellere Entwicklungstrends wie Industrialisierung, Technisierung, Bürokratisierung, Urbanisierung etc. beleuchten (Wiswede/Kutsch 1978: 15) – z. T. ganz unterschiedliche Konzeptualisierungen, die jedoch erhärten, daß im Evolutionskonzept die ganze *Bandbreite* soziologischen Denkens, insbesondere ihr Verhältnis zur Geschichte, zur Vorstellung einer menschlichen Natur, vom Universalismus der Interpretation soziokultureller Unterschiede bis hin zur Wertungsproblematik umschließt.

Wenn dem aber so sein sollte, dann kann man sich guten Grundes auch fragen, ob ein solcher »omnibus term« nicht notwendigerweise so unpräzise werden muß, daß man gleich besser auf ihn verzichten sollte. Deshalb schlägt K. *Bock* (1978: 39) auch vor, sich auf praktisch irrelevante Präzisierungsversuche gar nicht einzulassen und Entwicklung, Fortschritt und Evolutionstheorien gleichzusetzen.

Auch wenn es sich immer wieder als schwierig erwiesen hat, hier definitorische Präzision zu gewinnen, scheint mir Bocks Vorschlag trotzdem nicht sehr plausibel zu sein, wenn man den Standard der Wissenschaftlichkeit nicht preisgeben will. M. Ginsbergs Präzisierungsversuche (1961: 100) sind da schon wesentlich einleuchtender:

Er hält fest, daß Evolution sicherlich ein Wandlungsvorgang ist, jedoch ein spezifischer, der gegen den Oberbegriff daher weiter abgegrenzt werden muß.

Etwas weiter führt dabei der Begriff »*Entwicklung*«. Er bezeichnet einen Prozeß, durch den potentiell Existierendes aktuell wird, so etwa wie der ausgereifte Organismus potentiell in der Samenzelle enthalten ist und sich aus ihr entwickelt. Diese Potentialitäten gibt es auch in gesellschaftlicher Hinsicht, d. h. soziale Entwicklung besteht dann in der Entfaltung individueller und kollektiver Kräfte, deren Möglichkeiten in der Auseinandersetzung mit der Natur und mit sich selbst aktualisiert werden.

»*Evolution*« spezifiziert diesen Vorgang noch weiter: sie bezeichnet eine besondere Form von Entwicklung, nämlich das Auftreten neuer, spezifischer Formen aus den alten Formen mittels eines Prozesses der Differenzierung letzterer (sei es im Biologischen nun die Diversifizierung der Arten oder im Kulturellen die Diversifizierung der Sprachen, der Werkzeuge, des Wissens, der Institutionen etc.).

»*Fortschritt*« hingegen soll einen Evolutionsvorgang bezeichnen, dessen Richtung rationalen Wertungskriterien genügen soll. In biologischer Hinsicht mögen dies Faktoren wie größere Unabhängigkeit von und Kontrolle der Umwelt, größere Fähigkeiten im Umgang mit Umweltvarietäten o. ä. sein. In der Übertragung auf soziale Organisationen jedenfalls lassen sich normative Entscheidungen über die beste Gesellschaftsform bzw. Werturteile nicht vermeiden.[1] Überleben und Anpassung allein können hier als Devise nicht genügen, da diese auf unterschiedlichsten Wegen (Bedürfniseinschränkung oder Güterproduktion, Auslöschung anderer, Kooperation mit ihnen, oder parasitäre Verhaltensweisen) erreichbar sind. Fortschrittfragen sind ohne Urteile über Lebensqualitäten oder gar Finalitäten nicht zu beantworten. Das haben die frühen Evolutionstheoretiker jedenfalls immer so gesehen.

Dabei ist es eigentlich nicht von Belang, welcher Untersuchungseinheit man sein Erklärungs- und Fortschrittsinteresse primär zuwendet, dem Menschheitsprozeß insgesamt oder einer Gesellschaft als Ganzheit (was man später als »generelle Kulturevolution« bezeichnete; Sahlins/Service 1973) oder einzelnen gesellschaftlichen Teilbereichen oder Adaptionsverfahren (»spezielle Evolution«).

Es ist jedoch auffällig und für die Soziologiegeschichte bedeutsam, daß die meisten frühen Entwicklungstheorien Evolutionstheorien im Sinn von Fortschrittstheorien waren und sich dabei der generellen Evolutionsfrage der Menschheit insgesamt widmeten – eine Tendenz, deren Spuren bis in die gegenwärtige Theoriebildung hinein zu verfolgen sind.

III. Soziologische Evolutionstheorien

Für einen Überblick genügt es, drei große theoretische Ansätze zu unterscheiden, die zugleich in einer zeitlichen Abfolge gestaffelt sind:

1. die Aufklärungsphilosophie, Comte und Marx
2. Darwin und die Folgen
3. der moderne Neoevolutionismus

---

1 In diesem Sinne hält z. B. D. Seers (1974: 40) Entwicklung für einen normativen Begriff, der »synonym für Verbesserung« ist, vor allem sofern er die Sicherstellung der Grundbedürfnisse und der Verminderung von Arbeitslosigkeit und Ungleichheit meint (43).

1. Die Aufklärung und der unaufhaltsame Progreß der Ratio

In der Soziologiegeschichte hat es sich leider eingebürgert, die soziologische Denktradition erst mit A. *Comte's* anti-metaphysischer »philosophie positive« sprich: »sociologie« einsetzen zu lassen. Dennoch bleibt dieser in der Folgezeit so entscheidende Ansatz kaum wirklich zu begreifen, wenn er nicht auf der Grundlage der Philosophie des 16.–18. Jahrhunderts gesehen wird. Denn die dort grundgelegte evolutionäre Fortschrittstheorie ist Produkt und Ausdruck der beginnenden Moderne, ohne die die Anliegen der Soziologie unverständlich bleiben.

(1) Den Anstoß zum fundamentalen Umdenken der späteren Aufklärung gab schon *Francis Bacon*, der sich im »Novum Organon« von der bisher üblichen und dem Mittelalter vorgeworfenen Repitition und Kontemplation alter metaphysischer und sakraler Texte absetzen wollte. Sein Ziel war es vielmehr, einen neuen, induktiv verarbeiteten Wissenskatalog aufzubauen, um aus der »Kindheit des Wissens« endlich in die Gefilde nützlicher Kenntnisse für die Lebensbewältigung und Naturbeherrschung fortzuschreiten. Nur so könne man sich auch von den traditionellen Vorurteilen (idola) und sozialen Machtkonstellationen emanzipieren.

Später griff *Fontenelle* (»Sur l'histoire«) diese Perspektive auf, indem er den faktisch eingetretenen Wissenszuwachs reanalysierte. Offensichtlich war von unterschiedlichen Wissensbedingungen im Altertum und in der Neuzeit auszugehen, die sich jedoch auseinander herausentwickelt haben. Um beide Epochen miteinander zu verbinden, mußte man etwas Gemeinsames postulieren, das jedoch im Geschichtsverlauf verschiedene Stadien durchlief: das menschliche Bewußtsein. Dieses – so lautete nun die Prämisse – entfaltet sich in natürlicher, immanenter Weise und stadienartig, wenn es nicht daran gehindert wird, ja, der Wissenszuwachs gegenüber dem Altertum ist nicht nur ein zufälliger, vielmehr ist die geistige Entwicklung zwingend. Der Menschheitsfortschritt muß im Zeitablauf eintreten.

(2) Im 18. Jahrhundert wurden diese Ideen weiter ausgefeilt. *Abbé de Saint-Pierre* z. B. präzisierte die einzelnen Stadien. Demnach ist die Menschheitsentwicklung dem Reifungsprozeß des Individuums vergleichbar. Die ursprüngliche Ignoranz (Kindheit bzw. »Wilde«) wird durch steigende Kompetenz der Lebenssicherung (Regierungsfähigkeit, materieller Wohlstand) abgelöst. Die Menschheit wächst zur Perfektion heran, ein Gedanke, der in der Folgezeit, trotz aller feingegliederter Stadien und

Zwischenstufen, beibehalten wurde und einer kritischen Überprüfung nicht bedürftig erschien.

Auch *Turgot* ist Anhänger der Vorstellung von der schrittweisen Entfaltung menschlicher Potentiale und der Organismusanalogie. Nur geht es ihm nicht mehr um die Evolution der Menschheit insgesamt, sondern sogar um jede einzelne Institution. Menschheit entwickelt sich als organisches Ganzes, indem sich Religion, Moral, Wissen, Kunst und Politik gleichzeitig und interdependent verändern. Der Grund ist im Triumph der Vernunft zu suchen, der sich kontinuierlich und unaufhaltsam durchsetzt. Kulturvarietäten sind nur solche des Grades, nicht der Art, sind unterschiedliche Stadien auf der gleichen Entwicklungsachse.

Dies wird in der klassischen Fortschrittstheorie von *Condorcet* nur verfeinert (le progrès vs. les progrès). Seine methodologischen Überlegungen dazu sind hingegen für die Soziologie höchst folgenreich geworden:

Er wendet sich nämlich nicht mehr nur der Aufgabe zu, ein weiteres Epochenschema der Menschheitsevolution zu konstruieren, sondern möchte vielmehr wissen, welche Stadien die Menschheit durchlaufen haben muß, um zur heutigen Reife zu gelangen. Dabei kommt es ihm nun gar nicht mehr auf die Empirie konkreter Geschichtsverläufe und Kulturdiversifikationen an, sondern darauf, eine konzeptuelle Einheit zu gewinnen und zu analysieren, an der sich das allgemeine Fortschrittsgesetz demonstrieren läßt, nämlich ein *hypothetischer Geschichtsverlauf*, der aus den vielfältigen Geschichtsverläufen der Völker herauspräpariert wurde. Er war sich durchaus im klaren, daß sich real der Fortschritt nicht so glatt seine Bahn brach, wie es die Stadien suggerierten (Jägerhorde, Weidewirtschaft, Agrikultur, Antike, Mittelalter, Neuzeit, Französische Revolution als vorläufiger Kulminationspunkt); aber er hatte ein Modell gefunden, von dem sich ablesen ließ, was sich ereignen mußte, und was der Normalverlauf des Fortschritts ist.

Im Gegensatz zu den französischen »philosophes« waren die schottischen Aufklärer stärkere Empiriker und daher auch bereit, den Gewohnheiten, Traditionen, Trägheiten und Persistenzen in der conditio humana ein größeres Gewicht zuzumessen. Dennoch waren sie Aufklärer genug, um die Stagnations- und Regressionstendenzen nicht für unüberwindbar zu halten. *Ferguson* z. B. unterstreicht, die menschliche Natur sei »perpetually busy«, immer in Bewegung und auf Innovation aus. Von daher kann wenigstens abgeschätzt werden, was das menschliche Bewußtsein alles leisten kann, zumal dann, wenn es nicht dem Zufall überlassen bleibt. Zuge-

224

gebenermaßen haben sich nicht alle Völker zur gleichen Zeit auf dem Fortschrittspfad befunden, aber da, wo ein Prozeß feststellbar war, folgte er immer dem gleichen Prinzip: autonome Erfindungen und/oder Kulturdiffusion in einem Ausmaß, das von ersteren mitbestimmt wird.

(3) Wie stark sich diese Denkweise von der hypothetisch-modellhaften Geschichte auch im 19. Jahrhundert erhalten hat, zeigt sich an der Evolutionstheorie von A. Comte. Im Grunde kann seine Soziologie als eine meisterliche Zusammenfassung früherer Gedankengänge, insbesondere derjenigen von Condorcet und Ferguson (die von ihm ausdrücklich erwähnt werden) verstanden werden.

Vor allem in seinem berühmten *Dreistadiengesetz* der Menschheits-, Wissens- und Institutionsgeschichte (vom theologischen über das metaphysische zum positiven Zeitalter) kommt *Condorcets* hypothetische Geschichte voll zum tragen.

Für *Comte* ist es eine unbezweifelbare und im folgenden auch nicht mehr weiter überprüfte Tatsache, daß die Menschheit als ganze von der Frühgeschichte bis heute einen ununterbrochenen Fortschritt im Kulturniveau ausweist. Stagnations- und Regressionsphänomene interessieren nicht im Vergleich zum Condorcet'schen Evolutionsmodell. Um die Völker in eine kulturelle Reihe zu bringen, ist es nötig anzunehmen, daß alle dem prinzipiell gleichen Geschichtsverlauf unterliegen, wie er von der Natur vorgezeichnet ist. Im Prinzip ist die Uniformität der Evolution klar; es geht nur um jeweils größere oder geringere Entwicklungsgeschwindigkeiten. Die sich daraus ergebende Koexistenz von Kulturunterschieden ist aber eine akzidentelle. Der Progreß selbst ist vorbestimmt und kann nicht umgestürzt bzw. Stadien nicht übersprungen werden. Variationen wirken sich nur auf die Evolutionsgeschwindigkeit aus und sind wie Krankheiten im individuellen Organismus zu taxieren. Heute fällt es uns nicht schwer, den Modernisierungsoptimismus der Entwicklungspolitik der 50er und 60er Jahre dieses Jahrhunderts auch auf jene gedankliche Vorgabe zu beziehen.

Erst nachdem das Prinzip ›abgesichert‹ ist, kommt für A. Comte die Empirie zum Zug. Die nun von ihm eingesetzte komparative-historische Methode dient als Ergänzung und Bestätigung des vorauskonzipierten generellen Fortschrittsbildes. Dazu Bock: »It is difficult to avoid the conclusion that Comte had simply inherited an idea of progress that provided both the criteria for his views of the comparative method and the theory of history that was to have been confirmed by the historical method« (1978: 62). Eine eigentliche Verifikation oder Falsifikation des Gesetzes durch die historische Methode ist gar nicht vorgesehen. Vielmehr werden die Differenzen und Abweichungen der idealen Reihung untergeordnet. Die Annahmen dieses Entwicklungsschemas ruhen auf einer *biologischen Analogie*, die zur Suche des »Normalen« führte. Vom vorkonzipierten Endzustand aus werden die Diskrepanzen als das Abnormale begriffen – sicherlich eine interessante intellektuelle Übung, aber keine Wiedergabe von realen Geschichtsverläufen.

(4) Diese Verhaftung im intellektuellen Klima des 18. Jahrhunderts ist auch bei *Marx* Geschichts- und Evolutionstheorie nicht zu übersehen. Zwar will er mit seinen bürgerlichen Vorläufern nicht viel zu tun haben und glaubt auch, sich ihnen gegenüber dadurch entscheidend abzusetzen, daß er nicht mehr auf das menschliche Bewußtsein, sondern auf die »den sozialen, politischen und geistigen Lebensprozeß überhaupt« erst bedingende »Produktionsweise des materiellen Lebens« abhebt (MEW, 13 (1969): 8 f). Demnach liegen die Ursachen der Evolution nicht in bestimmten Wertvorstellungen, sondern in den Bewegungsgesetzlichkeiten des Unterbaus, d.h. des jeweiligen Entwicklungsstands der Produktivkräfte einer Gesellschaft, die mit den von Menschen eingegangenen Produktionsverhältnissen in Widerspruch geraten und so die Gesellschaften im revolutionären Klassenkampf dialektisch vorantreiben.

Auf der anderen Seite beansprucht *Marx aber auch, ein generelles Schema* sozialer Evolution gefunden zu haben (Tjaden 1977; Krysmanski/ Tjaden 1979: 117 ff) und hier steht er in der Tradition der Progressisten, was sich nicht nur an den Formulierungen ablesen läßt. Er glaubt an die Entwicklung menschlicher Vergesellschaftung überhaupt als Abfolge ökonomischer Gesellschaftsformationen. Die »Geschichte aller bisherigen Gesellschaften ist eine Geschichte von Klassenkämpfen«, die sich erst unter einer »Endzeit-Perspektive« des »Reichs der Freiheit«, auf das man sich finalistisch zubewegt, entkrampfen.

Die bürgerliche Gesellschaft ist die bisher am höchsten entwickelte und deswegen der Schlüssel zu allen vergangenen Formen, so wie »die Anatomie des Menschen der Schlüssel zur Anatomie des Affen« ist. Wer die entwickelsten kapitalistischen Länder, in denen die Naturgesetze der kapitalistischen Produktion am unverzerrtesten am Werk sind, genau studiert, der hat auch die Zukunft der weniger entwickelten Länder erkannt, denn sie folgen alle dem gleichen Gesetz. Eigentum und Produktion sind universale Kategorien, deren eigene Geschichte historisch nachkonstruierbar ist. Dennoch muß man bei *Marx* vorsichtig sein, weil er im Gegensatz zu *Comte*

226

an wirklicher Geschichte interessiert war und weil er sich später gegen übergeneralisierte Theorieentwürfe aussprach bzw. seine Gesetzmäßigkeit nur auf Westeuropa bezogen haben wollte, was den universalen Erklärungsanspruch eigentlich aus den Angeln hob. Über diese Unstimmigkeiten ist aber zu viel geschrieben worden, um hier noch Neues sagen zu können.

Die Kritik an diesen klassischen Fortschrittstheorien blieb nicht aus, da sie zur Erklärung auf »heroische«, empirisch nicht zu erhärtende Annahmen einer Unidirektionalität, eines Determinismus, einer hypostasierten Geschichte und eines unaufhaltsamen Rationalitätsgewinns zurückgreifen mußten. Biologische oder biologisierende Theorien waren sie jedoch nur in einem metaphorischen Sinn. Das änderte sich fundamental, als Darwin 1859 sein epochemachendes Werk über die Entstehung der Arten veröffentlichte.

2. Darwins »natürliche Selektion« als universales Erklärungsprogramm

Rasch verbreitete sich die Überzeugung, daß man – gestützt auf das Prestige exakter Naturwissenschaft – eigentlich viel mehr erreicht habe als nur eine neue biologische Erkenntnis, nämlich eine universale Gesetzmäßigkeit, die es erlaubte, die Soziologie einfach der Biologie nachzukonstruieren, sei es, daß man nun eine Identität oder sei es, daß man wenigstens eine Parallelität beider Wirklichkeitsbereiche behauptete (Darwin war bekanntlich hier sehr vorsichtig gewesen).

(1) Obwohl *Darwin* in seiner biologischen Evolutionstheorie die genetischen Mechanismen im einzelnen noch nicht erklären konnte, war es ihm immerhin gelungen, eine formale Erklärungsstruktur anzubieten, wie der Selektionsvorteil eines Individuums auf seine Nachkommen übergeht und sich somit die Arten unterschiedlich verbreiten.

Ausgangspunkt sind Population von Individuen, die – modern gesprochen – jeweils über einen Teilbestand des Genpools dieser Population verfügen. Bei der Übertragung des genetischen Materials treten Übertragungsfehler (Mutationen) und Rekombinationen auf, die sich in Merkmalsdifferenzierungen der Individuen niederschlagen.

So entstehen im Erbgang jeweils eine genügend große Zahl von *Varianten* (von Organismen oder Teilen), die sich im Zusammenspiel mit der Umwelt bewähren müssen. Für diese Auseinandersetzung (Klima, Rivalen) haben die einzelnen Varianten einen unterschiedlichen Nutzen, sind also unterschiedlich angepaßt.

Diejenigen Arten (Varianten), die über ein entscheidendes »Schwert« im Existenzkampf (1967: 98 ff) verfügen, womit sie die Effizienz einzelner Faktoren, welche das Wachstum einer anderen Spezies behindern können, steigern, sind der Umwelt am besten angepaßt, haben also die größten Verbreitungschancen (unterschiedliche Reproduktionschance + durchschnittliche Reproduktionsquote). Solche Individuen werden folglich im Genpool der nächsten Generation stärker vertreten sein (natural *selection*) und das veränderte Erbgut im Zeitablauf *stabilisieren*.

Seither ist das darwinistische Entwicklungskalkül, mit Varianten zwar, in der Soziologie ebenfalls heimisch, um damit die generelle Evolution von Gesellschaften oder von Systemen überhaupt plausibel zu machen.

(2) Da tut es wenig zur Sache, daß es eigentlich H. *Spencer* war, der – von Darwin auch zitiert (1967: 100) – schon einige Jahre früher ein solches allgemeines Evolutionsgesetz propagierte und den Begriff des »survival of the fittest« geprägt hatte. Er war der Meinung, »daß es nicht verschiedene Arten von Evolution mit bestimmten gemeinsamen Merkmalen gibt, sondern eine Evolution, die überall in der gleichen Art und Weise verläuft«. Und dies faßt er in seinem Evolutionsgesetz, wonach überall eine Bewegung von »inkohärenter Homogenität zu kohärenter Heterogenität« festzustellen sei (1862: 291). Damit war das *Prinzip* von der schrittweisen *Steigerung* gesellschaftlicher Komplexität gefunden, das für die moderne Systemtheorie und den Neoevolutionismus bedeutsam werden sollte.

Allein das (endogen verursachte) *Bevölkerungswachstum* macht funktionale Differenzierung und Systemintegration nötig. Zwar ist auch die Auseinandersetzung mit der Umwelt eine treibende Kraft, dennoch kommt ihr keine wesentliche Auslesefunktion zu. Vielmehr betonte er die funktionalistisch-utilitaristische Selbststeuerung der Gesellschaft, die sich in der Notwendigkeit der Integration differenzierter Teilaufgaben ausdrückt, ohne über eine verallgemeinernde Beschreibung von Geschichtsprozessen hinaus und zu einer wirklichen Erklärung spezifischer Wandlungsvorgänge gelangen zu können.

Mit seiner programmatischen Erklärung zur Einheit des Evolutionsgeschehens (nicht aber mit seiner Betonung der Unilinearität des Entwicklungspfads) steht Spencer den zeitgenössischen Ansätzen um eine Wissenschaftssynthese heute (allgemeine Systemtheorie, Synergetik) eigentlich näher als Darwin (Valjavec 1985: 48), auch wenn sich die Berufung auf letzteren, einschließlich seiner Begrifflichkeit durchgesetzt hat (z. B. Parsons 1975: 39f,46.)

(3) Vor allem ließ Darwins »struggle for existence« schon im 19. Jahrhundert aufhorchen, da die biologische Absicherung des Kampfes sich in geradezu idealer Weise als Rechtfertigungsideologie der Mächtigen anbot und unter dem Namen »*Sozialdarwinismus*« in die wissenschaftliche und vulgarisierte Auseinandersetzung geriet. Es war im übrigen *Spencer*, der nicht wenig zur Verbreitung dieser Gedankengänge selbst beitrug.

Aufgrund seiner organologischen Gesellschaftsauffassung beschrieb er die jeweilige funktionale Abhängigkeit der Teile und sah darin den Fortschritt der gesellschaftlichen Organisation wie des individuellen Organismus. Großer Gewinn beim Vergleich aller Organismen konnte aus den ökonomischen Grundkategorien gezogen werden, wie sie die klassische Nationalökonomie für die ›Händlergesellschaft‹ entwickelt hatte.

»Diese aus der Gesellschaftssphäre auf den Naturbereich projizierten sozial-ökonomischen Kategorien wurden nach ihrer Biologisierung als ›nachgewiesene Naturkategorien‹ in die Gesellschaftssphäre zurückprojiziert, nunmehr aber mit dem Anspruch der Naturhaftigkeit dieser gesellschaftlichen Normen auftretend« (Martens 1983:145).

Die Biologisierung sozialen Verhaltens nun verhindert nach Spencer dysfunktionale Gesellschaftsentwicklungen und »voreilige« politische Aktionen, etwa im Bereich der Sozialpolitik, weil man sich auf ein dynamisches Naturgleichgewicht verlassen kann, das man nur zum eigenen Schaden außer Kurs setzen könnte. Denn es funktioniert im Sozialen genauso wie das biologische Ausleseprinzip: Durch »Ausmerze des Schädlichen« wird alles Heilsame in der Gesellschaft hervorgebracht. Schädlich sind Individuen, wenn sie in den unter Knappheitsrestriktionen stehenden Produktionsprozeß nicht einzugliedern ist. Biologisch und gesellschaftlich können und dürfen nur jene überleben, die »gewisse allgemeine Wahrheiten der Biologie anerkennen« (Spencer 1896/II: 183).

Daß dem Spencerschen Organismusmodell mit seinem organizistisch abgeleiteten Selektionsprinzip eine politische Brisanz und ein trauriges Deformationspotential innewohnte, da alle Krankheiten, Konflikte, Widersprüche und Schwächen als »unnatürlich« und bereit für die »Ausmerze« gedeutet werden konnten, bedarf keiner besonderen Betonung. Die fatalen Folgen für die Rassenanthropologie und Rassenhygiene bis hin zur rassistischen Begründung imperialistischer Gewaltakte sind wohl bekannt (wenn auch von Spencer so nicht gewollt).

Zwar haben die Komponenten des Sozialdarwinismus der generellen Evolutionstheorie und ihrer Anwendung etwa auf die Ethnologie zeitweilig erheblich geschadet (Valjavec 1985: 53), den Durchbruch des Darwinismus zu einem generellen sozialen Erklärungsschema auf Dauer aber nicht verhindert. Trotz der Verzerrungen durch eine überpointierte Selektionstheorie wird im heutigen Neoevolutionismus (Post-Darwinismus) wieder mit den Konzepten der Variation und Selektion operiert, wenngleich ihnen nun ein viel allgemeinerer entbiologisierter Inhalt zugeordnet wird, der nur noch formale Analogien zu biologischen Systemen sucht.

3. Der moderne Neo-Evolutionismus

3.1 Der Post-Darwinismus und die Rolle evolutionärer Lernprozesse von Systemen

Um nicht in den Geruch zu kommen, den alten und vielfach kritisierten Lehrmeinungen anzuhängen, behaupten die Neoevolutionisten in der Soziologie (Parsons/Luhmann) einen ›nicht-linearen Sozialevolutionismus‹ mit den Worten »Spencer is dead« (Parsons 1968 (1937): 3).

(1) Auch wenn sich *Parsons* von Spencer abzusetzen vorgibt, will ihm das nicht so recht gelingen. Zwar geht es ihm darum zu zeigen, daß eine allgemein gesteigerte Anpassungsfähigkeit von Systemen und Organismen, d. h. sich wechselnden Umwelten flexibel aussetzen zu können, höher eingeschätzt wird als eine besondere Spezialisierung, da diese Adaptabilität den generellen Selektionsvorteil und die allgemeine Evolutionsrichtung bestimmen. Dennoch zeigt schon der nächste Schritt, daß er wieder beim Spencerschen Gedankengang angelangt ist: gesteigerte Anpassung heißt ja, den sozialen Einheiten ein größeres Spektrum von Hilfsmitteln zur Umweltkontrolle verfügbar zu machen. Das ist aber nur möglich durch erhöhte Systemkomplexität und Funktionsdifferenzierung. Differenzierte Normen und Organisationen können die Orientierungsaufgaben handelnder Personen in komplizierten Umwelten besser gerecht werden. Anpassung ist also Ursache für (und Folge von) Differenzierung.

Dies wird nun als Axiom beibehalten, ohne sich um den schon gegen Spencer gerichteten Einwand zu kümmern, Überspezialisierung könnte auch eine Sackgasse der Entwicklung sein, bzw. das Komlexifizierungsgesetz könnte nicht universal sein (wofür manche Hinweise sprechen).

230

Das kommt wohl daher, daß sich Parsons vorwiegend auf die Variationen innerhalb einer bestimmten Gesellschaftsformation als grundlegenden Entwicklungsmotor konzentriert, die Selektionsfunktion einer systemspezifischen Umwelt demgegenüber aber geringer veranschlagt. Demzufolge befaßt er sich überwiegend mit systemimmanenten Prozessen der Anpassung, Reintegration, Eigenstabilisierung, also mit der Frage, wie Systeme ihren Bestand erhalten können bzw. wie überhaupt Gesellschaften – sofern sie sich als Systeme identisch erhalten – denkbar sind.

Lange Zeit hatte Parsons dehalb auch darauf verzichtet, sich explizit mit Phänomenen des Systemwandels zu befassen. Seine späteren Ausführungen dazu haben zwar die an seine Adresse gerichteten Vorwürfe des Konservatismus widerlegt (Cancian 1960), jedoch nur ein sehr *schwaches Erklärungsmodell* vorgelegt:

Aufgrund der für Reproduzierbarkeit von homöostatischer Ordnung und Systemidentität nötigen hohen Wertkontrolle und Wertgeneralisierung können interne Wandlungsursachen eigentlich nicht in Frage kommen. Parsons' Hinweis auf Kommunikations- und Sozialisationsmängel muß eigentlich unverständlich bleiben. Die andere Ursache des Wandels sind externe Katastrophen. Hingegen gelingt es ihm nicht, evolutionär erfolgreiche Strukturmuster in ihrer Abfolge zu analysieren. Vielmehr können aus den Geschichtsverläufen nur ex post Veränderungsresultate abgewonnen werden, die dann dynamisiert und als Selektionserfolg bewertet werden.

Das läßt sich anhand der sog. *evolutionären Universalien* zeigen: Es handelt sich dabei laut Parsons um sozialorganisatorische ›*Erfindungen*‹, die die Quelle der Veränderung von primitiven zu höher differenzierten, modernen Gesellschaften sind. Er meint damit Strukturen und Prozesse, deren Ausbildung die Anpassung von Gesellschaften derart steigert, daß nur diejenigen Systeme, die solche Universalien entwickeln, höhere Niveaus der Entwicklung, wie etwa die Industrialisierung erreichen. Dabei unterscheidet er zwischen *primitiven*, intermediären und modernen Gesellschaften. Erstere sind auf der sozialen, kulturellen und Persönlichkeitsebene nur elementar differenziert, niedrig verallgemeinert und rigid normativ geregelt, was sich z. B. an Clanorganisationen, Sprachniveaus oder Technologien zeigt. In *archaischen* Gesellschaften kommen wesentliche evolutionäre Errungenschaften wie Schriftlichkeit, Beziehungsverflechtungen (Verschwägerungskollektive), funktionale Arbeitsteilung, Universalreligion hinzu. Historisch *intermediäre* Imperien entwickeln zusätzlich eine unabhängige politische Organisation, Bürokratien, ein Bildungssystem und eine ausgeprägte religiöse Kultur (Weltreligionen). *Industrielle* Gesellschaften schließlich erlangen ihre Solidarität und Ordnung unter dem Primat der Ökonomie, d. h. der Schichtung nach ökonomischer Effizienz, der kulturellen Legitimierung nach dem Wohlfahrtsstaatsprinzip und der Bürokratisierung unter dem Auftrag öffentlicher Angelegenheiten. Das ist nur durch Geld- und Marktorganisationen, demokratische Assoziationen und generelle universalistische Normen wie Pflichtethos, emotionale Neutralität und Selbstorientierung (Parsons 1975 (1966) zu erreichen.

Auf so allgemeiner Ebene kann eine Wandlungstheorie vermutlich nicht weit führen. Diese erforderte spezifische Angaben über die Verbindung zwischen System und Umwelt. Das hier unterstellte *Prinzip der natürlichen Auslese* derjenigen sozialen Elemente, die produktivere Beiträge leisten und sich bewähren (Selektionsprinzip), kann konkret nicht klarmachen, welche Universalien konkret nun die Fortentwicklung von Gesellschaften bewirken. Welches Ausmaß an Schichtung ist optimal, welche Marktorganisation, welcher Grad von Urbanisierung?

C. *Lau* hat sicher recht, wenn er schreibt:

»Die Lösung allgemeiner, überzeitlich wirksamer Bezugsprobleme kann niemals die adaptive Überlegenheit einer Variante gegenüber einer anderen erklären. Sicherlich muß es möglich sein, allgemeine Aussagen über bestimmte .... Typen von System-Umwelt-Beziehungen zu formulieren... Doch können diese Aussagen nur einen historisch eingeschränkten Allgemeinheitsgrad beanspruchen, da sie sich immer auf variable Typen von System- oder Umweltzuständen beziehen. Allgemeine, immer und allezeit gültige Bezugsprobleme erlauben dagegen nicht ... die angemessene Konzeptualisierung und Erklärung evolutionären Wandels« (1981: 20).

Sie nähert sich in auffälligem Maß einer hypothetischen Geschichtsbeschreibung früher Jahrhunderte.

(2) Wie Parsons argumentiert *Luhmann* nicht von den konkreten Handelnden aus, sondern aus der Sicht von sozialen Systemen. Er will aber seinen Lehrmeister an Grundsätzlichkeit noch überholen und visiert deswegen eine noch schwindelndere »Abstraktionshöhe« an, zumal ja »keine Theorie ....das Konkrete« erreiche (1975: 150). Es könne gar nicht mehr darum gehen, Evolution nach Art von Kausalgesetzen zu begreifen und als Übergang von einem Zustand in den anderen verständlich zu machen, sondern als eine Form der Systemveränderung, die dadurch entsteht, daß die Funktionen der Variation, Selektion und Stabilisierung differenziert und dann wieder kombiniert werden (150) – und nun noch mögliche Analogien

232

zur biologischen Evolution zu suchen und ohne auf inhaltliche Annahmen wie Gleichgewicht, Selbsterhaltung etc., ausgefeilte Stufenschemata und dergleichen zu rekurrieren. Es geht nur noch um die abstrakte Fassung der genannten drei »Mechanismen«, d.h. darum, wie die Zahl der Möglichkeiten erhöht wird, wie durch Systembildung »Sinn« (ganz abstrakt natürlich) erzeugt, die Komplexität der Welt reduziert und somit Evolution wahrscheinlich gemacht wird. Ihr konkreter Verlauf aber läßt sich aus diesen Begriffen und ihrer taxonomischen Verknüpfung natürlich nicht ableiten (1971: 364). Einzig könne so präzisiert werden, ob und wie bestimmte Gesellschaften Evolution ermöglichen. Parsons hatte immerhin noch einen möglichen empirischen Bezug seines Kategorienrasters, das forschungsmäßig aufzufüllen sei, behauptet.

Während *Parsons* noch annimmt, daß Differenzierung durch zunehmende Integrationsleistungen aufgefangen werden muß (Wertintegration), möchte *Luhmann* nur noch mit einem »negativen« Integrationsverständnis (Vermeidung von unlösbaren Problemen) (1977: 242) arbeiten. Die Annahme, Strukturdifferenzierung bewege sich kongruent zu einem gesamtgesellschaftlich verbindlichen *Wertkodex*, ist als *irreal* zu verwerfen. Das Einzigartige der Moderne besteht vielmehr in der *Autonomisierung von Systembildung*, die einer verbindlichen Wertgemeinschaft nicht mehr bedarf. Sinngenerierung ist wohl nötig, aber keine einheitlich zu bestimmende Leistung. Die Komplexität der Welt muß durch sinnschaffende Mechanismen (u. das sind eben die Systeme) in ihrer Komplexität reduziert werden.

Die Grundannahme (seiner) Evolutionstheorie handelt also von Selektions- und Stabilisierungsleistungen, die für eine Systemisierung von Welt außerordentlich zeichnen und die funktionalistisch lediglich auf Systemebene jenseits von Handlungsbezügen »erklärt« werden, von denen also niemand weiß, warum und unter welchen Bedingungen sie auftreten (Wiswede/Kutsch 1978: 95f). *Wann* Möglichkeiten zur sozialen Wirklichkeit werden, bleibt nur ex post, also faktisch nicht feststellbar, so daß der Funktionalismus *inhaltlich völlig ausgehöhlt* ist.

Da die Umwelt in ihrer Komplexheit eigentlich ungreifbar ist, aber doch Sinn (= System) gebildet werden muß, rückt nicht die Anpassung wie bei Parsons, sondern die *Selektion* in den Mittelpunkt des Geschehens.

Es gibt beliebige Anlässe zu verschiedenen Möglichkeiten des Erlebens und Handelns, wie sich z. B. an der Sprache und den unbegrenzten Möglichkeiten des Negierens zeigen läßt. Sie sind wie *Variationen* oder Mutationen von Erwartungsstrukturen zu begreifen, ohne daß zunächst Rücksicht darauf genommen wird, was selektiert werden kann. Dennoch kann natürlich nicht auf eine sinnhafte, akzeptable Festlegung auf eine Alternative, also auf *Selektion* verzichtet werden. Dazu dienen etwa die *Schrift* oder im allgemeineren Rahmen die Kommunikationsmedien, Macht, Recht, Wahrheit, Liebe, Eigentum, etc., die für Hochkulturen sich als unentbehrlich erwiesen (1975: 152). Solche Reorganisationen eines Systems nach bestimmten Selektionsmustern wirken komplexitätssteigernd, machen dafür aber umweltabhängiger. Sie domestizieren sozusagen durch die erhöhte Eigendifferenzierung die Umwelt, indem sie bestimmte Problemlösungsmuster wiederholbar machen (Stabilisierung).

Die *Moderne* ist nun durch ein zuvor unmögliches Änderungstempo solcher Strukturen gekennzeichnet (Dynamisierung, Ökonomisierung, Futurisierung), was einen neuartigen Gesellschaftstypus geschaffen hat, der seine Stabilität auf seine Variabilitätsfähigkeit und auf seine innere Selbstorganisation (Autopoiesis) gründet. Sie müssen sich (mit offenen Grenzen zwar) wegen der hohen Komplexität der Welt autonom (umweltunabhängig) machen oder, was dasselbe ist, wegen der Grenzunsicherheiten zwischen innen und außen »selbstreferentiell« verhalten. Wissenschaft, Politik, Religionen haben ihre eigenen »Logiken«, Interessen, Norminierungsansprüche. Diese Grenzziehungen lösen sich nur in einer einheitlichen *Weltgesellschaft* auf.

Daß heute die Kommunikation durch die Telepräsenz der Welt internationalisiert ist, daß territoriale Grenzen in vielem bedeutungslos werden, daß heute die gesellschaftlichen Teilbereiche höchst interdependent sind, beweist, daß die Evolution mittlerweile diese Weltgesellschaft (mit höchster Selbstreferenz!) verwirklicht hat. Die Umwelt als ursprünglich exogener und zentraler Selektionsfaktor wird tendentiell endogenisiert, daß schlechterdings kein exogenes, kommunikativ nicht erreichbares Handeln mehr denkbar ist.

Diese Auffassung von Evolution ist, wie man sich denken kann, nicht ohne *Kritik* geblieben. Neben dem Vorwurf, es handle sich um eine herrschaftsstabilisierende Ideologie, da sie an Machtfragen überhaupt nicht interessiert sei, ist es hauptsächlich der Einwand, daß die Systemtheorie den Akteur zumindest als reflektierenden, als der Gesellschaft und ihrer Entwicklung rücksichtslos eliminiert habe. Da das Subjekt keinen bestimmenden Einfluß mehr auf die Konstitution der Wirlichkeit hat, kann auch die Sinnfrage, die mit subjektiven Bedürfnissen zusammenhängt, nicht mehr

234

angemessen erfaßt werden. Sinn wird entqualifiziert und auf Selektion reduziert (Schülein u. a. 1981: 13 f, Kiss 1986: 92 ff) bzw. übergeneralisiert. Zu dem zentralen Kritiker Luhmanns hat sich *Habermas* gemacht, der aber nicht dabei stehenbleibt, sondern ein eigenes Evolutionsmodell dagegensetzt, das nicht der vagen Hoffnung frönt, trotz Systematisierung »möge alles gut ausgehen« (Scholz 1981: 23 ff).

3.2 Habermas und der evolutionäre Lernprozeß der Weltrationalisierung

Habermas versteht sich viel »alteuropäischer« als Luhmann und möchte daher von der klassischen Frage, was das »gute Leben« ist, und auch von der Rolle der ratio (und ihres Progresses) nicht lassen. Auch der Historische Materialismus soll neben Exkursen in die Hermeneutik, in den Symbolischen Interaktionsimus, die genetische Erkenntnistheorie Piagets und die Systemtheorie Parsons' zu seinem Recht kommen.

Die Sinnhaftigkeit des Handelns muß radikal am erfahrbaren Sinn von Handelnden festgemacht werden. Systemisch differenzierte Gesellschaften als solche können sich nicht der Aufgabe entledigen, wie der einzelne Handelnde sich in seinem Leben verständigt, orientiert und Handlungssinn beschafft. Wie die Aufklärung wußte, ist Sinnhaftigkeit des Handelns auf Rationalität von Weltbildern angewiesen. Um nicht blindem Fortschrittsdenken anheimzufallen, muß man zur Beschaffung von Sinn auf Entwürfe von Welt zurückgreifen, die diese als universellen Zusammenhang erscheinen lassen. Um nun die Bedingungen für die Konstitution von Weltbildern zu erfassen, die eben einen Beitrag zur Rationalisierung des Handelnden leisten, muß man bei der Entwicklung der *Handlungsstrukturen* anfangen.

Das Handeln der Subjekte wird vor dem Hintergrund verschiedener »Welten« verständlich gemacht, einer wissenschaftlich-technischen, arbeitsteiligen (»systemisch-differenzierten«) Welt, in der wegen der Fragmentierung der Zusammenhänge und der auf Effizienz angelegten Wissensverwendung innerhalb von begrenzten Subsystemen auch Verstehbarkeit des Ganzen als sinnvolle Einheit verlorengegangen ist (Vorherrschen *technischer* Rationalität), und einer »Lebenswelt«, innerhalb derer sich das Subjekt als sinnhaft-handelnd erleben kann. Es ist die Welt der Kommunikation, der Interaktion (im Gegensatz zu »Arbeit«), der gemeinsamen Kulturtradition und »sozialen Integration« (im Gegensatz zur »Systemintegration«). Hier geht es nicht um Funktionserfüllung, sondern um Universalität im Sinne von normativer Begründbarkeit des Handelns (praktische Rationalität).

Eine Theorie des Handelns hat daher auf einer Theorie gesellschaftlich-praktischer Rationalisierung der Lebenswelt aufzubauen, d. h. an der Entwicklung von Strukturen des moralischen Bewußtseins, die immer stärker dem rationalen Rechtfertigungsgebot unterstellt sind.

Innerhalb einer Handlungstheorie verläuft diese über drei Stufen: Auf der ersten Stufe werden Handlungsbedeutungen, Gesten (G. H. Mead), Erwartungen und Handlungskonsequenzen gegenseitig durch probeweise Übernahme der Position des »anderen« definiert.

Auf der zweiten Stufe geht es um das Verstehen der Handlungsgründe und ihrer Gültigkeit. Da der einzelne Handelnde mit dem Anspruch auf einen gültigen Entwurf auftritt, müssen die den Handlungen zugrundeliegenden Normen bedacht werden.

Dies bringt es auf der dritten Stufe mit sich, daß Normen mit den Prinzipien konfrontiert werden, aus denen sie entstehen. Normen gelten vorläufig als Hypothese, nach deren Berechtigung gefragt werden muß.

Damit sind die drei Stufen moralischen Bewußtseins, die vorkonventionelle, die konventionelle und die postkonventionelle Stufe angesprochen. Unter der von Habermas eingeführten Annahme, daß es eine Homologie von ontogenetischer Bewußtseinsentwicklung des Kindes und Gattungsgeschichte bzw. Moralsystemen, daß es also eine Gleichsetzung von Ich- und Gruppenidentitäten, von Persönlichkeitsentwicklung und Evolution der Weltbilder gibt, ist der genannte Stufenbau auch der Basisprozeß für die Entwicklung gesellschaftlicher Wertrationalisierung. Dieser hebt sich von der typisch modernen, technisch-instrumentellen Zweckrationalisierung à la Max Weber fundamental ab. Für *Habermas* liegt Webers Fehler darin, die Bedeutung von Rationalität nur auf zunehmende Perfektion der Mittel-Zweck-Relationen beschränkt zu haben, wie sie für die Entwicklung von Wirtschaft und Staatsverwaltung typisch ist. Hingegen hat er die mögliche Rationalisierung der Wertsphäre vernachlässigt.

Habermas' *Evolutionstheorie der Kultur* will nun *nicht* zeigen, daß es eine historisch-zwingende Fortschrittsrichtung gibt, die sich allein aus der Entwicklung der Produktivkräfte ableitete. Sein Ziel ist zu zeigen, daß, *wenn* Geschichte sich entwickeln soll, wir unser Handeln so ausrichten müssen, daß technische *und* praktische Rationalisierung zum Zug kommen (Smith 1984: 528).

236

Sicher schafft in entwicklungsfähigen Gesellschaften ein immanenter Lernantrieb ein verfügbares (technisches) Wissen, das zur Lösung wichtiger Probleme unerläßlich ist. Die Entwicklung der Produktivkräfte ist aber kein Selbstläufer (wie Marx meinte), sondern wird erst durch die Evolution von Weltbildern ermöglicht, die bestimmte Institutionen zur Kanalisierung der Produktivkräfte hervorbringen. Solche kulturellen Innovationen folgen ihrer Eigenlogik und sind der Schrittmacher sozialer Evolution. Eine Gesellschaft, die solche normativen Lernvorgänge nicht organisieren kann und kein neues institutionelles Gefüge hervorbringt, kann den verfügbaren technischen Wissensstand nicht ausnützen und wird regredieren. Neue Institutionen aber bedürfen der sozialen Bewegungen, d. h. der sich selbst organisierenden Gruppen, was wiederum ein weltbildabhängiges Organisationsprinzip, die Gruppenidentität bedingt. Entwicklung kann also nur erfolgen, wenn sich die praktische Rationalitätsstruktur (gefaßt in Weltbildern, Moralsystemen, Gruppenidentitäten) auf ein neues Niveau gehoben hat. M. a. W. sie muß die vorkonventionelle Denkweise zugunsten der postkonventionellen Stufe hinter sich lassen. Genau dieser Vorgang fand bei der Entwicklung zur modernen Gesellschaft statt, wie M. Weber anhand der protestantischen Ethik und dem Geist des Kapitalismus gezeigt hat. Dies beweist für Habermanns die Wichtigkeit des postkonventionellen moralischen Bewußtseins, das die traditionelle Art des Wirtschaftens und Verwaltens aus den Angeln gehoben hatte, und deren Ergebnis eine außergewöhnliche technische Rationalisierung war.

So weit, so gut. Gegen die Entwicklung der Produktivkräfte im Kapitalismus konnte schon Marx nichts einwenden. Nur hat die dabei erfolgte Verabsolutierung der Zweck-Mittel-Relationen, eine Tendenz zur Krise in sich, wirtschaftlicher wie politischer (Legitimationskrise) Art, die auch die individuelle Motivation erschweren (Motivationskrise). Soweit es gelingt, dies durch wohlfahrtsstaatliche Maßnahmen des Spätkapitalismus zu kompensieren, verliert der Anti-Kapitalismus vieles an seiner Kraft (1973).

Ein Argument bleibt nach Habermas aber bestehen: Auch der Wohlfahrtsstaat unterliegt dem Gesetz technischer Rationalisierung. Er verformt Individuen in Konsumenten und Klienten in immer weiteren Lebensbereichen. Sie können nicht mehr Produzenten ihrer Welt sein, wofür es eben mehr Geldtransfer und Administration bedarf, nämlich interpersonale Kommunikation, d. h. die Lebenswelt wird »kolonialisiert« (1981/II: 539). Aus Gründen der persönlichen Sinnkrise und gesellschaftlichen Identitätserhalts muß die Entwicklung eine neue Phase anstreben.

Träger der dafür notwendigen sozialen Bewegung sind breite Koalitionen aller Emanzipationsgeschädigten (Konsumenten, Wohlfahrts-Entmündigte, alle die unter Rassismus, Sexismus, ökologischer Gefährdung, aber auch unter Ausbeutung am Arbeitsplatz leiden), nicht mehr das Proletariat allein. Ihr Ziel kann vernünftigerweise nicht mehr ein weiterer Produktivitätsfortschritt, aber auch nicht der bürokratische, reale Sozialismus sein.

Historisch (kontingent) ist der bisherige Weg praktischer Rationalisierung der Kultur über die Freisetzung des Individuums, des Eigeninteresses und den »Geist des Kapitalismus« gelaufen. Die einzig mögliche postkonventionelle Bewußtseinsebene ist das nach Habermas aber nicht. Da die Rückkehr zu traditionalen Gesellschaften mit fragloser Einpassung der Individuen in übergreifende Ordnungen für ihn ausgeschlossen ist, das Projekt Moderne also »erfolgreich« war, wenigstens für eine negative Freiheitsbestimmung, kann die nötige, postkonventionelle Ebene der Universalisierung nur über eine Neuordnung der Gesprächssituation beschritten werden. Diesen Schritt unternimmt Habermas in seiner Theorie der *kommunikativen Kompetenz*.

Universalisierbare Interessen entstehen dann, wenn jeder Teilnehmer eines Diskurses die Chance hat, gleichberechtigt und ohne Zwang seine Perspektive zur Diskussion zu stellen und zu verteidigen (»herrschaftsfreier Diskurs«). Dazu muß man sich aber auch dem ent-egoisierten Rechtfertigungszwang bzw. dem zwangslosen Zwang des besseren Arguments (und nicht der Macht) unterstellen. Habermas plädiert dafür, sich für eine Gesellschaft einzusetzen, in der die Gegeninstitution des permanenten praktischen Diskurses gefördert wird, aus dem ungeahnte Lernpotentiale freikommen. Nur so kann man sich wieder Welt in ihrer Totalität aneignen. Es entsteht »Weltgesellschaft« – freilich nicht im Luhmannschen Sinn, eine Kultur, in der so lange über Interessen und Werte diskutiert wird, bis die Unterschiede und Konflikte ausgeräumt sind, gegenseitiges Lernen und Verständnis Platz greift und ein universalisierbares Gemeinwohl herausgefiltert ist. Damit kann die ratio erst so richtig anfangen sich zu entwickeln, und die Aufklärung erst das werden, was sie sein wollte.

Natürlich weiß Habermas, daß es sich dabei um ein Zukunftsprojekt, einen anspruchsvollen Sollwert, ja sogar um eine Utopie handelt, an die man sich – wenn überhaupt – nur annähern kann. Ob dieses Evolutionsprojekt überhaupt Wirklichkeit wird, ob und unter welchen Bedingungen solche neuen Interessenkoalitionen zustandekommen, läßt sich in der Theorie nicht beantworten (1981/II: 581 f).

238

Da sich die Entwicklungsschwellen nicht genauer bestimmen lassen, und ein übergroßer Spielraum für Problemlösungen und gesellschaftliche Institutionen übrigbleibt, stellt sich auch hier die Frage, wie weit der Erklärungsanspruch nicht sinnvollerweise beträchtlich zurückgeschraubt werden müßte.

Der unterschwellig behauptete globale Evolutionstrend der Weltbilder zur fortschreitenden Individualisierung, Reflexivitätssteigerung bei gleichzeitiger Universalisierung steht der Spencerschen Denktradition in nichts nach (Lau 1981: 38), ob der Diskurs faktisch sinnstiftend wirkt und ob die »Ressource Sinn« eine total Verfügbare ist, die man jeweils immer und umfassend selbst »herstellen« kann, bleibt grundlegenden Zweifeln ausgesetzt (Smid 1983: 83ff).

IV. Die soziologischen Evolutionstheorien und das »nachmoderne« Gesellschaftsstadium

Wenn man auf den klassischen und modernen Evolutionismus zurückblickt, dann häufen sich die Bedenken, ob der bisherige Stand der Theorienentwicklung wirklich geeignet ist, dem heutigen Stand der Gesellschaftsentwicklung und den sich darin ankündigenden zukünftigen Vergesellschaftungsweisen einigermaßen präzise Rechnung zu tragen. Denn die Kritik an den Evolutionstheorien hat doch einiges Gewicht. Dabei wollen wir uns hier nur auf das Verhältnis von Kontinuität und Diskontinuität beschränken.

(1) Zugegebenermaßen versuchen sich die Neoevolutionisten von den Klassikern der Evolution mit ihrem Unilinearitätsdenken abzukoppeln. So setzt die moderne Systemtheorie Modernität nicht mehr mit moralischem Fortschritt und Höherentwicklung gleich. Modernität wird nur noch als (1) Ausdehnung und Differenzierung der Organisationsformen, (2) als Zentralität des Industriesektors und (3) als Autonomisierung der übrigen gesellschaftlichen Sphären wie Wissenschaft, Kunst etc. begriffen (Berger 1985: 87f). Der laufende ›Entzauberungsprozeß‹ (M. Weber) schreitet so weit voran, daß sich die Weltbilder in Wertsphären (der Wissenschaft, Moral und Kunst) zersplittern. Zwar wachsen dadurch die gesellschaftlichen Optionen an, aber die Bindungen werden auch beliebiger und flüchtiger (Dahrendorf 1979). Habermas will dies zutreffenderweise als den Prozeß des »Reflexivwerdens von Kultur« (1985: 400) verstehen.

Andererseits ist es gerade er, der an der fortschreitenden Entwicklung von voluntas zu ratio im Verlauf der Menschheitsgeschichte wenigstens die Möglichkeit und bisher unvollendetes Projekt festhalten will. Insofern ist er bewußt dem alten Fortschrittsdenken verhaftet. Aber auch bei Luhmann wäre noch genauer herauszuarbeiten, ob sein Typus der Weltgesellschaft nicht auch als Progreß, nämlich der höchsten Komplexitätsverarbeitungskapazität, konzipiert ist. Gegen die in solchen Aussagen verpackten Ethnozentrismen hat sich der ethnologische Kulturrelativismus (etwa der Boas-Schule) immer zur Wehr gesetzt. Daß mit kultureller Evolution meist eine bestimmte »große Tradition« (im Gefolge der europäischen Aufklärung) gemeint ist und auch als Meßlatte gesetzt wird, muß zwar nicht die zwingende Folge sein, ein »bias« in dieser Richtung ist aber sehr schwer zu vermeiden. Nimmt man mehrere große »Traditionen« an, dann ist die Richtung der kulturellen Evolution jedenfalls nicht mehr so leicht auszumachen.

(2) Aber auch innerhalb des europäisch-nordamerikanischen Kulturraums verbleibend, zeigt sich heute die Schwäche des Evolutionismus zur Vorausschau in vollem Licht. Sofern er überhaupt mehr als nur einen undifferenzierten Differenzierungsbegriff anzuwenden beabsichtigte, war er nicht imstande, jenen Umschlag des Lebensgefühls rechtzeitig und nicht erst im nachhinein zu benennen, der als »Postmoderne« gerade wissenschaftliche Furore macht.

Noch typisch evolutionär denkend war D. Bell mit seinen Prognosen zur post-industriellen Gesellschaft (1975) von einer relativ problemlosen Verlängerbarkeit der Charakteristika der modernen Industriegesellschaft ausgegangen, hat aber bald darauf sehen müssen, daß eine Kehrseite jener hochfragmentierten Wissens- und Dienstleistungsgesellschaft im Verlust der ›Gesprächskultur‹ (1976: 109 ff) besteht. »Bell beschwört auf der technologisch-organisatorischen Ebene post-industrielle Geister und wundert sich dann darüber, daß diese ihre auf der kulturellen Ebene angesiedelten postmodernen Verwandten mitbringen, die nicht mehr loszuwerden sind und die saubere post-industrielle Utopie verderben« (Vester 1985: 15). Die Erfahrung mit der Industriegesellschaft hat heute die »Kehrseitenempfindlichkeit« so gestärkt, daß sich statt des produktivistischen Projekts, welches fraglos zu verlängern wäre, die Evolution eines antiproduktivistischen Projekts der Moderne in manchen sozialen Schichten breit zu machen beginnt (Eder 1985; 336 f; 345 f).

Die Postmoderne ist, wiewohl ein schillerndes Konzept seinerseits, wohl als Projekthaltung gegen das allgewaltige ›Projekt Moderne‹ zu kennzeich-

240

nen. Da Modernität keine Steigerung verträgt, bleibt nur noch die »Post-Moderne«, um wenigstens begrifflich aus dem stählernen Gehäuse einer überbewerteten Ratio auszubrechen. Postmoderne ist verknüpft mit einer radikalen Fortschrittskritik, mit der Neutralisierung bisher leichtfertig generalisierter Geschichtsverläufe. Die von Habermas noch als Gegeninstitution gegen die Hybris technokratischer Machbarkeit und seelischer Verkümmerung ausersehenen sogenannten neuen sozialen Bewegungen sind nun Träger eines verstärkten Kontingenzbewußtseins geworden, das sich auch *gegen Habermas'* Verteidigung rationaler Kommunikationsstrukturen wendet.

Statt dessen sehen sie die Zukunft nicht mehr unter dem Banner von Entwicklungs-, sondern höchstens unter dem von Überlebenschancen. Statt Erfüllung des Aufklärungsanspruchs der Moderne, sehen sie diese Chance eher im Rückzug aus der Moderne; statt der Neuerungsdynamik betonen sie eher den Traditionsverlust und treiben einen Kult der Bodenständigkeit, statt Optionssteigerung durch ratio und immer weitere Aufklärung suchen sie eher die Zerstörung der Vernunft, den Partikularismus und Irrationalismus, den Nonsense und Paradoxie.

Allgemein ist eine fundamentale modernisierungstheoretische Ernüchterung eingetreten, die konsequenterweise auch die Soziologie als Evolutionswissenschaft in ihren theoretischen und methodologischen Ansprüchen umzuwälzen beginnt (z. B. durch die Betonung des Alltags, der Biographie, etc.) (Touraine 1985). Die vorerst noch begrenzten, aber in ihren Potentialen möglicherweise grundlegenden Folgen für die praktische Lebensführung sind noch massiver. Wenn nicht mehr Selbstbehauptung der Vernunft, sondern Zerstörung der Vernunft (und der Wertrationalisierung) den Schlüssel zum »guten Leben« darstellt, dann kann getrost auch auf Wiederverzauberung der Welt abgestellt werden. Anders – so hat es manchmal den Anschein – scheint die Protestbewegung die nötige »Wiederversöhnung mit der Natur« nicht mehr zu gelingen. Weder ist es zufällig, daß messianische Bewegungen Zulauf haben, noch daß Nietzsches Plädoyer für das nicht-zeitgenössische Individuum, die Verachtung der Spezies Mensch, und die nomadisierende voluntas gerade jetzt wiederentdeckt werden – eine Art antidarwinistische »Selektion« des Unangepaßten!

An dieser Ent-Evolutionierung zeigt sich ein recht unerwartetes, und auch für Habermas überraschendes und enttäuschendes Ergebnis der fragmentierten Diskursgesellschaft:

Auf der einen Seite wird deutlich, daß Diskurse nicht immer zur Sinnvermittlung und Aufhebung der Sinnkrise führen müssen, weil sie unter konkreten Situationsbegrenzungen auch just im Moment höchster Verwirrung und Zerstrittenheit zum Abbruch kommen können. Viel bedeutsamer aber ist auf der anderen Seite, daß die kulturelle Evolution der Moderne mindestens und gleichzeitig auch ihr Gegenteil, eine auf Traditionsbewahrung, Revitalisierung und kontemplative Selbstbegrenzung abzielende Lebensprogrammatik in sich birgt. Die Überforderung des Evolutionsmoments kann sogar in eine radikale Ablehnung allgemeiner Interessenlagen und Wertbeziehungen umschlagen, die jeden kollektiven Lernprozeß ablehnt und sich auf narzistische Nabelschau beschränkt (Eder 1985: 350). So zerfällt der Traum von der Weltgesellschaft in partikuläre Subwelten der Regionen, der Stämme, der Subkulturen, der Frauen etc.

Dieser Vorgang wäre sogar recht zwingend. Denn wenn es stimmt, daß die Differenzierung in der Moderne laufend zunimmt, dann zerfällt auch die einheitsstiftende Kraft gemeinsamer Gegnerschaft gegen einen ebenso einheitlichen »Feind«. Ebenso werden an die Integrationsfähigkeiten der Weltgesellschaft so hohe Anforderungen gestellt, daß sie nur noch auf formaler, aber nicht mehr inhaltlich verbindender Ebene geleistet werden können. Die Folge könnte sehr wohl der neuerliche Zerfall der Weltgesellschaft sein.

Von daher gesehen, ist Habermas' Argument auch nicht recht stichhaltig, daß eine Rückkehr hinter das Projekt der Moderne ausgeschlossen sei. Weder theoretisch noch faktisch sind die Gründe zwingend. So wie immer mit Persistenzen im Entwicklungsprozeß gerechnet werden mußte, so gibt es – wenigstens partielle – Regressionen. Die Geschichte zeigt uns zur Genüge, daß es auch kulturelles Vergessen (nicht nur Lernen), gesellschaftliche Unordnung mit Regression auf frühere historische Stufen gegeben hat. Die Theorien des zyklischen Wandels (Sorokin) vor Gesellschaften sind nicht a priori schlechter als die Evolutionstheorien. Historisch haben sie nicht weniger für sich, wie z. B. A. Toynbee nachzuweisen versuchte.

Zumindest läßt sich daraus die Devise gewinnen, daß eine Theorie der kulturellen Evolution wesentlich komplexer ansetzen muß. Sicherlich wären die Industrialisierung und die Aufklärung entscheidend für die Moderne. Daß sich dieser Trend nicht immer zwingend verlängert, wissen wir nun. Gleichzeitig muß auch das Gegenteil einer evolutionären Alternative, das verdrängte sogenannte Primitive, die Emotion, das Begehren und die Rechtfertigungsfreiheit des Privaten in Rechnung gesetzt werden. Aufklärung allein macht nicht glücklich. Sie löst die Sinnkrise nicht. Im Umgang

242

mit der Zukunft müssen wir mit Kontinuitäten und Diskontinuitäten rechnen. Inwieweit sich die Moderne über die Diskontinuitäten hinwegretten kann, ist eine offene, a priori nicht zu beantwortende Frage (was Japp (1985: 332) anscheinend nicht zugestehen möchte).

Selbstverständlich können auch die neuen sozialen Bewegungen wieder in sich zusammenfallen, kann die Postmoderne nur ein schnell in sich zusammenfallender Ausbruchsversuch als der Moderne sein. Bisher können wir darauf theoretisch (noch) nicht adäquat antworten. Dafür ist unsere Theorie nicht komplex genug. Von einer großen Synthese neodarwinistischer Prägung, die uns hier weiterhelfen könnte, sind wir jedenfalls noch weit entfernt.

Literatur:

Bell, D.: Die Zukunft der westlichen Welt. Kultur und Technologie im Widerstreit. Frankfurt 1976

Bell, D.: Die nach-industrielle Gesellschaft. Frankfurt 1975

Berger, J.: Gibt es ein nachmodernes Gesellschaftsstadium? Marxismus und Modernisierungstheorie im Widerstreit. In: Soziale Welt, Sonderband 4: »Die Moderne – Kontinuitäten und Zäsuren« hrg. von J. Berger. Göttingen 1985: 79–96

Bock, Kenneth: Theories of Progress Development, Evolution. In: Bottomore, T./Nisbet R. A. (Eds.): A History of Sociological Analysis. New York 1978: 39–79

Bühl, W. L.: Gibt es eine soziale Evolution? In: Zeitschrift für Politik 31, 1984: 303–322

Cancian, F.: Functional Analysis of Change. In: American Sociologica Review 25, 1960

Darwin, Ch.: Die Entstehung der Arten durch natürliche Zuchtwahl. Stuttgart 1967

Eder, K.: Soziale Bewegung und kulturelle Evolution. Überlegungen zur Rolle der neuen sozialen Bewegungen in der kulturellen Evolution der Moderne. In: Berger, J. (Hg.): Die Moderne – Kontinuitäten und Zäsuren. Soziale Welt, Sonderband 4, Göttingen 1985: 335-337

Giesen, B./Lau, C.: Zur Anwendung darwinistischer Erklärungsstrategien in der Soziologie. In: Kölner Zeitschrift für Soziologie und Sozialpsychologie 33, 1981: 229–256

Ginsberg, Morris: The Idea of Progress: A Revaluation. In: Ders.: Essays in Sociology and Social Philosophy, Vol. 4 London, 1968: 71–128

Ginsberg, M.: Soziale Entwicklung. In: Bernsdorf, W. (Hg.): Wörterbuch der Soziologie, Bd. 3. Frankfurt 1971: 717–722

Granovetter, M.: The Idea of »Advancement« in Theories of Social Evolution and Development. In: American Journal of Sociology 85, 1979: 489–515

Habermas, J.: Legitimationsprobleme im Spätkapitalismus. Frankfurt 1973

Habermas, J.: Theorie des kommunikativen Handelns. 2 Bde. Frankfurt 1981

Habermas, J.: Der philosophische Diskurs der Moderne. 12 Vorlesungen. Frankfurt 1985

Japp, K. P.: Neue soziale Bewegungen und die Kontinuität der Moderne. In: Berger, J. (Hg.): Die Moderne – Kontinuitäten und Zäsuren. Soziale Welt, Sonderband 4. Göttingen 1985: 311–333

Krysmanski, J./Tjaden, K. H.: Die historisch-materialistische Theorie der gesellschaftlichen Entwicklung. In: Strasser, H./Randall, S. C. (Hg.): Einführung in die Theorien des sozialen Wandels. Darmstadt/Neuwied 1979: 111–156

Kiss, G.: Grundzüge und Entwicklung der Luhmann'schen Systemtheorie. Stuttgart 1986: 35–59

Lau, C.: Gesellschaftliche Evolution als kollektiver Lernprozeß. Zur allgemeinen Theorie sozio-kultureller Wandlungsprozesse. Berlin 1981

Luhmann, N.: Systemtheoretische Argumentationen. Eine Entgegnung auf Jürgen Habermas. In: Habermas, J./Luhmann, N.: Theorie der Gesellschaft oder Sozialtechnologie. Frankfurt 1971: 291–405

Luhmann, N.: Evolution und Geschichte. In: Soziologische Aufklärung 2. Opladen 1975: 150–169

Luhmann, N.: Funktion und Religion. Frankfurt 1977

Martens, H.-G.: Sozialbiologismus. Biologische Grundpositionen der politischen Ideengeschichte. Frankfurt 1983

Marx, K.: Zur Kritik der politischen Ökonomie. In: Marx-Engels-Werke (MEW), Bd. 13. Berlin 1964: 3–160

Parsons, T.: Gesellschaften. Frankfurt (1966) 1975

Parsons, T.: The Structure of Social Action. Vol. I New York/London (1937) 1968

Sahlins, M./Service, E.: Evolution and Culture. Ann Hubar 1973, 7. Aufl.

Scholz, F.: Freiheit als Indifferenz. Frankfurt 1981

Schülein, A./Rammstedt, O./Horn, K. u. a.: Politische Psychologie. Entwürfe zu einer historisch-materialistischen Theorie des Subjekts. Frankfurt 1981

Seers, D.: Was heißt Entwicklung? In: Senghaas, D. (Hg.): Peripherer Kapitalismus. Frankfurt 1974: 37–30

Smid, S.: Vom Sinn unseres Handelns. Beziehungen zwischen der Kommunikationstheorie J. Habermas' zur praktischen Philosophie F. W. J. Schellings. In: Rechtstheorie 14, 1983: 75–94

Smith, A.: Two Theories of Historical Materialism: G. A. Chen and Jürgen Habermas. In: Theory and Society 13, 1984, 4: 513–540

Sorokin, P.: Social and Culture Dynamics. 4 Bde. New York 1937–41

Spencer, H.: First Principles. London 1904, 6. Aufl.

Spencer, H.: Einleitung in das Studium der Soziologie. Leipzig 1896, 2. Aufl.

Tjaden, K. H.: Naturevolution, Gesellschaftsformation, Weltgeschichte. In: Das Argument 101, 1977: 8–55

Touraine, A.: Krise und Wandel des sozialen Denkens. In: Berger, J. (Hg.): Die Moderne – Zäsuren und Kontinuitäten. Soziale Welt, Sonderband 4. Göttingen 1985

Toynbee, A.: Der Gang der Weltgeschichte. 2 Bde. Stuttgart 1958

Valjavec, F.: Abschied vom Evolutionismus oder Neubeginn? In: Zeitschrift für Ethnologie 110, 1985: 43–65

Vester, H. G.: Modernismus und Postmodernismus – Intellektuelle Spielereien? In: Soziale Welt 36, 1985: 3–26

Wallerstein, J.: Typologien von Krisen im Weltsystem. In: Soziale Welt, Sonderband 4: »Die Moderne – Kontinuitäten und Zäsuren« hrsg. v. J. Berger. Göttingen 1985: 41–53

Wiswede, G./Kutsch, Th.: Sozialer Wandel. Darmstadt 1978